工业智能与工业大数据系列

混流装配线生产计划智能优化方法

吕佑龙　张　洁　汪俊亮　鲍劲松◎著

電子工業出版社
Publishing House of Electronics Industry
北京 · BEIJING

内 容 简 介

本书针对智能制造系统对外部环境的自适应需求，在概要阐述典型制造系统——混流装配线及其生产计划内容的基础上，归纳混流装配线中的多种生产计划方式，介绍如何利用建模、分析、决策和执行等一系列理论方法实现生产计划的智能优化方法体系，提升装配制造企业对多变客户需求的适应能力，为提高企业制造水平提供有益参考。本书共 10 章，第 1 章介绍混流装配线生产计划；第 2 章介绍混流装配线生产计划优化方法；第 3 章介绍混流装配线生产计划智能优化方法；第 4～6 章介绍混流装配线生产过程多层次动态建模方法、生产性能数据关联分析方法及生产计划方式智能决策方法；第 7～9 章介绍智能优化方法体系中自进化、自组织和自重构三种生产计划方式面临的优化问题特点及其相关实现算法；第 10 章介绍混流装配线生产计划智能优化原型系统。

本书撰写基于理论与实践相结合的原则，注重前沿技术在生产计划智能优化中的实用性，因此本书内容不仅能为机械工程、工业工程、自动化等智能制造相关领域的高校研究生和科研人员提供实践案例，而且可为企业中的生产管理人员提供混流装配线智能化生产管理等一系列实用方法。

图书在版编目（CIP）数据

混流装配线生产计划智能优化方法 / 吕佑龙等著. —北京：电子工业出版社，2021.1
（工业智能与工业大数据系列）

ISBN 978-7-121-40292-0

Ⅰ. ①混… Ⅱ. ①吕… Ⅲ. ①装配自动线—最优化算法 Ⅳ. ①TH16

中国版本图书馆 CIP 数据核字（2020）第 265965 号

责任编辑：刘志红　　文字编辑：底　波
印　　刷：天津千鹤文化传播有限公司
装　　订：天津千鹤文化传播有限公司
出版发行：电子工业出版社
　　　　　北京市海淀区万寿路 173 信箱　邮编　100036
开　　本：787×980　1/16　印张：18.75　字数：316 千字
版　　次：2021 年 1 月第 1 版
印　　次：2021 年 1 月第 1 次印刷
定　　价：128.00 元

凡所购买电子工业出版社图书有缺损问题，请向购买书店调换。若书店售缺，请与本社发行部联系，联系及邮购电话：（010）88254888，88258888。

质量投诉请发邮件至 zlts@phei.com.cn，盗版侵权举报请发邮件至 dbqq@phei.com.cn。

本书咨询联系方式：（010）88254479，lzhmails@phei.com.cn。

工业智能与工业大数据系列

编委会

随着制造业竞争的不断全球化和用户需求的日益多样化，制造企业纷纷致力于以更多的产品变化、更短的产品制造周期、更低的产品成本和更高的产品质量，抢占市场竞争的优势高地，获取更高的用户认可度。以上目标要求企业能够快速地将新技术、新功能有效地集成到现有系统中，高效率地组织生产过程，快速响应频繁的市场需求变化，以生产出性价比高、功能齐全的各类产品。为此，制造企业对先进制造技术与现代管理技术的需求，也变得越发迫切。

特别地，制造企业目前普遍利用产品结构和功能的模块化、通用化和标准化来提高产品更新速度、缩短产品研发周期，使得在产品的装配阶段往往需要同时混线生产多种类型的个性化定制产品，以满足客户的多样化需求，因此混流装配线在制造企业的竞争力提升方面开始发挥越发关键的角色。从生产管理角度出发，不同产品在装配任务量和物料需求量方面存在一定差异，使得制造企业需要合理规划混流装配线的资源配置计划和产品投产计划等内容，在客户订单准时交付的前提下降低生产过程的各类成本。并且随着各时期内客户订单需求的不断变化，混流装配线的生产计划内容也面临着十分复杂的动态调整需求，对生产管理技术提出了更高的挑战。

本书以智能制造系统对外部环境的自适应需求为出发点，在概要阐述混流装配线及其生产计划内容的基础上，归纳混流装配线中的多种生产计划方式，介绍如何利用建模、分析、决策和执行等一系列理论方法实现混流装配线生产计划的智能优化方法体系，提升装配制造企业对多变客户需求的适应能力，为提高企业制造水平提供有益参考。本书提出的方法和技术，能够为广大企业、科研院所、高等院校进一步深入研究混流装配线生产计划问题提供理论基础，同时也可为推动我国制造业的智能化发展和企业应用提供参考，对提升我国制造业的核心竞争力具有重要意义。

本书的研究工作得到了国家自然科学基金青年项目“单元式混流装配生产作业计划的基因调控方法研究”（No. 51905092）、上海市青年科技英才扬帆计划“混流装配线生产计划多层次动态调控网络优化方法研究”（No. 18YF1400800）和国家重点研发计划子课题“大数据驱动的生产性能预测及生产策略决策方法”（No. 2018YFB1703205-03）的资助，在此表示感谢！

本书主要面向从事制造系统特别是混流装配线调度优化方面的学者和工业界中期望寻找有效制造系统调度方法的生产管理人员。本书也可作为机械工程、工业工程、自动化、计算机工程、管理工程等相关专业的研究生和高年级本科生的教材和参考书。

在本书编写过程中，研究生郑鹏、刘羽、许鸿伟、朱琼等承担了不少任务，付出了大量心血，研究生左丽玲、谭远良等也参加了部分编写工作，在此对他们一并表示感谢。本书在编写过程中参考了大量的文献，作者在书中尽可能地标注了，有疏忽未标注的，敬请相关作者谅解，同时表示由衷的感谢。另外，电子工业出版社的编辑也为本书的出版付出了大量的心血，在此表示感谢！

包括柔性加工车间、混流装配线在内的智能制造系统生产计划与调度的相关理论、方法和应用都处在迅速发展之中，已引起越来越多的研究和应用人员的关注。由于作者的水平和能力有限，书中的错误和疏漏在所难免，欢迎广大读者批评指正。

作　者

目录

第 1 章　混流装配线生产计划 ········ 001
1.1　混流装配制造行业 ········ 001
1.2　混流装配线的主要形式 ········ 011
1.2.1　混流装配线布局 ········ 011
1.2.2　几种典型的布置形式 ········ 014
1.3　混流装配线生产的特点 ········ 018
1.4　混流装配线生产计划体系 ········ 020
1.4.1　生产计划体系概述 ········ 020
1.4.2　生产计划与控制理论的演变过程 ········ 024
1.4.3　综合生产计划 ········ 031
1.4.4　主生产计划 ········ 037
1.4.5　生产作业计划 ········ 044
1.4.6　生产计划实例 ········ 051
1.5　本章小结 ········ 054
本章参考文献 ········ 054
第 2 章　混流装配线生产计划优化方法 ········ 057
2.1　最优化算法 ········ 057
2.2　启发式算法 ········ 061
2.2.1　粒子群算法 ········ 062
2.2.2　模拟退火算法 ········ 063
2.2.3　遗传算法 ········ 066
2.2.4　禁忌搜索算法 ········ 068

2.2.5 蚁群算法……069
2.3 基于规则的方法……071
2.4 基于仿真的优化方法……071
2.4.1 基于梯度的方法……072
2.4.2 随机优化方法……074
2.4.3 响应曲面法……074
2.4.4 统计方法……075
2.5 人工智能方法……076
2.6 本章小结……077
本章参考文献……078
第3章 混流装配线生产计划智能优化方法……080
3.1 工位能力重平衡的生产计划自进化方式……080
3.2 产品投产重排序的生产计划自组织方式……082
3.3 整线生产重规划的生产计划自重构方式……085
3.4 生产计划智能优化层次化体系架构……086
3.5 模型层：生产过程建模问题……088
3.6 分析层：生产性能分析问题……088
3.7 决策层：生产计划方式决策问题……089
3.8 执行层：生产计划方式实现问题……090
3.9 本章小结……092
本章参考文献……092
第4章 混流装配线生产过程多层次动态建模方法……094
4.1 混流装配线生产过程建模需求……094
4.2 混流装配线生产过程建模方法的现状……096
4.3 基因调控网络对生产过程的描述……102
4.3.1 基因调控网络……102
4.3.2 基因调控网络的描述体系……106
4.4 基于基因调控网络的生产过程建模方法……107

4.4.1 描述生产计划的基因调控网络拓扑结构 ……109
4.4.2 面向生产执行的基因表达过程 ……113
4.4.3 表征生产性能的最终表达形态 ……115
4.5 应用案例 ……116
4.6 本章小结 ……122
本章参考文献 ……122
第 5 章 混流装配线生产性能数据关联分析方法 ……125
5.1 混流装配线生产性能分析需求 ……125
5.2 混流装配线生产性能分析问题的特点 ……126
5.3 混流装配线生产性能分析方法的现状 ……127
5.4 敏感性分析方法的定量分析能力 ……141
5.5 基于改进全局敏感性的性能分析方法 ……147
5.5.1 生产性能的分量表达式 ……147
5.5.2 基于生产性能方差的敏感性系数 ……147
5.5.3 基于生产参数随机采样的蒙特卡罗算法 ……148
5.5.4 蒙特卡罗算法的估算精度 ……149
5.5.5 生产参数的自适应随机采样序列 ……150
5.5.6 混流装配线生产过程的影响系数矩阵 ……154
5.6 企业案例 ……154
5.6.1 敏感性分析方法对比实验 ……155
5.6.2 柴油发动机装配线生产性能分析实例 ……157
5.7 本章小结 ……162
本章参考文献 ……162
第 6 章 混流装配线生产计划方式智能决策方法 ……165
6.1 混流装配线生产计划方式的决策需求 ……165
6.2 面向生产计划方式的多分类方法的现状 ……166
6.3 支持向量机的小样本、多分类能力 ……172
6.3.1 敏感性系数驱动的生产计划方式决策问题 ……172

6.3.2 面向多分类问题的支持向量机方法……173
6.3.3 生产计划方式的支持向量数据描述……181
6.4 基于证据理论的生产计划方式决策输出……183
6.4.1 决策问题的基本证据框架……184
6.4.2 基于基因调控网络优化的生产计划自适应调整方法……186
6.5 企业案例……187
6.5.1 基于机器学习数据库的标准算例实验……188
6.5.2 柴油发动机装配线生产计划方式决策问题实例……189
6.6 本章小结……191
本章参考文献……192
第7章 面向工位能力重平衡需求的生产计划自进化方式……194
7.1 工位能力重平衡的需求分析……194
7.2 工位能力重平衡问题的特点……197
7.3 工位能力重平衡的生产计划自进化方式……200
7.4 基于蚁群算法的生产计划自进化方式的实现方法……204
7.4.1 蚁群算法概述……204
7.4.2 问题模型与优化算法的映射关系……207
7.4.3 两阶段蚁群平衡优化流程……209
7.5 企业案例……213
7.5.1 算法参数实验……213
7.5.2 案例结果分析……215
7.6 本章小结……217
本章参考文献……218
第8章 面向产品投产重排序需求的生产计划自组织方式……220
8.1 产品投产重排序的需求分析……220
8.2 产品投产重排序问题的特点……224
8.3 产品投产重排序的生产计划自组织方式……230
8.4 基于蚁群算法的生产计划自组织方式的实现方法……233

8.5 企业案例……238
8.5.1 算法参数实验……238
8.5.2 案例结果分析……239
8.6 本章小结……242
本章参考文献……242
第 9 章 面向整线生产重规划需求的生产计划自重构方式……244
9.1 整线生产重规划的需求分析……244
9.2 整线生产重规划问题的特点……246
9.3 整线生产重规划的生产计划自重构方式……251
9.4 基于分布估算算法的生产计划 自重构方式的实现方法……255
9.5 企业案例……267
9.6 本章小结……271
本章参考文献……272
第 10 章 混流装配线生产计划智能优化原型系统……274
10.1 原型系统的需求分析……274
10.2 原型系统体系结构……275
10.3 核心功能模块设计……276
10.3.1 混流装配线生产过程建模模块……276
10.3.2 混流装配线生产性能分析模块……277
10.3.3 混流装配线生产计划方式决策模块……278
10.4 生产计划智能优化方法示例……278
10.4.1 混流装配线生产计划自进化优化方法……278
10.4.2 混流装配线生产计划自组织优化方法……280
10.4.3 混流装配线生产计划自重构优化方法……281
10.5 柴油机装配线应用案例……282
10.6 本章小结……284
本章参考文献……284

第 1 章

混流装配线生产计划

1.1 混流装配制造行业

当今世界范围内的机械产品市场发生了巨大的变化，制造企业之间的竞争日趋激烈，决定制造企业竞争力的主要指标包括新产品开发时间（Time）、质量（Quality）、成本（Cost），以及相应的服务（Service）、环境污染程度（Environment）。特别是随着现代科学技术的迅猛发展，产品生命周期大大缩短，使产品尽早上市成为企业竞争的首要目标。同时由于用户需求的多样性，单一品种、大批量的生产已不再适应用户对产品的多样化需求。在新的市场环境中，企业需要探索一种新的生产模式，使其能够以大规模生产的效益进行同一类型多种产品的生产。为满足这样的实际应用需求，多品种混流生产模式应运而生，它根据用户的定制化需求，用大规模生产的效益完成特定产品的生产，从而实现用户的个性化需求和企业的大规模生产能力的有机结合。

20 世纪初，Henry Ford 创立了汽车工业的流水生产线，引发了制造业的根本性变革，拉开了流水生产的序幕。在随后的近一个世纪中，无论是在制造业中，还是在服务行业中，流水生产方式都取得了非常广泛的应用，流水生产无论是在内容上，还是在形式上，都在不断地发展。20 世纪 80 年代出现的“准时制”生产方式，使流水生产方式从单一品种流水生产向多品种混合流水生产发展。单一品种流水生产方式考虑的主要问题是生产效率的不断提高，而混合流水生产方式不仅要注重生产效率的提高，而且要注重生产与经营一体化的管理思想，这是生产组织方式的一大进步。大批量定制技术使流水生产向更具柔性的方向发展。当前，制造业市场竞争的全球化和产品需求的多样化对企业生产提出了更高的要求，这些要求主要包括更多的产品品种、更低的生产成本和更高的产品质量，以及更短的产品生命周期。因此多品种混流生产成为一种趋势。

近二三十年来，混流装配线在日本、美国、欧洲发达国家等地区已经被广泛采用。混流装配线上生产的产品通常都是结构和工艺相似，但规格和型号不同的系列产品，以保证能够在现有生产设备、生产线组成和生产能力不做大的变动的前提下，在一条流水线上进行多品种产品的混流生产。混流装配线提高了生产过程柔性及工装夹具更换过程的效率与经济性，产品的生产批量可以很小，甚至是进行单件生产。对于标准化的产品，可以进行大批量生产；对于客户定制的非标准产品，可以进行单件小批量生产，以满足顾客需求的个性化和多样性。与传统单一品种流水生产线相比，混流生产线具有更高的灵活性。对于多品种小批量的生产，混流生产是一种非常适合的生产组织方式，能够使企业对市场需求做出快速反应，而又不再依赖于成品的大量库存，可以有效提高企业的快速反应能力，从而实现“只在需要的时候，按照需要的量，生产所需的产品”的目标。针对这一目标，混流装配线通常需要满足以下条件。

（1）装配线能够快速而经济地更换工、模、夹具。

（2）共线生产的多种产品的结构和工艺要标准化和系列化。

（3）要有完善的生产计划体系，能够实现混流生产计划的快速编制。

（4）各个生产环节能够实现快速协调和衔接，从而实现同步化生产。

（5）生产线工人能够掌握多种操作技能。

目前，满足以上条件的典型装配制造行业主要包括汽车制造业、柴油发动机制造业、减速机制造业、电子产业等。

1. 汽车制造业

当今汽车制造领域，大规模的装配生产模式固然具有生产成本上的优势，但随着客户需求多样性和快速变化性的加剧，企业之间的竞争以前所未有的速度和激烈程度在全球范围内展开，产品技术寿命和市场寿命缩短，以单一品种、大批量、连续且缺乏柔性为特征的大规模装配生产模式越来越不能适应当前及未来市场的需求；而以兼具规模和客户化的多品种、小批量柔性装配生产方式备受业界青睐。在汽车制造过程中，装配线的应用尤为重要，其主要通过将产品装配工艺的要求进行分解，然后将汽车装配所需的工作按照先后顺序分配给工位并进行排列，使得被装配的对象按照固定的节拍通过装配线的各个工位，在每个工位或工作站上都在基础结构的基础上增加装配一些零部件的生产形式。根据生产线上产品结构配置或种类数量的不同，可以将汽车装配线分为单流装配线和混流装配线两种类型。

图 1-1 所示为某企业汽车装配生产线。

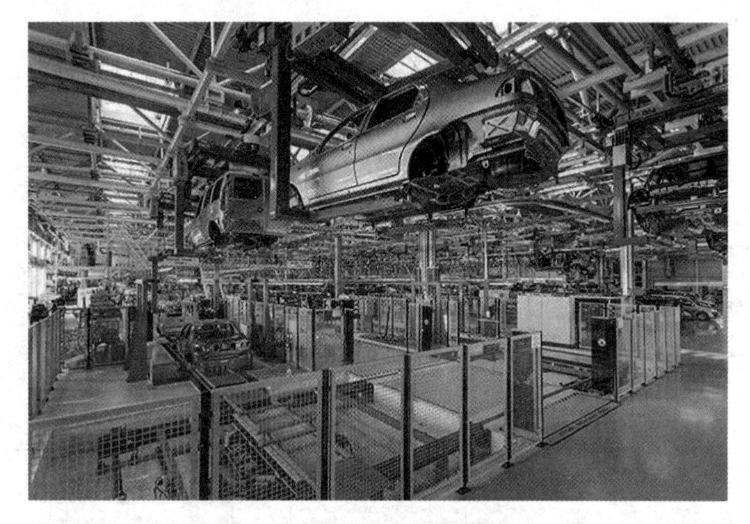

图 1-1　某企业汽车装配生产线

单流装配线上装配的产品的品种通常只有一种，呈现单一化的特点。在进行汽车装配时，装配线通常不需要进行大的调整，零部件供给的方式也相对比较简单。正是大批量生产的社会背景催生了单流装配线。随着消费者产品多样化需求的增长，汽车制造业企业开始采取大规模定制的生产方式，以满足客户多品种、小批量多样化的需求，混流装配线也就应运而生。由于混流装配线上的不同产品需要使用不同的零部件、夹具和原材料等，可能使用不同的装配方式与工艺，这当中的频繁切换容易增加漏装和错装的风险，这些因素都加大了混流装配线设计优化的难度。另外，在装配线的物料供应方面，各种零部件的供给方式不同，因此会造成各工位操作的复杂性。与传统的单流装配线相比，混流装配线具有以下 3 个显著特点。

（1）混流装配线是动态变化的，而单流装配线是静态不变的。混流装配线需要按照生产计划的变动对生产线进行相应的调整，如喂料系统的调整、工位所负责任务的调整、夹具的变换等，以适应生产计划的变动。

（2）单流装配线的装配对象是单一的，而混流装配线的装配对象是会变化的。通常来说，在设计之初，单流装配线负责装配的产品就已经确定了，投产后也通常不会对装配线的结构进行大的调整；而混流装配线所生产的产品的类型和数量都是按照客户订单的要求进行不断调整变化的。

（3）单流装配线体现了“以制造为中心”的管理理念；而混流装配线体现的是“生产与经营一体化”的管理理念，也是组织生产方式的变革。

图 1-2 所示为某汽车混流装配车间布局图。

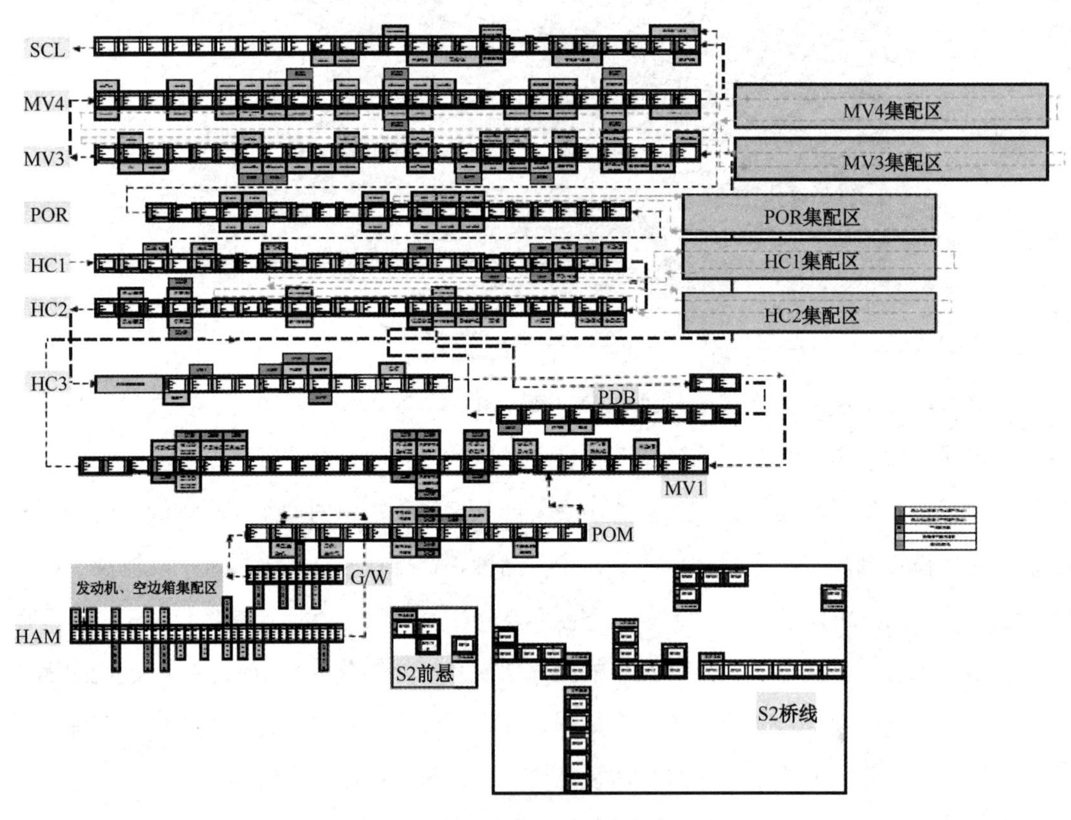

图 1-2　某汽车混流装配车间布局图

由于混流装配线具有独特优势，其在汽车生产制造过程中得到了充分的发展与应用。当前，国内大型的汽车制造公司，如第一汽车集团公司、东风汽车公司、上海汽车集团有限公司及中国长安汽车集团股份有限公司等，这些企业的混流装配线经过多年的发展，规模趋近完整，装配效率较高。

2. 柴油发动机制造业

柴油发动机是内燃机行业（包括内燃机配附件行业）中的重要细分产品，是我国机械工业中跨行业、跨部门最多的一类关键制造装备。各种类型的卡车、客车、农业机械、工程机械、船舶、铁道机车、地质和石油钻机、发电设备等都以柴油机为配套动力。在世界范围内，柴油机的保有量一直位居动力机械产品前列，许多国家都将柴油发动机视为传统产业改造升级的重要基础设施和关键技术手段。在我国，柴油发动机生产企业一般分为独立型生产企业（如广西玉柴集团、安徽全柴动力等）和非独立型生产企业（如一汽集团、江铃汽车等）。

图 1-3 所示为柴油发动机生产线。

图 1-3 柴油发动机生产线

目前，柴油发动机企业主要在装配阶段生产多种型号的发动机产品，以满足外部市场的多样性需求。因此，装配线生产过程在柴油发动机企业的运营管理中有着极为重要的地位。图 1-4 所示为某柴油发动机生产企业中典型的装配车间布局图。

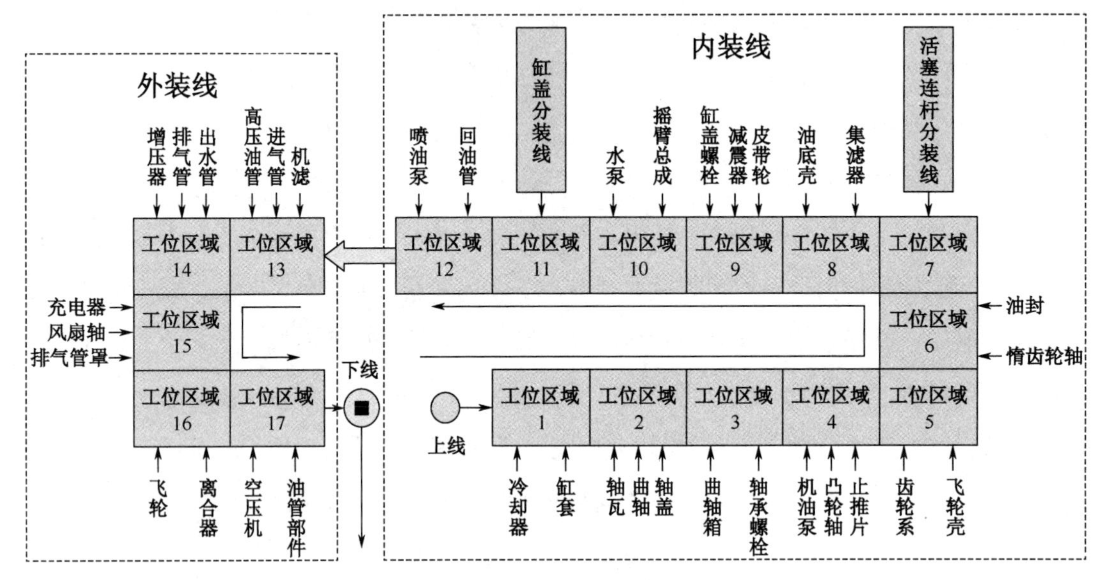

图 1-4　某柴油发动机生产企业中典型的装配车间布局图

柴油发动机装配车间内包括内装线和外装线。内装线主要完成内部机体的总装操作，外装线完成外部机体的总装操作。其中，内装线包含的工位区域最多、生产周期最长、生产过程最为复杂，它既根据生产计划完成柴油发动机产品的装配与交付，也对活塞连杆分装线、缸盖分装线提出物料需求，拉动分装线的生产计划。因此，柴油发动机装配线一般泛指机体总装线，它的生产过程通常具备以下特点。

（1）订单驱动型生产方式。柴油发动机的按时交付影响着整车企业中的动力总成装配环节，对整车企业产能有着决定性作用，因此客户订单的按时交付能力是整车企业选择柴油发动机供应商的主要评价指标，也是柴油发动机生产企业的核心竞争力。目前，柴油发动机装配线普遍采用订单驱动型生产方式，根据客户订单需求组织装配线生产过程，以满足客户订单对机型、数量、生产期的需求为首要生产目标。

（2）多种机型混线生产模式。由于整车在排放量、功率等方面的多样化技术需求，柴油发动机企业需要为客户企业提供多种型号的发动机产品。同时，由于大部分客户订单的需求量在 10 台以下，企业面临的小批量生产任务繁多。目前柴油发动机装配线通过混流装配线生产多种型号的发动机产品，以提高对客户订单的交付能力。考虑到不同型号的发动机产品存在装配时间与物料消耗的差异性，混流装配线装配过程需要实现工位负荷平衡和物料消耗平顺化等均衡生产目标，提高装配线生产效率。

（3）工位能力柔性。柴油发动机装配线目前主要采用单边移动式装配方式，当发动机在传送设备上移动时，由工人位于装配线的一侧完成装配操作，并且这些工人多数为多能工，具备在多个工位完成装配操作的技术能力。在编制装配线生产计划时，可以根据生产节拍调整工位区域的工人数量，使工位能力满足生产节拍需求，即利用工位能力柔性提高了柴油发动机装配线对产能需求的适应性。

3．减速机制造业

减速机制造业发展前景广阔，同时行业竞争激烈，能够在保质保量的情况下给客户供货，是企业赢得市场的关键。装配阶段对减速机装配线的优化设计对整个减速机的生产流程起决定性作用，能够有效减少时间，提高效率，保证交货。减速机装配过程具有以下几个特点。

（1）产品结构复杂。减速机的产品结构复杂，要求体现客户个性化的需求和生产经济性的需要，种类一般较多，技术含量较高，需要装配线、人员等有足够的灵活变通能力。

（2）生产组织复杂。在装配过程中，为了确保产品及时装配，必须保证物理的齐套性，这就需要外购、外协件的准时到达，加工件生产进度的有效控制，避免缺件引起的交期延误、在制品积压；还应实行零缺陷的生产准则，避免不合格的零部件流向装配线，避免错装、漏装引起的返工，严格进行质量把关。

（3）自动化水平低。对于减速机，由于装配的复杂性，自动化水平较低，大多数仍采用手工装配的方式，产品的质量和生产效率很大程度上依赖工人的技术水平。

减速机的生产方式为多品种、小批量，使得生产组织方式既不能组织单一品种的装配线，又不能较好地组织轮番生产的装配线作业。而混流装配线适合多品种、小批量的准时制柔性生产要求，通过将各类产品进行细致的分析，根据工艺要求的相似性进行分类组合，以便进行混流装配生产。

以某生产全系列减速机为主的德国独资企业为实际案例背景，该公司拥有全亚洲最大且最先进的装配中心，它的占地面积高达 2.7 万平方米，纵向主要由收货区、立体仓库、装配线、检测区、喷线区与发货区等区域组成，横向主要由装配大、中、小型产品的 3 条总装线构成。其中，标准齿轮减速机的总装线（简称总装线）采用混流装配线的生产组织形式，也是该公司唯一的混流装配线，实现了单件流的生产，装配线上还配备了先进的现场管理系统及 Andon 控制系统，可以实时获取工人和产品的信息，进行订单跟踪和进度控制，以及生产数据的收集和分析，使得装配线上的问题可视化并得到快速解决，以保证生产的顺利进行。总装线为直线形布置，采用步进式输送方式，固定装配作业，各工位同步传送。如图 1-5 所示，减速机被放置在装有输送链条的可移动工作台车上，当装配线上的所有工人均完成相应的装配任务后，启动输送装置将工作台车沿轨道送至下一工位，固定后进行后续作业的装配。为了便于实现装配线的同步输送，同时装配线的所有工位等距离布置，将线上所有工作台车平拉一个工位距离。每个工位上配备一名装配工人，采用手工装配的流水作业方式。各工位的装配节拍应尽量保持一致，整条线的装配节拍为最慢工位的装配节拍。

图 1-5　标准齿轮减速机总装线

总装线上共有 5 个工位，并预留两个工位以追加投资扩大产能，如图 1-6 所示。混流装配线上生产的产品型号有 A、B 两种，两者的装配工艺相似，有着许多的公共装配作业，只是个别的装配作业存在区别，公共作业的装配时间相同或略有差别。

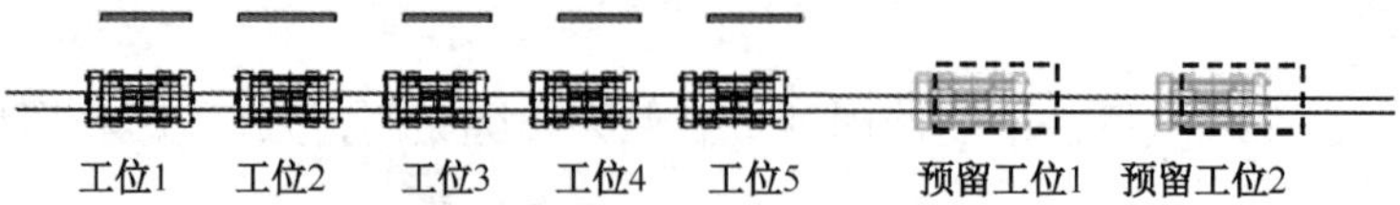

工位1　工位2　工位3　工位4　工位5　预留工位1　预留工位2

图 1-6　混流装配线工位布置图

在标准齿轮减速机的混流装配线设计时，产品 A、B 的需求比例为 1∶5，经过一年多的运行，两种产品的需求比例变为了 2∶1，有些装配作业元素的作业时间也产生了较大的变化。产品 A、B 的优先关系图及装配元素的作业时间变化如图 1-7 和图 1-8 所示。其中，左边的黑色数字为初始值，右边的浅色数字是一年后重新测定的装配作业时间。

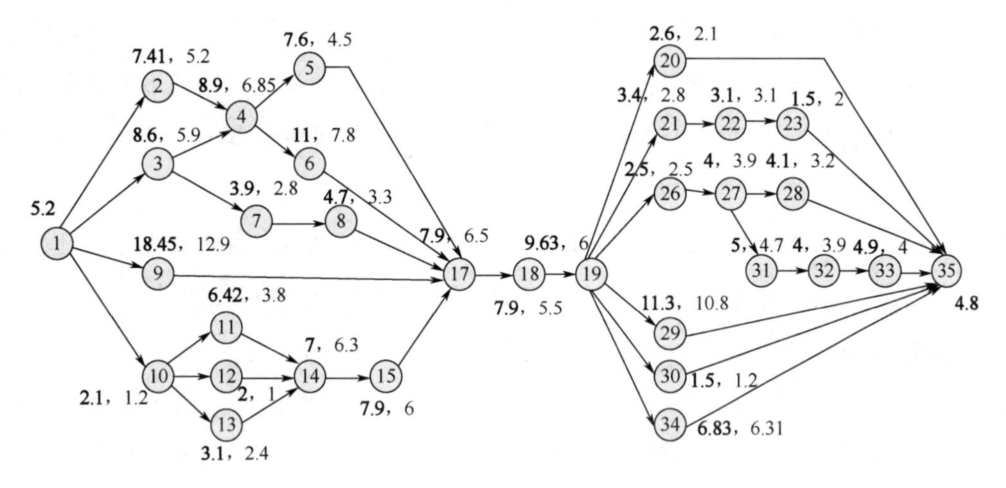

图 1-7 产品 A

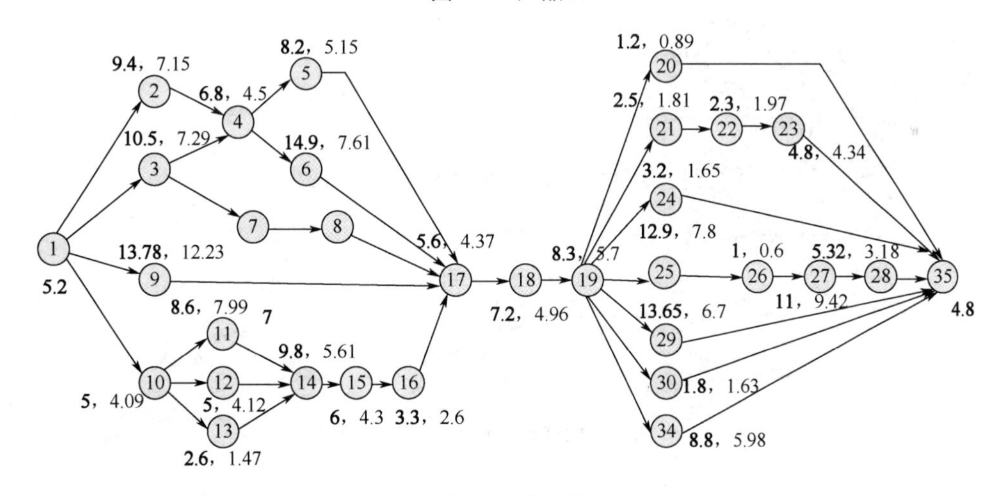

图 1-8 产品 B

从图 1-7 和图 1-8 中可以看出，A、B 两种产品的装配工艺相似，有许多相同的作业，也有各自特有的作业，大部分的公共作业的作业时间并不相同，这主要是由于不同规格型号的产品、装配量及复杂程度是不尽相同的。此外，运行一年以后，因为工人的熟练程度在不断地提高，绝大部分作业的作业时间得到缩短，使得装配线的工作效率得到极大提升。

4. 电子产业

电子产品与人们的生活密不可分，大到国防、航天，小到半导体收音机、手机等，已经成为生活中不可或缺的部分。我国电子产业持续保持快速发展，产业规模、产业结构技术水平得到了大幅度提升。同时，随着电子产品的种类与需求量日渐增多，电子产品的设计变更越来越繁杂，产品开发工艺越发复杂，制造线体也越来越多样复杂。传统的电子产品装配生产线已经无法满足市场的需要，混流装配线在电子产品领域的应用进一步加深。

以某公司某型号便携式计算机的生产装配线作为介绍背景，该便携式计算机具有一定典型的特征，其主要是由 LCD 模组、上盖模组、主板模组和关键零部件等组成的。为在排站时减少料件过多地占用作业空间而影响生产作业和不良率增加，在实际排站时，会根据图 1-9～图 1-12 所示的各模组装配生产优先关系图，分别按照便携式计算机常用的模组进行排站，这样不仅降低了排站的计算难度，也提高了生产过程柔性化水平。

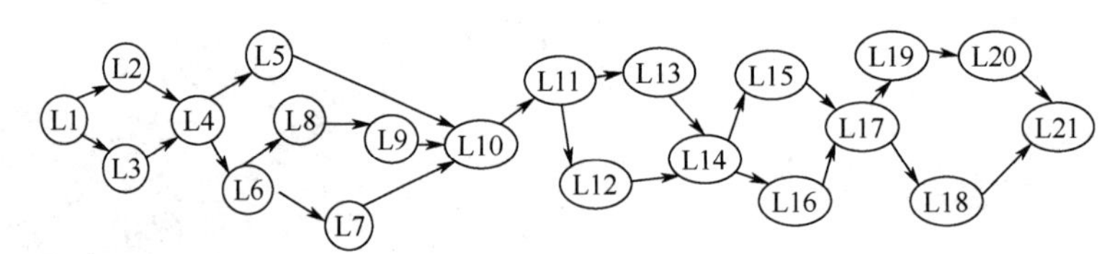

图 1-9 LCD 模组装配生产优先关系图

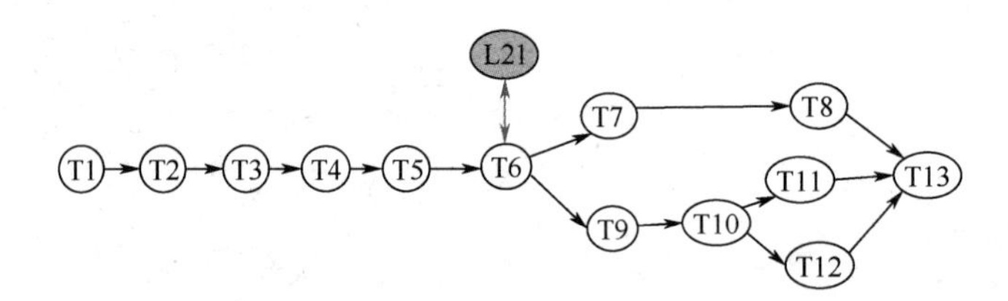

图 1-10 上盖模组装配生产优先关系图

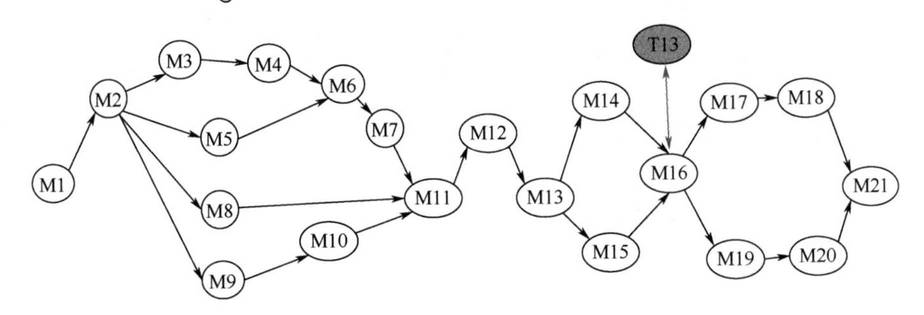

图 1-11 主板模组装配生产优先关系图

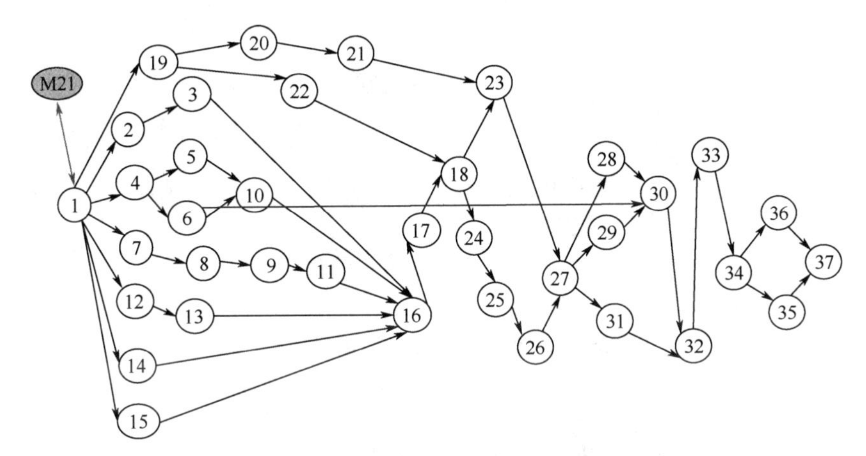

图 1-12 整机装配生产优先关系图

1.2 混流装配线的主要形式

混流装配线是一种多品种、小批量的生产组织方式，使得企业对市场的快速反应不再依赖于成品的库存，旨在提高企业对市场环境变化的快速反应能力，实现“只在需要的时候，按需要的量，生产所需的产品”的目标。在汽车、柴油发动机等行业的装配生产过程中，大部分生产工序是相同的，更换产品品种时基本不需要调整生产线，因此，混流装配线生产方式在这些行业具有广阔的应用前景。

1.2.1 混流装配线布局

混流装配线布局是指在工厂内部对各生产设备和辅助设施的相对位置和面积进行合理

安排；在装配线内部对各台生产设备的相对位置进行合理布置。为做好生产设施布置优化，首先要确定生产单位的构成，并要确定各生产单位采用的专业化形式。在以上过程中，将形成混流装配线的不同存在形式。

1．影响生产单位构成的因素

1）产品的结构和工艺特点

企业生产的产品结构不同，要求设置不同的生产车间，如生产机电产品的企业，生产单位可由毛坯车间、零部件加工车间和产品装配车间组成；流程式的化工企业要求严格按照工艺流程的阶段设置相应的生产车间。即使是生产同类型的产品，不同企业的工艺特点也不尽相同，如齿轮厂的毛坯，可以采用模锻的工艺制道，也可以采用精密铸造的工艺制造，因而，根据企业的工艺特点可以相应地设置锻造车间或铸造车间，或者两种工艺车间同时设置。

2）企业的专业化与协作化水平

企业的专业化形式不同，企业内部生产单位的设置存在较大差异。采用产品专业化的制造企业，如汽车制造企业，要求企业内部设置较为完整的生产单位，通常设置有毛坯车间、零部件加工车间、热处理车间、产品装配车间。采用零件专业化的制造企业，如车轮厂，通常可不设置产品装配车间。采用工艺专业化的制造企业，如摩托装配厂，通常只设置相应工艺阶段的车间，只有部件装配车间、产品总装车间等。

随着社会分工的进一步细化，制造企业的专业化程度日渐提高，有大量的外协件需要其他企业协作生产，企业采用业务外包的方式组织优势制造资源，既可以减少企业自身的制造活动，又可以提高生产效率，进一步降低成本；同时，协作化程度越高，则企业内部的生产单位组成越简单。

3）企业的生产规模

企业的生产规模是指劳动力和生产资料在企业集中的程度。一般来说，制造企业规模越大，生产单位就会越多。大型制造企业的车间规模大，为了便于管理，同类性质的生产车间通常可以设置多个，如零部件加工一车间、零部件加工二车间等。对于中、小型企业，若生产规模较小，则可将零部件加工与产品装配设置在同一个车间。

2．生产单位的专业化原则和形式

1）工艺专业化原则

工艺专业化原则是指企业根据加工工艺专业化特征设置生产单位，形成工艺专业化车间。在工艺专业化形式的生产单位内集中了完成相同工艺的设备和工人，便于同行之间进行技术交流以提高工作质量，可以完成不同产品上相同工艺内容的加工，如零部件加工车间、锻造车间、车工车间、铣工车间等生产单位。工艺专业化生产单位具有对产品品种变化适应能力强、生产系统可靠性高、工艺管理方便等优点，但由于完成整个生产过程需要跨越多个生产单位，因此也有加工路线长、运输量大、运输成本高、生产周期长、组织管理工作复杂等特点，而且变换品种时需要重新调整设备，因此耗费的非生产时间较多，生产效率低。

2）对象专业化原则

对象专业化原则是指企业根据产品建立生产单位。在对象专业化形式的生产单位内集中了完成同一产品生产所需的设备、工艺装备和工人，可以完成相同产品的全部或大部分的加工任务，如汽车制造厂的发动机车间、曲轴车间等生产单位。对象专业化生产单位便于采用高效专用设备组织连续流水作业，可缩短运输路线、减少运输费用，有利于提高生产效率、缩短生产周期，同时还简化了生产管理，但是对象专业化生产单位只固定生产一种或很少几种产品的设备，因而对产品品种变化的适应能力很差。

事实上，任何企业，特别是中小制造企业，单纯按工艺专业化形式或对象专业化形式布置的较少，常常同时采用两种专业化形式进行设施布置。工艺专业化原则适用于单件小批量的生产；对象专业化原则适用于大量大批生产。

3．生产设施布置的原则

（1）车间的布置要能尽量避免互相交叉和迂回运输，以缩短产品生产周期，节省生产费用。

（2）联系紧密的单元的布置应尽量相互靠近。例如，零部件加工车间和产品装配车间应该尽量布置在相近的位置上。

（3）充分利用现有的运输条件和供电、供水等公共基础设施，如仓库在布置时尽量离公路、铁路、港口等近一些。

（4）根据生产单位的性质，以及安全、防火等要求，合理划分厂区，如生活区、办公区、零部件加工区、产品装配区、动力设施区等。尽量把居民生活区设在上风区，以减少污染。

（5）企业在进行初始布置时，应考虑有适当扩建的余地。

1.2.2 几种典型的布置形式

（1）固定式布置（Fixed Postion Layout）是指被加工对象位置不动，生产工人和设备都随着加工的进程不断向被加工对象转移。大型产品的加工、装配过程适用于采用这种布置形式。被加工对象体积庞大，质量很大，不容易移动，因此保持被加工对象位置不动，将工作地按生产产品的要求来布置，如大型飞机、船舶、重型机床等。对于这样的项目，一旦基本结构确定下来，其他一切的功能都围绕着产品而固定下来，如机器、操作人员、装配工具等。

（2）产品布置（Product Layout）就是按对象专业化原则布置有关机器和设施。最常见的是流水生产线或产品装配线。

（3）工艺过程布置（Process Layout）就是按照工艺专业化原则将同类机器集中在一起，完成相同工艺加工任务。

（4）成组制造单元布置（Layout Based on Group Technology）的基本原理是，首先根据一定的标准将结构和工艺相似的零件组成一个零件族，确定出零件族的典型工艺流程；然后根据典型工艺流程选择加工设备和操作工人，由这些设备和操作工人组成一个生产单元。成组生产单元与对象专业化形式十分类似，因而也具有对象专业化形式的优点。但成组生产单元更适用于多品种的批量生产，因此又比对象专业化形式具有更高的柔性，是一种适合多品种、中小批量生产的理想生产方式。

在实际生产中，一般都会综合运用上述几种形式，针对不同的零件品种数和生产批量选择不同的生产布置形式，从而形成线形装配线、U 形装配线、双边装配线等多种混流装配线形式。

1. 线形装配线

传统的装配线一般设计成直线形，如图 1-13 所示。直线形装配线的设备设置按物流路线直线放置，容易实现自动化传输，工人劳动强度相对较低，但是平衡比较困难。也有企业将装配线布置为S、L、U形等，如图1-14所示，但这些装配线实质上是直线形装配线。

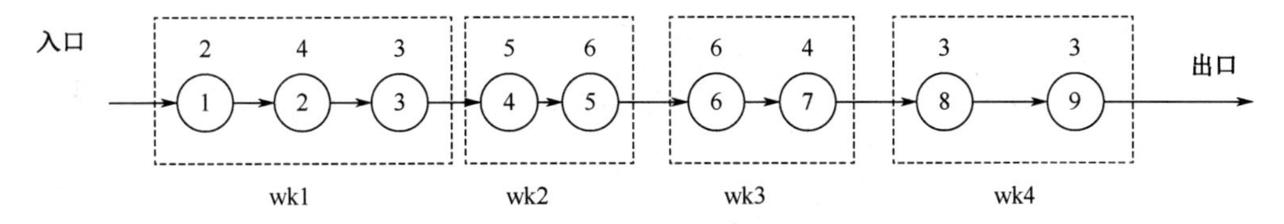

图1-13 直线形装配线

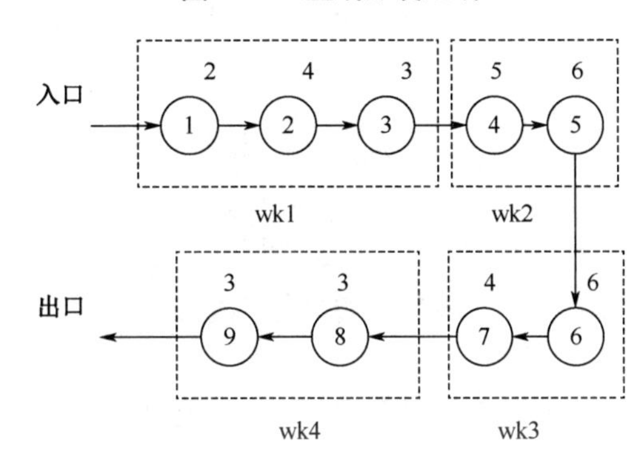

图1-14 实质上是直线形装配线

直线形装配线适用于几乎所有类型，包含小批量多品种、少品种大批量类型产品，其优点如下。

（1）能批量化规模化生产，生产效率高。

（2）物流流向单一，工序物料单一，物料配送及管理简单。

（3）工序分工明确，人员技能熟练度提升快，并且可以通过轮岗制培养多能工。

（4）工具设备投入少，一条线使用一套生产设备及工具。

直线形装配线也表现出较多缺点，包括以下几方面。

（1）产品切换时间长。

（2）生产线平衡率低。

（3）物料配送难度大。

（4）生产质量问题会导致批量返工。

（5）人员管理难度大，工序分工明确。

2. U 形装配线

U 形装配线的物流路线呈 U 形，进出料由一人控制，按工序排布生产线，作业人员多功能化，其中产品的上线点和下线点可以在同一个工位，其余各工位也都可以同时完成入口线和出口线的操作，如图 1-15 中的工位 wk2 包括入口线操作（3,4）和出口线操作（7）。

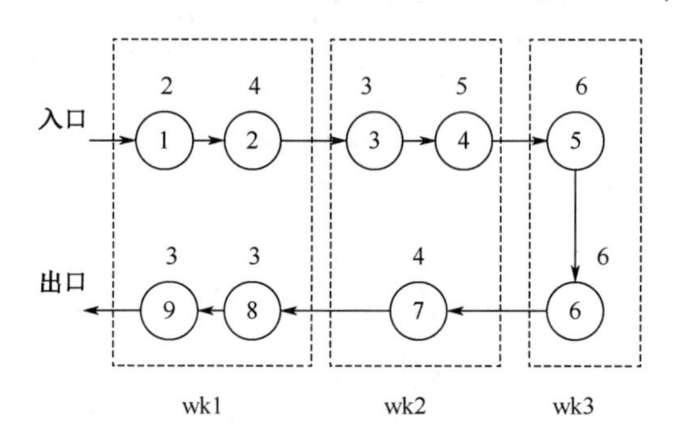

图 1-15 U 形装配线

对比图 1-13～图 1-15 可知，当节拍为 12 时，U 形装配线所需要的工位更少，从而证明U形装配线可以具有更高的生产效率。为更好地描述U形装配线，将其用虚线形式附加到原始的优先关系图中，如图 1-16 所示。优先关系约束和影子约束分别对应U形装配时的入口线和出口线约束。在操作分配时，从虚操作 0 开始，按照优先关系向后分配得到入口线操作，或者按照影子约束向前分配得到出口线操作。在操作分配时，一定要遵循相应的约束关系，若操作（2, 3）已完成，则可按优先关系约束将操作（5）分配到入口线；若操作（5）已完成，则将操作（5）按影子约束分配到出口线；若操作（2, 3, 6）均已完成，则自由分配操作（5）。与直线形装配线相比，U 形装配线上的每个操作既可按优先关系约束分配到入口线上，也可按影子约束分配到出口线上，每个操作具有更多的分配机会。操作分配的灵活性增加使U形装配线的平衡率更高，从而提高生产效率。

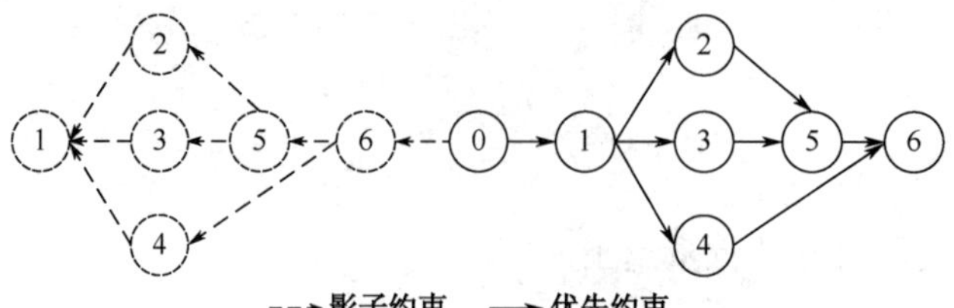

图 1-16 引入影子约束的优先关系图

U 形装配线适用于品种多、批量少，生产工序相对明确，工艺相对单纯的产品，其大小无关紧要，U 形装配线可以人动产品不动，也可以人不动产品动。U 形装配线的优点如下。

（1）可以相对减少作业场地。

（2）生产平衡率高。

（3）产品切换时间短，完全可以多到零切换。

（4）生产计划安排简单，可以根据标准工时直接将任务安排到个人。

U 形装配线的缺点如下。

（1）不便于大批量生产。

（2）人员技能要求非常高，培养周期长。

（3）工具设备投入高，每人都需要一套完整的生产设备及工具。

（4）要有良好的物料支撑及物料配送体系，同样需要很好的物料配送人员。

（5）生产布局规划及工艺节点设计要求高。

3．双边装配线

双边装配线如图 1-17 所示。它是对传统单边装配线的扩展，通过将原本单一的装配作业区域拆分成左、右两个相对独立的装配区域，工人在各自区域内并行、独立地进行装配作业。沿用简单装配线平衡中的表达方法，用“工位”（或工作站）表示工人的装配区域。那么对于双边装配线而言，它是由若干组左边和右边工位组成的。为便于交流，称双边装配线中一组左右对称的两个工位为一个“位置”（又称一对“伴随工位”），即双边装配线是由一系列“位置”组成的，而每个“位置”（p）又由左、右两个对称的工位（$2p-1$和$2p$）组成。这两个左右对称的工位又互称对方为自己的“伴随工位”。

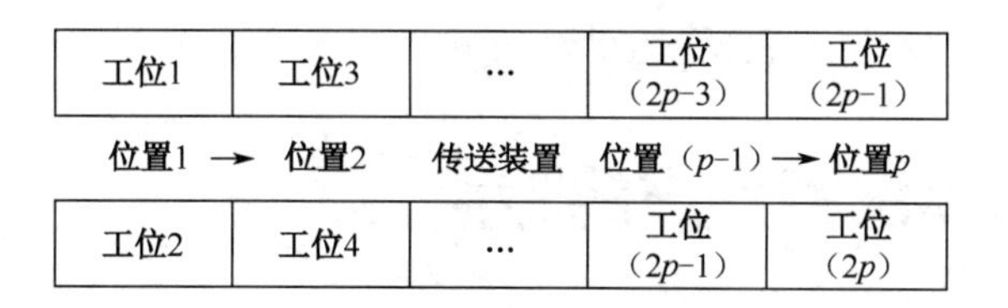

图 1-17　双边装配线

双边装配线一般常用于汽车、装载机等大型产品的装配。对这些产品而言，它们都拥有较大的装配作业空间，可供工人们在装配体的左右两边并行、独立地进行装配作业。而不会因为装配空间的缘故，出现工人相互等待，“变相”地退化为单边作业等情形。出于安全、成本和技术等因素的考虑，双边装配线上左右两边的工人一般限定在自己的工作区域内独立进行装配作业。因此，在分配任务时，需要考虑该任务装配作业所处装配体的区域。例如，在装载机的装配过程中，像机油冷却器、左轮胎等安装在机体的左侧，需要安排左边的工人进行装配；像滤清器、右轮胎等安装在机体的右侧，需要右边的工人来进行装配；而像储气罐、传动轴等安装在装配体的中间部分，左右边的工人均可进行装配作业。

双边装配线与单边装配线相比，有以下优点。

（1）能缩短装配线长度，减少产品从投入装配线到产出的时间。在双边装配线中，由于双边工位中无优先关系约束的任务可并行装配，可充分利用时间；而单边装配线中装配任务在时间轴上并无重叠，增加了产品的装配时间。由于双边工位的存在，若忽略产品任务之间的优先关系约束，则理论上可减少装配线一半的长度。若考虑优先关系约束，则可在一定程度上节约装配线占地空间，提高生产空间的利用率。同时缩短了产品的生产周期，提高了企业的市场反应能力，从而直接提高企业竞争力。

（2）能提高某些设施、设备的共享率，减少固定资产投入。在双边装配线中，由于双边工位的安排布局，使得任务之间排列更为紧凑，若某些装配相似程度高的任务处于同一工位或同一位置中，可共享一些设备和工具。例如，在双边装配线中，在进行可并行操作且对夹装有相同要求的装配任务时，只需一次夹装即可，减少了夹具的开关、工件的换装次数，降低无效劳动时间；并且可以减少企业对工装、夹具的投入。

（3）减少无效劳动时间，提高装配效率。由于双边工位的存在，使得某些需要变换装配方位的任务在双边装配线中可直接由此任务所在操作方位的工人完成装配任务，减少工件的移动与工人的位置变动，降低无效劳动时间。

1.3 混流装配线生产的特点

混流装配线使产品装配阶段可以有更多的产品变化、更短的产品生命周期、更低的产品成本和更长的产品生命周期，以及更高的产品质量。混流装配线可以在基本不改变生产组织方式的前提下，在同一条流水线上同时装配生产出多种不同型号、不同数量的产品，因此，混流装配线既可以生产大批量标准化产品，也可以按照客户订单生产小批量非标准化产品。与单一型装配线相比，混流装配线具有更高的灵活性，可变性大、适应性高，有助于提高产品质量。混流装配线能够在不引起产品库存变化且不增加额外成本的条件下，满足客户的多样化和个性化需求，使得制造企业具备对市场的快速响应能力。与单品种装配线和多批量装配线相比，混流装配线具有以下特点。

（1）产品品种多，切换频率快。

（2）涉及的零部件种类多。

（3）产品结构相似。

（4）装配过程随市场环境动态变化。

（5）装配工艺流程随产品品种的不同具有差异性。

混流装配线的生产特点决定了混流装配车间的生产管理必然与单品种装配线不同。为了使其稳定、持续且高效的运行，必须对产品的投产、装配等进行合理安排和组织，由于混流装配具有涉及的零部件多、产品批量小、种类变化快等生产特点，极大增加了混流装配线生产管理的难度，主要体现在以下几个方面。

（1）不同产品共线生产，其工序与作业时间各不相同，依据混流装配的生产原则，必须考虑产品的投放顺序，在满足市场需求的同时，产品的品种、产量、物料消耗、设备负荷、人员负荷达到全面均衡。

（2）混流装配生产涉及的产品和零部件种类繁多、生产变化快，与单件大批量生产相比，物料配送活动更为复杂。尽管一些企业已经采用企业资源管理系统（如 ERP、MRP 等），但由于信息采集与交互手段缺乏主动性与实时性，导致生产管理的敏捷性不足，物料配送也因为缺乏与实时生产状态信息的支撑，难以实现准确、有序地配送。

（3）市场需求不可预测、快速多变的特点要求制造企业必须具有快速响应能力，这主要表现在生产能力方面。当基于生产任务运用仿真方法对制造企业的生产能力进行分析时，当前市面存在的生产线建模与仿真软件存在诸多不足，如单纯依靠手工建立仿真模型，其速度与质量取决于建模人员的经验和能力；缺乏智能建模模块，当建立大型生产线模型时，建模周期明显过长；缺乏产品数据、工艺数据、企业制造资源等企业信息管理模块，同实际生产脱节。

混流装配线的生产特点增加了混流装配线的管理难度，需要建立完善的混流装配线生产计划体系，对混流装配线的生产管理形成系统理论化的指导，保证装配任务顺利进行。

1.4 混流装配线生产计划体系

1.4.1 生产计划体系概述

企业生产计划与控制系统是整个生产系统运行的“神经中枢”和指挥系统，决定着生产系统的运行机制和活动内容，一般分为 5 个层次，即经营规划、销售与运作计划（综合计划）、主生产计划（Master Production Schedule，MPS）、详细物料计划、生产作业计划与控制，如表 1-1 所示。

表 1-1　生产计划与控制系统各层次的主要内容

阶段性质	计划层次		计划期	计划时段	主要内容	主要编制依据	编制主持人
	名称	对应习惯					
宏观计划	经营规划	五年计划	3～7 年	年	经营战略、产品发展、市场占有率、销售收入、利润	市场分析 市场预测 技术发展	企业最高管理层
	销售与运作计划（S&OP）	年度大纲	6～18 个月	月	产品系列（品种、数量、成本、售价、利润），控制库存	经营规划 销售预测	企业最高管理层
	主生产计划（MPS）	无对应，近似于销售计划	视产品生产周期而定	周、日	最终产品	S&OP 合同、预测 其他需求	主生产计划员
微观计划	详细物料计划	无对应，近似于加工/采购计划	视产品生产周期而定	周、日	组成产品的全部零件	MPS 产品信息 库存信息	主生产计划员或分管产品的计划员
执行	生产作业计划与控制	车间作业计划	1～7 天	周、日	执行计划 确定工序优先级 派工 结算	物料需求计划 工作中心生产能力	车间计划调度员

从计划的时间跨度上讲，又可分为长期计划、中期计划和短期计划 3 个层次，计划的体系和层次结构如图 1-18 所示。

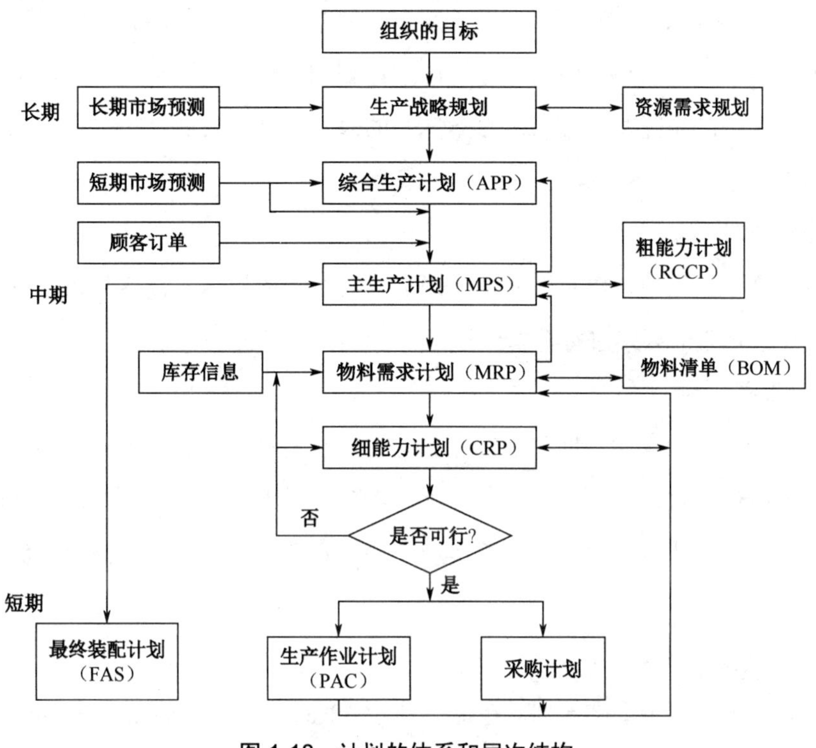

图 1-18 计划的体系和层次结构

1. 长期计划

长期计划包括市场需求预测、生产战略规划、资源需求计划。综合生产计划（Aggregate Production Planning，APP）界于长期计划和中期计划之间，是一个中长期的生产计划。

1）市场需求预测

市场需求预测可以分为长期市场预测和短期市场预测。长期市场预测主要是宏观的预测，预测的时间跨度较长，通常为 3～5 年，预测主要应考虑国家宏观经济的发展和政策，产业发展的大环境，产品的科技竞争能力等因素。这种长期市场预测一般由企业的最高层管理者做出，它不针对具体的产品，而针对产品群。短期市场预测又可分为两个层次：一方面在编制综合生产计划时要对未来一年内的销量做一个预测；另一方面在综合生产计划期间，又要不断地对预测进行调整，即要做更短的预测，通常是每季度或每月一次。

2）生产战略规划

在长期预测的基础上，生产战略规划主要是企业长远发展规划，它关心企业的兴衰成败，常言道："人无远虑，必有近忧。"长期生产战略规划一般是由企业的最高层管理者制定的，属于战略层次的计划，用来指导全局，计划期比较长，通常为几年以上。长期生产战略规划考虑的是产品开发的方向，生产能力的决策和技术发展水平。这种长期生产战略规划的不确定性较高。

3）资源需求计划

生产战略规划做出后，要对资源进行规划，对企业的机器、设备与人力资源是否能满足生产战略规划规定的要求进行分析，这是一较高层次的能力计划。

4）综合生产计划

综合生产计划界于长期计划和中期计划之间，有的书中将它纳入到中期计划中也未尝不可。综合生产计划是指导全厂各部门一年内经营生产活动的纲领性文件。准确地编制综合生产计划可以在产品需求约束条件下实现劳动力水平、库存水平等指标的优化组合，以实现总成本最小的目标。

2．中期计划

中期计划主要包括主生产计划、粗能力计划（Rough-Cut Capacity Planning，RCCP）。物料需求计划（Material Requirement Planning，MRP）界于中期计划和短期计划之间，如将物料需求计划也纳入到中期计划中来，则与物料需求计划相对应的能力需求计划（Capacity Requirement Planning，CRP）也应归到中期计划中。能力需求计划通常也可称为细能力计划。

1）主生产计划

主生产计划是计划系统中的关键环节。一个有效的主生产计划是生产对客户需求的一种承诺，它充分利用企业资源协调生产与市场，实现生产计划大纲中所表达的企业经营计划目标。它又是物料需求计划的一个主要的输入。主生产计划针对的不是产品群，而是具体的产品，是基于独立需求的最终产品。

2）粗能力计划

粗能力计划和主生产计划相对应，主生产计划能否按期实现的关键是生产计划必须与现有的实际生产能力相吻合。所以，在主生产计划编制后，必须对其是否可行进行确认，这就要进行能力和负荷的平衡分析。粗能力计划主要对生产线上的关键工作中心进行能力和负荷平衡分析。如果能力和负荷不匹配，那么一方面调整能力，另一方面可以修正负荷。

3）物料需求计划

物料需求计划是在主生产计划对最终产品做出计划的基础上，根据产品零部件展开表（物料清单，简称 BOM）和零件的可用库存量（库存记录文件），将主生产作业计划展开成最终的、详细的物料需求和零件需求及零件外协加工的作业计划，决定所有物料何时投入、投入多少，以保证按期交货。对于制造装配型企业来说，物料需求计划对确保完成主生产计划非常关键。在物料需求计划的基础上，考虑成本因素就扩展形成制造需求计划，简称 MRP II。物料需求计划编制后还要进行细的能力计划。

4）能力需求计划

物料需求计划规定了每种物料的订单下达日期和下达数量，那么生产能力能否满足需求，就要进行分析，能力需求计划主要对生产线上所有的工作中心都进行这种能力和负荷的平衡分析。若生产能力不满足需求，则要采取措施。

3．短期计划

短期计划主要根据物料需求计划产生的结果作用于生产车间现场，包括最终装配计划（Final Assembly Scheduling，FAS）、生产作业控制（Production Activity Control，PAC）、采购计划等。

1）最终装配计划

最终装配计划描述在特定时期里将主生产计划（MPS）的物料组装成最终的产品。有时，主生产计划的物料与最终装配计划（FAS）的物料是一致的。但在许多情况下，最终产品的数量比下一层物料清单（BOM）的物料还多，此时 MPS 与 FAS 的文件是不同的。

2）生产作业控制

执行物料需求计划将形成生产作业控制和采购计划，生产作业控制的计划期一般为一周、一日或一个轮班。其中，生产作业控制具体规定每种零件的投入时间和完工时间，以及各种零件在每台设备上的加工顺序，在保证零件按期完工的前提下，使设备的负荷均衡并使在制品库存尽可能少。生产作业控制将以生产订单的形式下达到车间现场，生产订单下达到车间后，对生产订单的控制就不再是生产计划部门或 MRP 系统管辖的范围了，而是由车间控制系统来完成的。订单的排序要根据排序的优先规则来确定。

3）采购计划

本书对采购计划不进行论述。采购计划有其固有的特性，现在特别强调要实现供应链的集成，这就要重视它们和供应商之间的和谐关系，要形成战略伙伴关系，供应商是企业的延伸，对供应商的能力也要有一个规划。

物料需求计划的计划体系是基于相关需求产品而言的，对于独立需求产品或物料，则可以用其对应的库存管理方法进行计划和控制，比较常用的是定量订货库存模型和定期订货库存模型。物料需求计划是一种推动式的生产系统，而准时化生产是由市场订单拉动企业生产的，物料需求计划和准时化生产体系恰好是相反的过程。物料需求计划是大量生产方式下发展起来的一种计划和控制体系，而准时化生产则是精益生产方式下发展起来的一种计划和控制体系。两者各有优缺点，如何将两者的优点综合在一起，发挥物料需求计划较强的计划功能和准时化生产较强的控制功能是目前许多学者正在研究的方向。

1.4.2 生产计划与控制理论的演变过程

生产计划与控制理论是随着管理理论的发展而不断发展的。以下将划分几个阶段来分别介绍相关理论的演变过程及发展趋势。

1．科学管理阶段

科学管理理论出现之前，所有工作程序都由工人凭个人或师傅的经验去操作，工作效率由工人自己决定。被称为“科学管理之父”的泰勒深信这不能产生高效率，必须用科学的方法来改变。以泰勒为首的科学管理学派主张以科学的方法降低生产成本，提高生产效率；为工人的操作方法、工具及作业环境制定标准化的准则；实行级差计件工资制；划分计划职能和执行职能；实行工长制；在管理控制上实行例外原则等。

在生产计划与控制方面，泰勒主张要把计划职能与执行职能分开，并在企业设立专门的计划机构，以科学的工作方法替代凭经验工作的方法，即研究规律、制定标准，然后按标准执行；管理控制上要实行例外原则，最高管理者应该避免处理工作中的细小问题，集中精力处理企业方针政策、经营决策和人事任免等重大问题。与泰勒一起推行科学管理的甘特（Henry Laurence Gantt）发展了生产管理中的计划控制技术，创制出了“甘特图”，他提出工作控制中的关键因素是时间，时间应当是编制任何计划的基础。解决时间安排问题的办法是，绘制出一张标明计划和控制工作的线条图，这种图就是在管理学界享有盛誉的甘特图——生产计划进度图，它以图示的方式通过活动列表和时间进度形象地表示出任何特定项目的活动顺序与持续时间。甘特图形象简单，在企业管理工作中得到了广泛的运用，如图 1-19 所示。

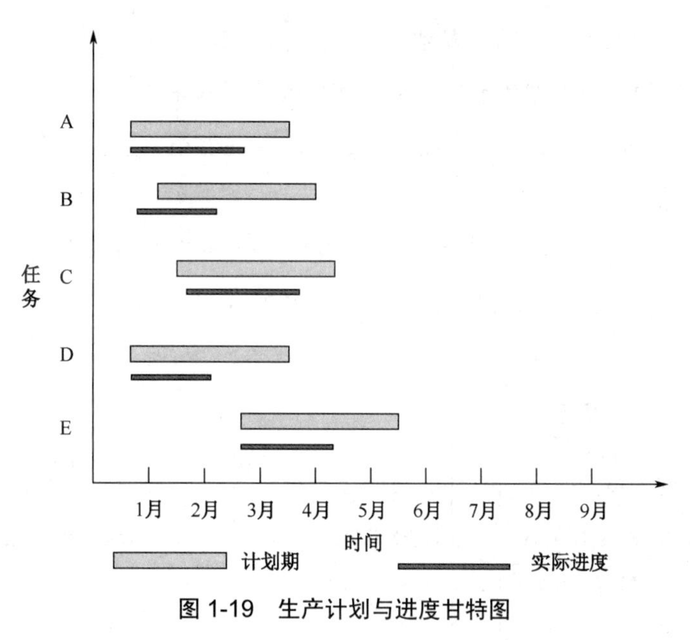

图 1-19 生产计划与进度甘特图

1913 年，福特利用甘特图进行计划控制，创建了世界第一条福特汽车流水生产线，实现了生产的大工业化格局，大幅度提高了劳动生产效率，出现了高效率、低成本、高工资和高利润的局面。

2. 运筹学应用阶段

第二次世界大战期间，由于欧洲战场有大量的人力、给养和物资运输，相应地出现了飞机和船只调度问题。为了解决如此复杂环境下的管理决策，从而形成了跨学科的以数学方法为基础的运筹学。这个阶段有的学者认为，管理就是编制和运用数学模型与程序，进行计划、组织、控制、决策等，求出最优的解答，以实现企业的目标。

运筹学的出现对生产计划与控制理论产生了重要的影响。运筹学在计划方面的应用很多，线性规划方法可用于生产计划编排、工作任务分配、合理下料、配料问题、物料管理、配送管理等方面；存储论研究企业储存环节，用于企业最佳订货期、订货量的确定；动态规划用于企业在各阶段的最佳生产决策，包括不同阶段生产量、采购量和存储量的确定；网络计划技术利用网络图表达计划任务的进度安排及各项活动间的相互关系，根据不同活动时间及先后顺序的定义，以及一定的算法计算网络时间参数，找出关键活动和关键线路，并利用时差不断改善网络计划，求得工期、资源与费用的优化方案；等等。

运筹学已经深入到生活中的很多领域并发挥着越来越重要的作用，由于其兼有逻辑的数学和数学的逻辑的性质而成为系统工程学和现代管理科学中的一种重要的基础理论和方法，从而应用到各种管理工程中，在现代化建设中发挥着至关重要的作用。

3. 信息化时期

20 世纪六七十年代，随着计算机技术的发展及其在管理问题中的应用，生产计划与控制也进入了信息化时代，主要以 MRP、MRPⅡ和 ERP 为代表，它们的发展历程如图 1-20 所示。

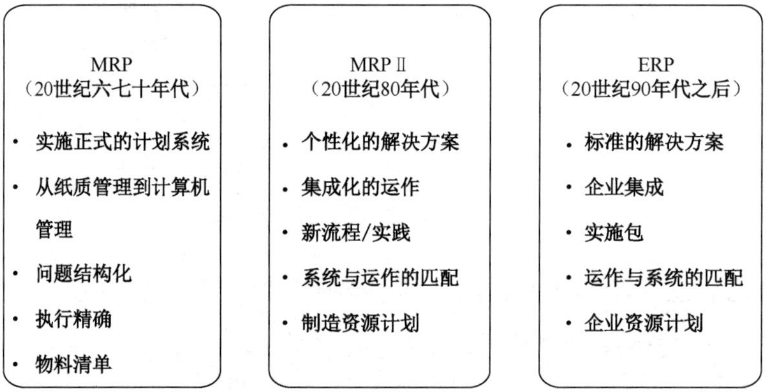

MRP （20世纪六七十年代）	MRPⅡ （20世纪80年代）	ERP （20世纪90年代之后）
• 实施正式的计划系统	• 个性化的解决方案	• 标准的解决方案
• 从纸质管理到计算机管理	• 集成化的运作	• 企业集成
• 问题结构化	• 新流程/实践	• 实施包
• 执行精确	• 系统与运作的匹配	• 运作与系统的匹配
• 物料清单	• 制造资源计划	• 企业资源计划

图 1-20　信息化条件下生产计划与控制的发展历程

1965 年，美国的约瑟夫·奥利奇博士与奥列弗·怀特等管理专家一起在深入调查美国企业管理现状的基础上，针对制造业物料需求随机性大的特点，提出物料需求计划（Material Requirement Planning，MRP）。MRP 的基本思想是，围绕物料转化组织制造资源，实现按需求准时生产。它根据总生产进度计划中规定的最终产品的装配件、部件、零件的生产进度计划，以及对外的采购计划、对内的生产计划，计算物料需求量和需求时间。物料需求计划源于物料清单（BOM）理论的发展，促进了纸质管理向计算机管理的转变。最初，它只是一种需求计，没有信息反馈，也谈不上控制。后来，引入生产能力之后，形成闭环 MRP（Closed-loop MRP）系统，这时的 MRP 系统才成为真正的生产计划与控制系统。

20 世纪 80 年代发展起来的制造资源计划（Manufacturing Resouce Planning，MRPⅡ），它在闭环 MRP 的基础上引入成本与财务系统，涵盖了一个制造企业的供产销及财务等核心业务功能，实现了企业物流与信息流的统一。

20 世纪 90 年代初，美国的加特纳公司（Gartner Group）首先提出企业资源计划（Enterprise Resource Planning，ERP）的概念。ERP 除了包括和加强了 MRPⅡ的各种功能，还主张向内以精益生产方式改造企业生产管理系统，向外增加战略决策和供应链管理，并且支持多元化经营模式。

4．日本的准时生产方式

20 世纪 60 年代，日本丰田开始实行准时（Just In Time，JIT）生产方式。准时生产方式的核心是追求一种无库存的生产系统，或者使库存达到最小的生产系统。为此而开发了包括“看板”在内的一系列具体方法，并逐渐形成一套独具待色的生产经营体系。1973 年以后，这种方式对丰田公司度过第一次能源危机起到了突出的作用，后引起其他国家生产企业的重视，并逐渐在欧洲和美国的日资企业及当地企业中推行开来。1985 年，美国麻省理工学院的技术、政策与工业发展中心发起了名为“国际汽车计划（IMVP）”的研究项目，筹资 500 万美元，组织了 50 多位专家学者历时 5 年时间，造访 15 个国家，调查了 90 多家汽车制造企业，将美国的大量生产方式与日本的丰田生产方式进行比较分析，充分肯定了丰田生产方式的先进管理思想和方法，并以 Lean Production 命名如此高效率的“精益生产”方式，以示其与传统生产方式的显著区别。1990 年，詹姆斯 P. 沃麦克（James P. Womack）、丹尼尔 T. 琼斯（Daniel T. Jones）等在他们的研究著作《改造世界的机器——精益生产之道》（*The Machine That Change the World: The Story of Lean Production*）中，第一次以精益生产（Lean Production，LP）的概念精辟地表达了精益生产方式的内容，指出这是一种以丰田生产方式为核心的、适用于所有制造业的先进生产理念和管理模式。

对准时（JIT）生产方式，有这样一种误解，即认为既然是“只在需要的时候，按需要的量生产所需的产品”，那生产计划就无足轻重了。但实际上恰恰相反，以“看板”为其主要管理工具的准时生产方式，从生产管理理论的角度来看，是一种计划主导型的管理方式。在准时（JIT）生产方式中，同样根据企业的经营方针和市场预测编制年度计划、季度计划与月度计划，然后再以此为基础编制出日程计划，并根据日程计划编制投产顺序计划。但是，其最独特的特点是向最后一道工序以外的各个工序出示每月大致的生产品种和数量计划，作为其安排作业的一个参考基准，而真正作为生产指令的投产顺序计划只下达到最后一道工序。例如，在汽车生产中，生产指令只下达到总装配线，其余所有总装之前的制造阶段和工序的作业现场，没有任何生产计划表或生产指令，而是在需要的时候通过“看板”由后工序顺次向前工序传递生产指令。这一特点与历来生产管理中的生产计划指令下达方式有明显的不同。

5．约束理论与高级计划排程

20 世纪 70 年代，艾利·高德拉特（Eliyahu M. Goldratt）博士提出了最优生产时间表（Optimized Production Timetable）的概念——80 年代它被称为最优生产技术（Optimized Production Technology，OPT）。最优生产技术（OPT）实质上是一种基于资源的瓶颈约束计划。1983 年，他借助一本管理小说《目标》（*The Goal*），将 OPT 扩展成了约束理论（Theory Of Constraints，TOC），又陆续出版《绝不是靠运气》《关键链》和《仍然不足够》，形成一套完整的管理哲理，从制约整体的约束因素入手，解决约束，解放整体。

约束理论的计划与控制是通过 DBR 系统来实现的，即“鼓（Drum）”“缓冲器（Buffer）”和“绳子（Rope）”系统。约束理论根据瓶颈资源的可用能力来确定企业的最大物流量，作为约束全局的“鼓点”。鼓点相当于指挥生产的节拍，在所有瓶颈工序和总装工序前要保留物料储备缓冲，以保证充分利用瓶颈资源，实现最大的有效产出。必须按照瓶颈工序的物流量来控制瓶颈工序前各道工序的物料投放量。换句话说，瓶颈工序和其他需要控制的工序如同用一根传递信息的绳子牵住的队伍，按同一节拍，控制在制品流量，以保持在均衡的物料流动条件下进行生产。瓶颈工序前的非制约工序可以用倒排计划，瓶颈工序用顺排计划，后续工序按瓶颈工序的节拍组织生产。

约束理论擅长能力管理和现场控制，专注于资源安排，通过瓶颈识别、瓶颈调度，并使其余环节与瓶颈生产同步，保证物流平衡，寻求需求和能力的最佳结合，使系统产销率最大，这是约束理论的优势所在。TOC 也是对 MRPⅡ和 JIT 在观念和方法上的发展。

高级计划与排程（Advanced Planning and Scheduling，APS）最初的设计便是借助约束和排队论的简单理论来解决瓶颈问题和排序问题的。但发展至今，APS 理论本身不断扩展，从生产中的资源约束延伸到需求约束、运输约束、资金约束等多方面，并与整个供应链的管理相结合。

高级计划与排程（APS）在做决策时，会充分考虑能力约束、原料约束、需求约束、客户规则及其他各种各样的实物和非实物约束，并将批量和提前期作为一种动态的、随实际情况变化而变化的数，利用各种基于规则、基于约束等的计划技术，自动根据工艺路线、订单、能力等复杂情况生成一个详细的、优化的生产计划，并加以检查和评估，它可以通过库存约束来保证物料的供应量，也可以通过对连续工序中重叠部分的时间处理来提升效率，甚至可以对供应链上的库存、资金、运输等资源进行同步优化。APS 的算法经常是综合性的，它除了包含传统的优化算法（如线性规划和复合整数运算），还包括多种启发式算法。例如，解决约束规划的算法，可以归为系统搜索法、一致性计算法、约束传播算法、随机算法和推导算法、分支定界法 5 类十余种算法，许多算法非常复杂，而且需要较深的专业基础。这一点也限制了它在一般企业的应用。

6．供应链环境下生产计划与控制系统的发展

在供应链环境下，对生产计划与控制提出了新的要求。一个有效的供应链生产计划系统必须集成企业的所有计划，必须保证企业能快速响应市场需求，必须保证各个节点企业计划之间的同步性。

从图 1-21 中可以看到，供应链环境下的生产计划是基于业务外包和资源外用的生产决策战略，它使得生产计划与控制系统更适应以顾客需求为导向的多变的市场环境的需求；通过产品能力和成本的核算做到事前的计算和分析，真正起到成本计划与控制的作用，同时也以计算的结果来进行自制外包决策和合作伙伴的选择，体现供应链理论的科学性；还可以看到在供应链环境下，对信息沟通与共享的重视，建立供应链信息集成平台，及时反馈生产进度数据是保证供应链各企业同步运营的基础。生产计划与控制系统的整体架构如图 1-22 所示。

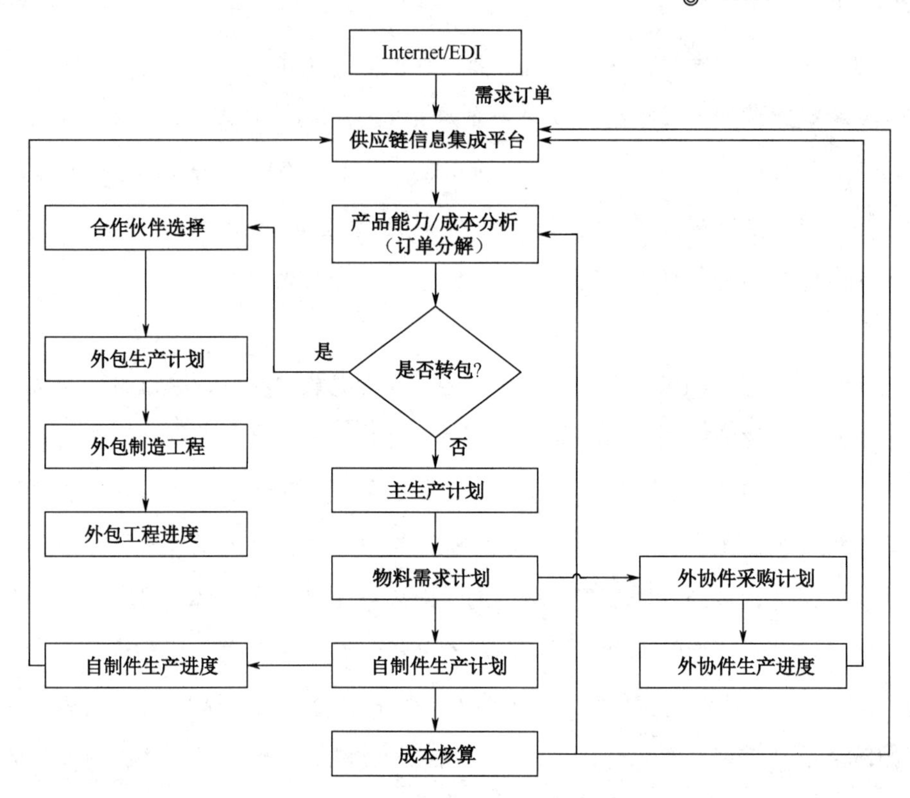

图 1-21　供应链环境下的生产计划与控制系统

2004 年 10 月 4 日，加特纳公司发布了以亚太地区副总裁、分析家邦德（B.Bond）等 6 人署名的报告——《ERP 成为过去，ERP Ⅱ永存》（*ERP is Dead，Long Live ERP Ⅱ*），提出了 ERP Ⅱ的概念及相应的管理模式，即为供应链协同商务——以核心企业为盟主，通过运用现代研发技术、制造技术、管理技术、信息技术和过程控制技术，实现对整个供应链上的信息流、物流、资金流、业务流和价值流的有效规划和控制，从而将客户、研发中心、供应商、制造商、销售商和服务商等合作伙伴连成一个完整的网链结构，形成一个极具竞争力的全球供应链协同商务战略联盟。

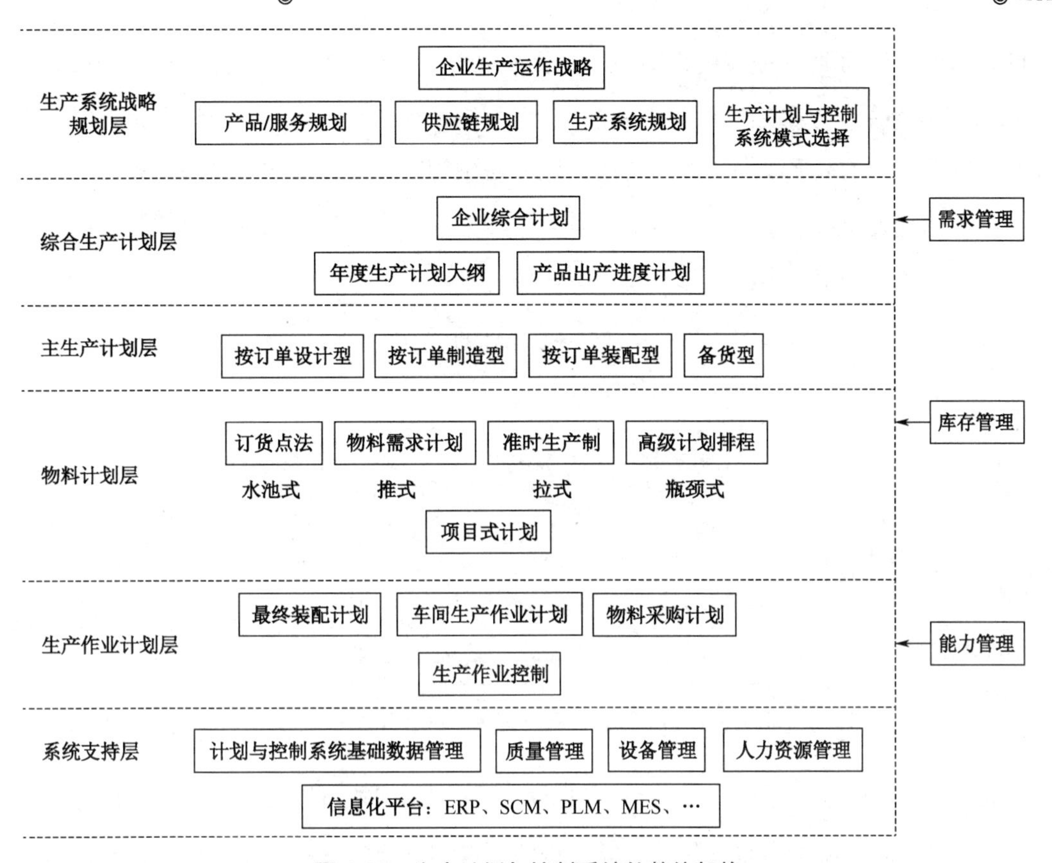

图 1-22　生产计划与控制系统的整体架构

1.4.3　综合生产计划

在企业生产计划体系中，综合计划是一种中期的企业整体性计划，是企业对未来较长一段时间内资源和需求之间的平衡所做的概括计划。它是根据企业所拥有的生产能力和营求预测，对企业的产出内容、产出量、劳动力水平、供应与库存水平、财务与成本等问题做的综合性分析与决策。综合计划的时间跨度为 2～18 个月，通常是一年，因此我国有的企业把综合计划称为年度生产经营计划。在国外的教材或 ERP 软件中，综合计划也称销售与运作计划（Sales and Operations Plan，S&OP）。图 1-23 所示为综合计划与其他计划之间的关系。

综合计划的目标是编制一个总的经营计划，联系着企业的战略目标，协调着经营中的各职能计划，包括营销计划、财务计划、资源计划等。因此，综合计划经常被称为“经营中的顶层管理活动”。它的下层直接关联的就是主生产计划。主生产计划是近期一段时间内具体的最终产品的日常生产计划。主生产计划与综合计划的总量之间应该保持一致。综合计划与需求管理的联系是另一个重要的关联。需求管理是面向市场需求的一系列工作，包括订单输入、订单承诺、实物分销的协调和预测等。综合计划的重要功能就是在市场需求和企业资源之间寻求平衡。

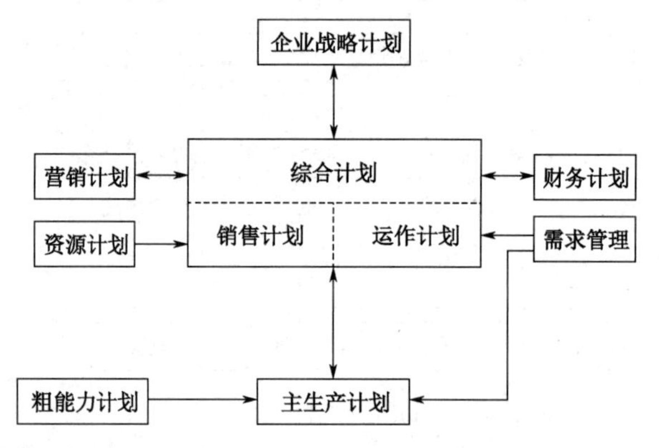

图 1-23　综合计划与其他计划之间的关系

传统上，我国企业的综合计划每年只编制一次，中间若市场或企业的经营情况发生变化，则再做一些局部的调整。随着市场经济的形成和竞争的日益激烈，现代企业的综合计划已经变为动态滚动的计划形式，如按月滚动的年度（12 个月）综合计划。这里先以年度综合计划来解释综合计划的基本概念和内容。

年度综合计划是由企业的年度经营目标和一系列职能计划经过综合平衡以后形成的整体计划。它承上启下，是把企业发展战略规划转化为具体的实施计划（主生产计划）的纽带。年度综合计划是所有企业进行计划管理不可或缺的一个计划层次。它的组成内容，虽因行业特点、生产类型、企业规模等的不同而略有不同，但是其主要的功能和形式大体相同。图 1-24 所示为一个较典型的企业年度综合计划的构成。

企业根据长远发展规划的要求和当年市场需求情况的预测，编制计划年度企业的经营目标。经营目标一般体现在企业的利润计划和产品与市场计划中。利润计划对企业计划期的销售额提出了要求；产品与市场计划表现为企业在计划年度的产品组合与市场开拓策略，并以销售计划的形式表示出来。企业要不断推出符合社会需要的新产品，是企业得以生存和发展的重要条件，所以企业的技术发展计划和研究与开发计划在企业的年度综合计划中应放在重要的位置。同时，一个现代企业保持员工队伍旺盛的士气和不断提高员工的素质，是企业能够克服各种困难、具有强大竞争力的最重要的基础，所以提高员工工资福利计划和员工教育培训计划应纳入企业的年度经营目标。另外，企业的各项经营活动都离不开资金的支持，所以财务计划也至关重要。

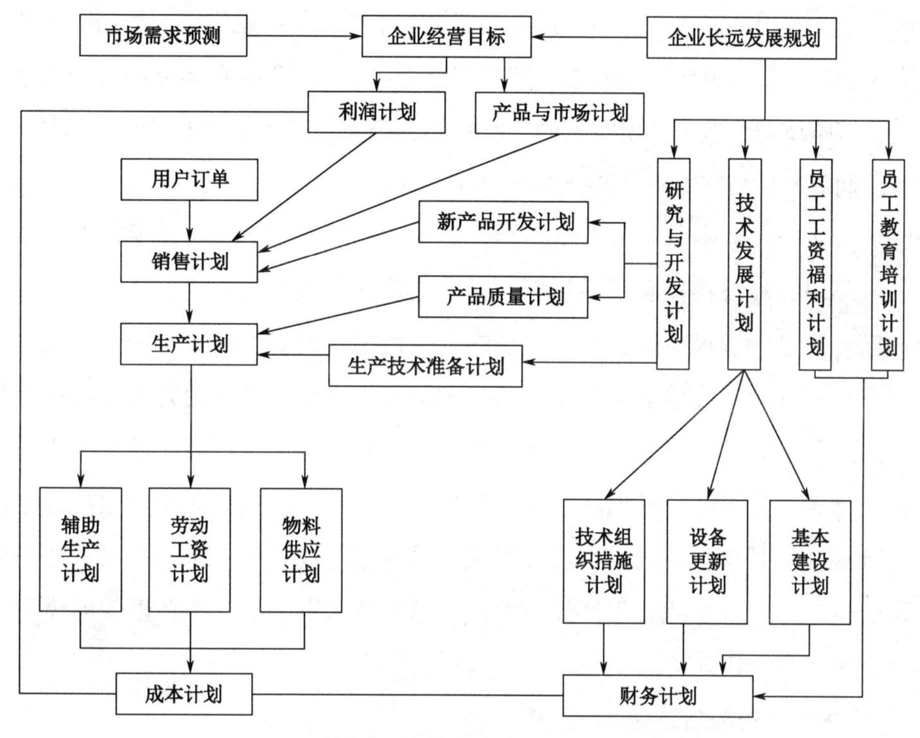

图 1-24　较典型的企业年度综合计划的构成

市场经济是以销定产，由销售计划决定生产计划，由生产计划决定物料供应计划、劳动工资计划和辅助生产计划。同时，物料供应和劳动力资源又制约生产能力和计划期的生产量，生产又制约销售。生产决定成本，成本又制约利润。以上各项计划既相互依存，又相互制约。所以年度综合计划的编制过程是各项计划反复协调和平衡的过程。只有各项计划之间达到了平衡，综合计划才算编制完成。

综合生产计划是在工厂设施规划、资源规划和长期市场预测的基础上做出的，是指导全厂各部门一年内经营生产活动的纲领性文件。长期需求预测为编制综合生产计划提供了依据。综合生产计划是针对产品群的计划，是将企业策略与生产能力转换为劳动力水平、库存量、产量等变量的一种优化组合，它可以使总成本最小。所以，综合生产计划的编制实际上也是对能力和需求的一种平衡，计划的结果可以采取一种单独的策略，也可以采取多种策略的混合策略。

在编制综合生产计划时，由于在战略规划中已确定了工厂设备与生产能力，因此当需求变化时，就不能用改变生产能力的策略，而只能采取其他一些策略，如加班、减班、招聘新工人、解聘员工、外包等策略来调节生产能力，或者采取这些策略的混合策略。严密地制定这些策略或混合策略，所得到的、有效的生产计划就是综合生产计划，中、短期生产计划和短期生产计划都要根据综合生产计划来编制。

企业综合生产计划不只是现有设备和人员及库存的合理安排与使用，更是企业决策者根据外部环境、经济指标和发展目标，必须处理的许多问题中的一个重要方面。到目前为止，已有许多学者提出综合生产计划的几个模型。例如，用数学规划方法研究多品种综合生产计划问题；应用最优控制理论，求解多产品生产和劳动力水平的计划问题；研究了在随机需求条件下，如何根据逐个阶段总费用递推确定产品的逐个阶段最优生产量，以及预定价格和可行价格问题。在众多模型中，由于所提出的综合生产计划仅仅考虑了需求预测，并且根据费用最小求解问题，只考虑了产品的产量，而没有考虑销售决策中产品的价位，影响了综合生产计划的市场适应性和有效性，因此理想的模型应是把它和其他模块融为一体。

1. 综合生产计划的描述

在整个生产计划与控制系统中，综合生产计划所处的层次较高。综合生产计划的主要目的是明确生产率、劳动力水平、当前库存和设备的最优组合，确保在需要时可以得到有计划的产品或服务。生产率是指每单位时间（如每小时或每天）生产的产品数量。劳动力水平是指生产所需的工人人数。当前库存等于上期期末库存。综合生产计划的周期也较长，计划周期为6～18个月，通常为一年，但每月或每季度都要根据实际情况做适时的更新。

对于需求稳定的产品或服务，不存在综合生产计划的问题，生产率、劳动力水平、当前库存只要按照稳定的需求来组织生产即可。对于存在季节性需求或周期性需求的产品或服务，则可以采取两种策略：一种是修改或管理需求；另一种就是管理供应，如提供足够的生产能力和柔性使得生产能力满足需求，或者以平准化的速率进行生产。

综合生产计划问题可以描述为：在已知计划期内，每一时段 t 的需求预测量为 F_t，以最小化生产计划期内的成本为目标，确定时段 t=1，2，…，T 的产量 P，库存量 I_t，劳动力水平 W_t。

编制综合生产计划有两种方法：一种方法是从公司的销售预测中获得信息，通过需求预测得到未来一段时期内市场的需求量，各产品系列应该生产多少，计划人员利用此信息可以决定如何利用公司现有的资源以满足市场的预测；另一种方法是通过模拟不同主生产计划和计算相应的生产能力需求，了解每个工作中心是否都有足够的工人与设备，并以此编制综合生产计划，如果生产能力不足，就要确定是否需要加班、是否需要增加工人人数等，以便采取相应的措施以增加能力及增加多少，然后用试算法进行试算，并不断修正，最后得到一个比较满意的结果。

2．综合生产计划所处的地位

图 1-25 所示为综合生产计划在整个生产计划体系中所处的地位。产品决策和工厂能力决策的计划是长期战略规划，是由企业最高层领导所做出的决策；综合生产计划的时间周期通常为一年，由职能部门经理或中层管理人员编制；短期生产作业计划由车间一级管理人员编制并贯彻执行。

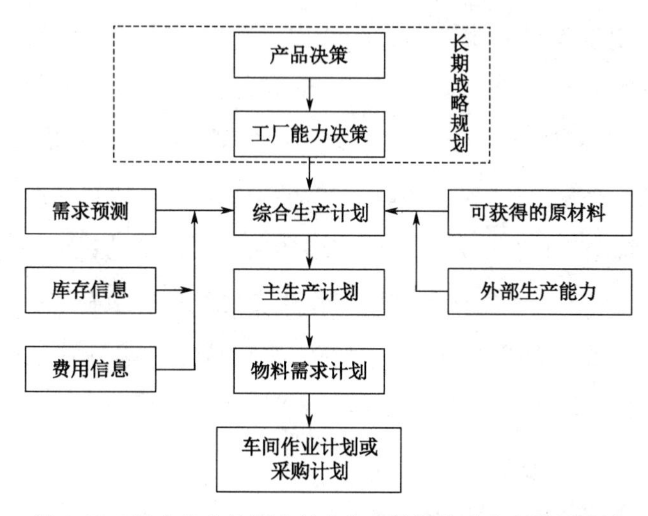

图 1-25　综合生产计划在整个生产计划体系中所处的地位

由图 1-25 可知，综合生产计划的编制依赖于对市场需求的预测、客户的实际订单、现有的库存状态信息、各种成本参数、每月可用的工作日天数、可以获得的原材料，以及外部生产能力等。综合生产计划的输入可分为 4 个部分：资源、预测、成本和劳动力变化的政策。资源主要有人力、生产率，以及设施与设备；成本主要有库存持有成本、缺货成本、招聘/解聘成本、加班费用、库存变化成本，以及转包合同的费用；劳动力变化的政策主要有转包合同、加班、库存水平/变化和缺货。综合生产计划的输出是劳动力、库存量、生产纲领，是作为主生产计划的输入。

在工厂实际运作过程中，在编制综合生产计划前，先要根据销售子系统（合同需求的汇总）、预测子系统（生产需求的预测）和数据子系统（包括项目定义文件、产品数据结构、车间能力文件和车间工种人员及设备文件），确定最佳的产品组合，然后编制综合生产计划，综合生产计划是确定劳动力水平、库存量等的最优组合。综合生产计划编制后，也要进行能力计划与分析，若能力可行，则打印能力核算表和产品组合表，形成年生产大纲和能力核算清单、年投入计划文件、年负荷分析报告、季度工时及年投入产品计划；若能力不行，则返回，重新修改综合生产计划。主生产计划是根据市场预测和实际订单编制的最终产品生产计划，确定每批订货所需产品的数量与交货期。粗能力计划是检查核定当前所具备的生产、仓库设施和设备、劳动力的能力是否满足要求，并且核定供应商是否已经安排了足够的生产能力，以确保在需要时能按时提供所需的物料。物料需求计划是从主生产计划得到最终产品的需求量，将其分解为零件与部装件的需求量，并做出物料需求计划。该计划应确定何时安排每种零件与部装件的生产与订货，以保证按计划完成产品生产。同时要编制细的能力计划，它要对生产能力和负荷进行平衡分析，并且是对每个工作中心进行分析。这和主生产计划的粗能力计划有所区别。在粗能力计划中，只是对生产系统中的关键工作中心进行能力负荷平衡分析，最后生成生产车间作业计划或零部件的采购计划，并将加工单或采购单分别下达到车间和采购部门。综合生产计划信息流程如图 1-26 所示。

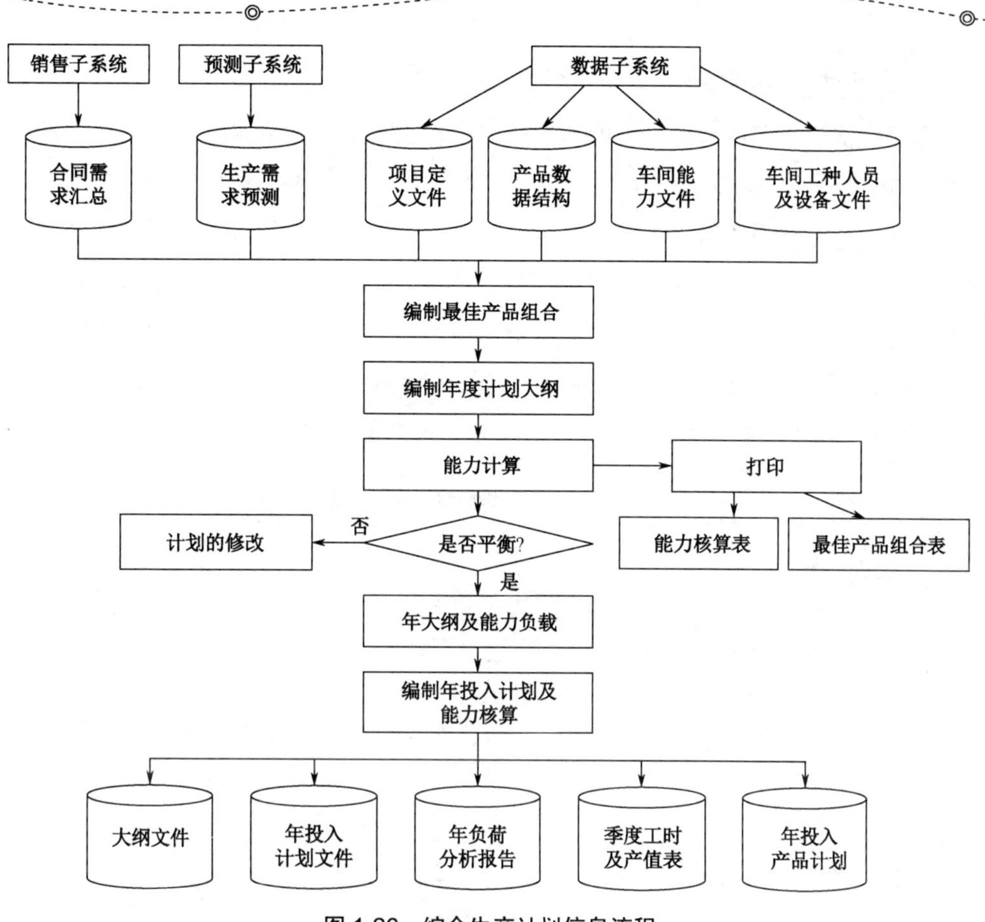

图 1-26 综合生产计划信息流程

1.4.4 主生产计划

主生产计划在制造计划和控制系统乃至整个生产管理中都有很重要的作用，它直接与需求预测、综合生产计划及物料需求计划相联系，连接了制造、销售、工程设计及生产计划等部门。综合生产计划的计划对象为产品群，主生产计划的对象则是以具体产品为主的基于独立需求的最终物料（End Item）。主生产计划的编制是否合理，将直接影响到随后的物料需求计划的计算执行效果和准确度。一个有效的主生产计划需要充分考虑企业的生产能力，要能够体现企业的战略目标、生产和市场战略的解决方案。粗能力计划将决定企业是否有足够的能力来执行主生产计划。

1．主生产计划与其他制造活动之间的关系

主生产计划是整个计划系统中的关键环节，一个有效的主生产计划是企业对客户需求的一种承诺，它充分利用企业资源，协调生产与市场，实现生产计划大纲中所确定的企业经营计划目标。主生产计划在 3 个计划模块中起承上启下、从宏观计划向微观计划过渡的作用，它决定了后续的所有计划及制造行为的目标，是后续物料需求计划的主要驱动，如图 1-27 所示。从短期上讲，主生产计划是物料需求计划、零件生产、订货优先级和短期能力需求计划的依据。从长期上讲，主生产计划是估计本厂生产能力（厂房面积、机床数量、人力资源等）、仓库容量、技术人员和资金等资源需求的依据。

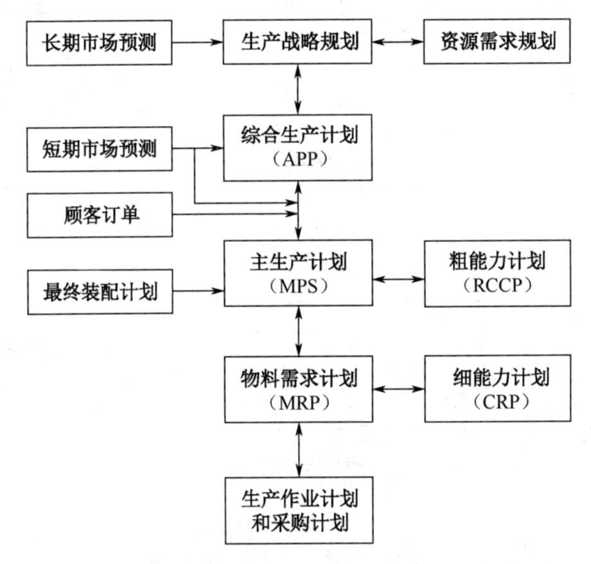

图 1-27　主生产计划与其他制造活动之间的关系

综合生产计划约束主生产计划，因为主生产计划的全部细节性的计划要和综合生产计划所阐述的一致。在一些公司中，主生产计划是总公司或单个工厂按照月或季度销售计划来进行描述的；而在另一些公司中，主生产计划是根据每个月生产线上要生产的产品的产量来进行描述的。

在主生产计划编制后，要检验它是否可行，这时就应编制粗能力计划，对生产过程中的关键工作中心进行能力和负荷的平衡分析，以确定工作中心的数量和关键工作中心是否满足需求。

组装计划描述的则是在特定时期里主生产计划的物料组装成最终品，有时其对象和主生产计划的计划对象一致。在大多数情况下，最终组装计划和主生产计划的计划对象不一致。

主生产计划是制造物料的最基础的活动，是生产部门的工具，因为它指明了未来某时段将要生产什么。同时，主生产计划也是销售部门的工具，它指出了将要为用户提供什么。主生产计划还为销售部门提供生产和库存信息。一方面它可以使得企业的行销部门与各地库存和最终的顾客签订交货协议；另一方面也可使生产部门较精确地估计生产能力。若能力不足以满足顾客需求，则应及时将此信息反馈至生产和行销部门。高级管理层需要从主生产计划反馈的信息中了解制造计划是否能实现。

2. 主生产计划的计划对象

综合生产计划的计划对象是产品系列，每一系列可以由多个型号的产品构成，综合生产计划不做细分，这和其后的主生产计划有所区别。例如，如果某汽车公司生产某种轿车，有A、B、C和D 4种型号，计划年总生产量为1万辆，这是综合生产计划预先规定的，而不必规定每一型号的轿车的产量。而主生产计划规定每种型号的产品的生产量，如A型号的汽车为2500辆、B型号的汽车为3500辆、C型号的汽车为2000辆、D型号的汽车为2000辆。在图1-28中，通过编制汽车的综合生产计划可知第一个月的总产量为800辆。在此基础上，编制主生产计划时，不仅要将该产品群分解至每一型号的汽车产量，还要将时间周期进行分解，通常分解为以周为单位。从图1-28中可以看出，第一个月的第一周需生产A型号的汽车，产量为200辆；第二周需生产B型号和D型号的汽车，产量分别为300辆和150辆；第三周需生产C型号的汽车，产量为150辆；第四周不生产。这样，前4周的总产量和综合生产计划相对应，即为800辆。

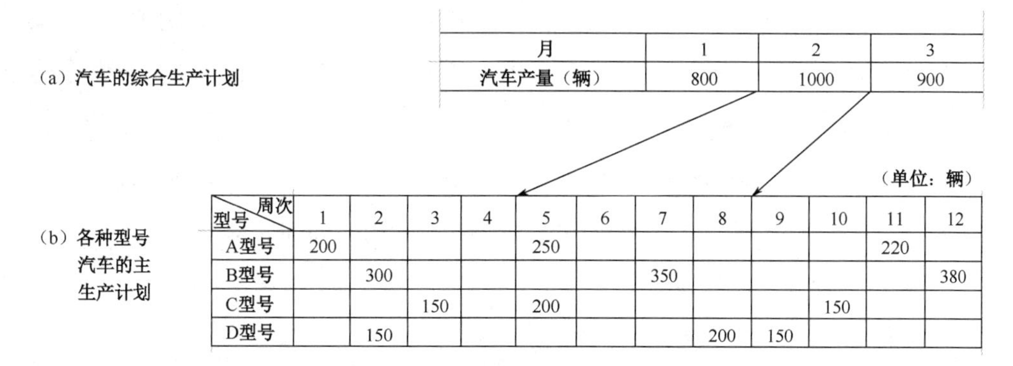

（a）汽车的综合生产计划

月	1	2	3
汽车产量（辆）	800	1000	900

（b）各种型号汽车的主生产计划

（单位：辆）

型号＼周次	1	2	3	4	5	6	7	8	9	10	11	12
A型号	200				250						220	
B型号		300					350					380
C型号			150		200					150		
D型号		150						200	150			

图1-28 综合生产计划与主生产计划的关系

3．主生产计划的概念

主生产计划（Master Production Schedule，MPS）是确定每个具体的产品在每个具体的时间段的生产计划。它是通过对综合计划中产品出产进度计划的细化，根据订单和预测信息，在计划期内，把产品系列具体化，针对最终需求编制的生产计划。

主生产计划是计划系统中的关键环节。一个有效的主生产计划是生产对客户需求的响应和承诺，它充分利用企业资源，协调生产与市场，实现生产计划中所表达的企业经营计划目标。它决定了后续的所有计划及制造行为的目标。所以，主生产计划是一个重要的计划层次，是连接生产与销售的纽带。

4．主生产计划的任务与作用

主生产计划的任务是把综合计划具体化为可操作的实施计划，它主要回答以下几方面的问题：① 生产什么产品；② 每种产品的生产数量；③ 每种产品开始生产的时间；④ 每种产品的交货时间。

主生产计划位于计划体系的第三层，它直接与综合计划层和物料计划层相联系，被销售、设计、制造和计划部门共享。其主要作用如下。

（1）在计划体系中起着承上启下的作用，实现了宏观计划向微观计划的分解过渡。

（2）主生产计划协调市场需求和企业制造资源之间的差距，其运行机制可较好地解决销售与生产的矛盾，保证计划的可行性和资源的充分利用。在市场多变的情况下，良好的销售与生产计划是实现生产活动的稳定和均衡。

（3）主生产计划将销售、设计、生产等部门联系起来，成为从营销到制造的桥梁。生产部门依据主生产计划（MPS）来确定未来某时段将要生产什么；设计部门依据主生产计划来调整设计和工艺准备的进度，以保证生产的需要；销售部门依据主生产计划来确定未来将为客户提供什么，明确表达对客户的承诺。同时，主生产计划还为相关部门提供生产和库存信息，一方面帮助销售部门签订订单；另一方面使生产部门较为精确地估计生产能力，平衡生产并实现对销售部门的反馈，形成沟通企业内、外部的桥梁。

5．主生产计划与其他计划的关系

图 1-29 所示为主生产计划与其他计划之间的关系。

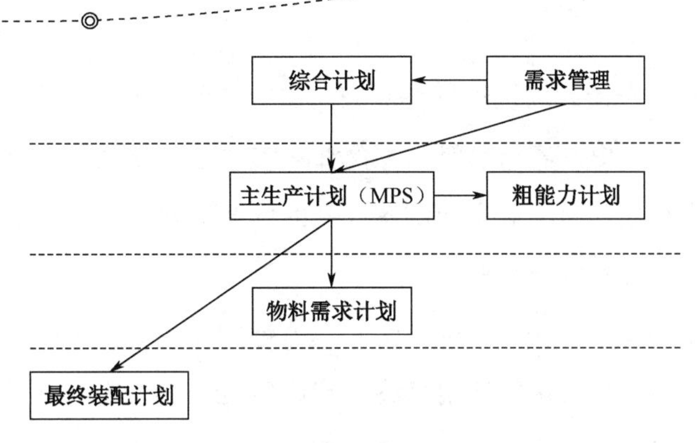

图 1-29　主生产计划与其他计划之间的关系

1）主生产计划与需求管理的关系

需求管理代表了企业预测、订单信息、物流配送需求等活动。需求管理收集了近期相关需求数据，如实际客户订单、潜在客户需求预测、仓库补货信息、厂内物料转移信息、备用件需求等。这些汇总的需求提供给主生产计划，是主生产计划的主要输入。

2）主生产计划与综合计划的联系

主生产计划必须以综合计划为指导，并将综合计划的目标进行分解和具体化。在主生产计划的编制过程中，一般以综合计划的生产量作为主生产计划的预测需求量。但是综合计划的对象一般是按照产品系列来考虑的，还没有细化为具体的产品型号规格。为了将其转换成主生产计划的市场需求，首先要对其进行分解，分解成每个计划期内的每一个具体型号规格的产品。在分解时，必须依据以往的销售统计资料，考虑到不同型号产品的适当组合，然后将这样的分解结果作为主生产计划的预测需求量。

3）主生产计划与粗能力计划的关系

粗能力计划是对主生产计划所需要的资源进行可用性分析，这些制造资源是指生产过程中的瓶颈资源。主生产计划的基本原则是根据企业的能力来确定要做的事情，通过均衡地安排生产实现计划目标，使企业在客户服务水平、库存控制和生产率提高等方面得到提升。因此，主生产计划运行时，要相伴运行粗能力计划，只有通过粗能力计划检验可行的主生产计划，才能作为下一个计划层次——物料需求计划的输入信息。

4）主生产计划与物料需求计划的关系

主生产计划为物料需求计划提供信息输入（毛需求）。物料需求计划是对主生产计划的分解细化，它根据主生产计划提供的最终产品的需求数量和交货时间，按照产品物料清单（BOM）展开，确定产品相关需求物料（零部件）的数量和日期。物料需求计划需要通过能力需求计划检验可行性，从而确定自制零部件的进度计划和采购计划。

5）主生产计划与最终装配计划的关系

对于按订单装配型企业，由于产品有多种选择性的配置，主生产计划无法预计用户的订货是哪种具体的配置，此时可以使用最终装配计划（FAS）使主生产计划处理过程简化。最终装配计划是描述某一时段内最终产品的装配计划。可以将主生产计划设定在基本部件这一级，当用户订单（配置方案）确定以后，再通过最终装配计划来装配最终产品。最终装配计划与主生产计划必须协同运行，最终装配计划要依据订单，同时也要了解主生产计划的库存信息。

6. 主生产计划层可选项分析与模式选择

主生产计划的主要类型包括按订单设计型（ETO）、按订单装配型（ATO）、按订单制造型（MTO）和备货型（MTS）等。需要从产品特征、市场需求特征和生产过程特征等方面分析各种不同生产类型主生产计划的需求特征，并在此基础上对其主要要素进行选择。表 1-2 所示为产品特征、市场需求特征和生产过程特征与主生产计划模式选择之间的联系。

表 1-2　产品特征、市场需求特征和生产过程特征与主生产计划模式选择之间的联系

需求特征		主生产计划的类型			
		按订单设计型	按订单制造型	按订单装配型	备货型
产品特征	标准化	用户要求的特殊产品	用户要求的产品/定制产品	标准化产品/按用户要求配置	标准产品
	品种多少	多	→		少
	产品模块化程度	低	→		高
	变更频度	高	→		低
市场需求特征	产品交货速度	通过重叠计划和调度来实现	通过重叠计划来实现	通过减少过程提前期来实现	通过消除过程提前期来实现
	产品交货可靠性	难	→		易
	需求特征	不稳定	→		稳定
	客户订单承诺	高	→		低

续表

需求特征		主生产计划的类型			
		按订单设计型	按订单制造型	按订单装配型	备货型
市场需求特征	订单赢得要素	交货速度、质量	交货速度、质量	交货速度、质量、成本	质量、成本
	市场需求量	小	———	———→	大
	订单重复性	不重复	———	———→	重复
生产过程特征	批量大小	单件	小批量	———→	大批量
	工艺标准化程度	低	———	———→	高
	生产组织形式	工艺原则	工艺原则	成组单元	对象原则
	生产成本	高	———	———→	低
	在制品和库存量	在制品多	在制品多	在制品较少	成品库存多

不同生产类型的主生产计划具有不同的特点，这些特点构成了主生产计划的可选项。主生产计划可选项与主生产计划类型之间的关系如表 1-3 所示。

表 1-3 主生产计划可选项与主生产计划类型之间的关系

主生产计划可选项	主生产计划类型			
	按订单设计型	按订单制造型	按订单装配型	备货型
计划控制点	积压的订单和订单的各节点进度	最终产品出产	最终产品出产/最终装配前端	预测与实际需求的差距
计划对象	客户订单和各节点工作内容	最终产品/基础零部件、毛坯	最终产品/通用模块、可选模块	产成品
对预测精度的要求	低	———	———→	高
是否使用计划 BOM	否	是	是	否
处理设计和工艺不确定的需求	高	———	———→	低
应对市场需求波动的方法	调整订单积压/柔性制造系统	调整订单积压/柔性制造系统	调整在制品库存	调整成品库存
计划依据	订单	订单与预测	预测与订单	预测
客户交货的基本特征	准时交货	准时交货	准时交货	备货型制造、补货或按客户发货

按订单设计型主生产计划，主要针对根据客户要求进行产品设计并制造的企业，这种企业的产品一般都是较复杂的、大型的专用产品，产量很少或单件，品种很多，生产周期

较长。主生产计划一方面要根据产品的交货要求规定产品总装出产的日期；另一方面还要对整个产品生产周期的各主要节点进行计划控制，如产品设计、毛还准备、零件加工与外协配套等。主生产计划的对象是用户订单要求的最终产品及各主要节点所要求完成的工作内容。各主要节点的工作内容因产品不同而不同，因此计划系统要求必须有较强的项目管理功能予以支持，如将客户订单作为一个项目，采用工作分解结构（WBS）将项目分解到主要节点。在这种情况下，客户订单的交货期和各主要节点都是主生产计划的控制点。所以，这种按订单设计型的生产系统的计划模式也可以用关键路线法（CPM）加物料需求计划（MRP）来表达，即主生产计划通过关键路线法控制客户订单的各主要节点的进度，物料需求计划则针对各节点进行物料的展开和需求量及进度的计算。

针对客户订单具有多样化和不稳定的特点，企业可以通过调整客户的订单积压，来应对市场需求波动。订单数量是预估物料和能力需求的最重要依据，必须基于订货量及特定产品的设计、采购与制造等环节的预估进行客户订单承诺分析，在这个过程中，对于关键节点和瓶颈资源的粗能力分析是必需的。由于客户订单的多样化，工艺存在较高的不确定性，产品加工和装配过程差别较大，需要柔性较高的生产制造系统。

1.4.5 生产作业计划

当物料需求计划已执行，并且经能力需求计划核准后确认生产能力满足负荷的要求时，就应根据物料的属性生成生产作业计划或采购计划，其中生产作业计划以订单的形式下达到生产车间。在整个生产计划和控制系统中，生产作业控制是将物料需求计划的结果转变成可执行的作业活动，包括订单的核准、订单的排序、订单的调度、等候线的管理和车间的控制等。在执行订单的过程中，还必须对执行订单中的状态进行跟踪，包括订单的各种例外报告，以保证订单按期按量完成。

1. 基本架构和目标

1）基本架构

车间作业控制活动是物料需求计划的执行层次，包括订单的排序、等候线的管理、输入/输出的控制、订单的调度、生产活动的控制及反馈等。其结果要反馈至物料需求计划及细能力计划层次，以保证物料需求计划和细能力计划的可行。车间作业计划与控制的基本架构如图 1-30 所示。

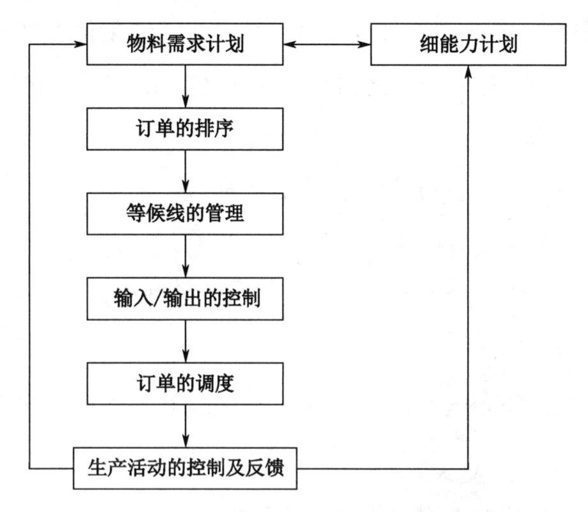

图 1-30 车间作业计划与控制的基本架构

2）目标

车间作业计划（Scheduling）安排零部件（作业、活动）的出产数量、设备，以及人工使用、投入时间及产出时间。生产控制是以生产计划和作业计划为依据，检查、落实计划执行的情况，发现偏差即采取纠正措施，保证实现各项计划目标。通过编制车间作业计划和进行车间作业控制，可以使企业实现如下目标。

（1）满足交货期要求。

（2）使在制品库存最小。

（3）使平均流程时间最短。

（4）提供准确的作业状态信息。

（5）提高机器/人工的利用率。

（6）减少调整准备时间。

（7）使生产和人工成本最低。

2．典型功能

为保证在规定的交货期内提交满足顾客要求的产品，在生产订单下达到车间时，必须将订单、设备和人员分配到各工作中心或其他规定的地方。典型的生产作业排序和控制的功能包括以下几项。

（1）决定订单顺序（Priority），即建立订单优先级，通常称为排序。

（2）对已排序的作业安排生产，通常称为调度（Dispatch），调度的结果是将形成的调度单分别下发给各个工作中心。

（3）输入/输出（Input/Output）的车间作业控制。

车间的控制功能主要包括以下两个方面。

（1）在作业进行过程中，检查其状态和控制作业的进度。

（2）加速迟缓的和关键的作业。

车间作业计划与控制是由车间作业计划员来完成的。作业计划员的决策取决于以下因素。

（1）每个作业的方式和规定的工艺顺序要求。

（2）每个工作中心上现有作业的状态。

（3）每个工作中心前面作业的排队情况。

（4）作业优先级。

（5）物料的可得性。

（6）当天较晚发布的作业订单。

（7）工作中心资源的能力。

3．影响因素

生产计划编制后，将生产订单以加工单形式下达到车间，加工单最后发到工作中心。对于物料或零组件来讲，有的经过 1 个工作中心，有的经过 2 个工作中心，有的甚至可能经过 3 个或 3 个以上的工作中心，经过的工作中心复杂程度不一，直接决定了作业计划和控制的难易程度的不同。这种影响因素还有很多，在作业计划和控制过程中，通常要综合考虑下列因素的影响。

（1）作业到达的方式。

（2）车间内机器的数量。

（3）车间拥有的人力资源。

（4）作业移动方式。

（5）作业的工艺路线。

（6）作业在各个工作中心上的加工时间和准备时间。

（7）作业的交货期。

（8）批量的大小。

（9）不同的调度准则及评价目标。

生产作业计划是企业生产计划的延续和具体化，是生产计划的具体执行计划，通过生产作业计划，把生产计划中规定的产品任务，分解为各车间、工段、班组，以及工作地或个人作业任务，以具体指导和安排日常生产活动，保证按品种、质量、数量、期限全面完成生产计划。

在工业企业中，传统上一般将生产作业计划分为厂级生产作业计划、车间级生产作业计划和工段/班组（工作中心）级生产作业计划3个层次。如图1-31所示，厂级生产作业计划的任务是根据主生产计划编制详细物料计划，然后按照部门分工将详细物料计划任务分配给各个车间和采购部门，这期间需要编制详细能力计划，以确认详细物料计划的可行性。车间级生产作业计划将厂级下达的计划任务分配到本车间内的各生产单位（工作中心/班组），安排出各生产单位之间的作业进度计划，并组织和控制这些任务的实施。工段/班组（工作中心）级生产作业计划是由班组长具体分配作业任务给班组/工作中心内的每台设备或每个工人的计划，可以编制作业进程表（计划），也可能采用临时派工的方式。

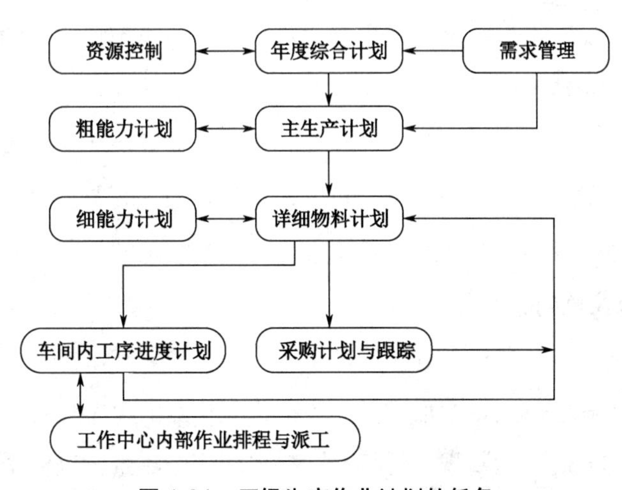

图1-31　厂级生产作业计划的任务

4. 生产作业计划的任务

1）落实生产计划

生产作业计划是企业生产计划的具体执行计划。这种具体化表现在将生产计划规定的产品任务在产品规格、作业空间、时间等方面进行分解，以便将其落实到组织中的不同部门、设备或个人。也就是说，在产品规格方面，具体规定到品种、质量、数量；在作业空间方面，规定到车间、工段、班组乃至设备；在时间上，细化到月、旬、周、日、轮班、小时，以保证企业生产计划得到切实可行的落实。因此，生产作业计划的首要任务是按照产品生产计划的量、期及产品的工艺要求，将生产资源最恰当地配置给各产品任务，形成各作业空间的进度日程计划。这样，既保证按品种、质量、数量、期限全面完成生产计划，又使资源得到充分而均衡的利用。

2）合理组织生产过程

任何产品的生产过程都由物流、信息流、资金流组成。生产作业计划的任务之一，就是要把生产过程中的物流、信息流、资金流合理组织协调起来，用最少的投入获得最大的产出。

3）实现均衡生产

均衡生产是指在计划期的各时间周期（月、旬或周、日）内完成的产品产量或任务量基本相等。这有两方面的含义：一方面是企业必须按计划规定的品种、质量、数量和交货期限，均衡地生产产品；另一方面要求生产过程各生产环节都按规定的时间周期，完成等量的或递增的产品产量或工作量。均衡生产是合理组织生产活动的基本要求。它对于保证产品质量、有效利用资源、建立正常生产秩序和提高企业经济效益有着重要作用。要实现均衡生产，就必须依靠生产作业计划来合理安排组织各生产环节的生产活动，及时处理生产过程中出现的矛盾和问题，按计划规定的进度要求全面完成生产任务。

4）进行生产作业控制

企业经济效益的高低，在很大程度上取决于产品的质量和成本。而产品的质量和成本都是在生产技术准备和生产过程中形成的。生产作业计划的根本任务就是要在产品的生产过程中，严格保证产品质量达到规定的标准，努力减少产品生产过程中的消耗，最大限度地降低生产成本，力求取得最高的生产效益。

5．编制生产作业计划的基本要求

编制生产作业计划是一项非常重要的工作，其实质是把生产计划层层分解，具体落实。所以，生产作业计划的内容必须详尽具体，才能起到组织日常生产活动的作用。因而编制生产作业计划时，应达到下面一些基本要求。

（1）确保实现已确定的交货期。一般来讲，生产计划中规定的生产任务都有不同的交货期要求，为了保证按期交货，需要在生产作业计划中精心策划和安排，确定产品或零部件在各生产环节的投入/产出时间，尽可能地满足所有任务的交货期限。即使因生产能力的限制或其他条件的制约不能保证所有任务按期完成，也应使延期的损失最小。

（2）减少作业人员和设备的等待时间。提高生产效率的有效方法首先是使人员和设备能修满负荷工作，增加作业时间，减少非作业时间，特别是等待时间。因此编制生产作业计划要妥善做好各生产环节的衔接，保证各工序连续作业、平行作业，缩短加工周期，减少时间损失。

（3）使作业加工对象的流程时间最短。流程时间是指作业加工对象（如产品、零件或部件）自投入某个工艺阶段，直至被加工完成为止的全部时间。在编制生产作业计划时，运用科学方法进行合理的作业排序，可以明显缩短流程时间，给按期交货创造有利条件。

（4）减少在制品的数量和停放时间。在制品是指从原材料投放开始到成品产出为止，处于生产过程尚未完工的所有毛坯、零件、部件和产品的总称。在制品是生产流动资金的物化状态，在制品数量越多、在车间停放时间越长，流动资金周转速度越慢，造成的损失就越大；同时还会增加搬运作业量和在制品管理业务，占用场地。因此，编制生产作业计划对必须考虑在制品的影响，确定合理的占用量。

合理科学地对混流装配线的生产计划体系进行规划设计，不但可以节约投资、降低成本，而且可以改善企业的制造能力，增强竞争力。混流装配线的产生实现了多品种、小批量的生产方式，既保留了流水生产大规模、高效率、低成本的优势，又提高了多品种生产的灵活性，但是混流装配线的组织难度也比一般流水装配线的组织难度要大。例如，在汽车制造产业，通常总装生产线是汽车制造商在规划设计过程中最费时间的部分，对于混流装配线生产而言，除了要考虑生产线设计中的传统问题，还要考虑生产线对于品种的适应性，因此其规划设计更是重点。

现阶段，由于不同型号的产品被连续、混合地投入到混流装配线中，为确保装配线的平稳高效运行，需要优化装配计划，合理安排订单和产品的投产顺序，使产品品种、产量、设备负荷等达到全面均衡；要尽量平衡装配线各工位的工作负荷，充分提升生产效率和设备利用率；要为装配线提供准时、准确的物料供给，提高仓储分拣效率，从而降低物流成本，保证装配计划的顺利执行。因此，对于混流制造企业，其生产计划与调度过程显得更为复杂，建立合理的混流装配线生产计划体系尤为重要。

在装配制造行业中，混流装配线的生产计划框架可以划分为规划层、计划层与执行层 3 个层次。规划层主要包括年度经营规划与季度生产规划，分别对产品装配线的年度产能与生产机型进行安排；计划层中的主生产计划包括月生产计划与周生产计划，前者对产品在下个月的生产订单进行粗能力计划，后者对装配线在下一周的生产订单做出详细分配，并编制相应的物料需求计划与更为细致的能力需求计划；执行层包括日生产计划与班次执行计划，分别调度装配线的产品型号投产序列与装配工人轮岗等具体执行过程，如图 1-32 所示。

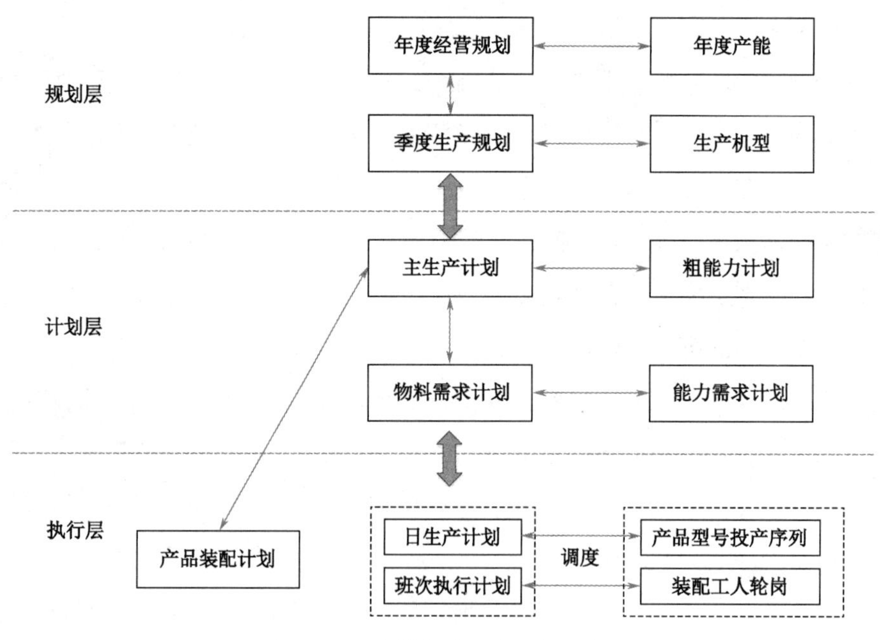

图 1-32　装配线的生产计划框架

1.4.6 生产计划实例

对于大部分生产企业，生产计划一般分为厂级生产计划和车间级生产计划。厂级生产计划包括年度、月、周计划，分别起不同程度的宏观指导作用；车间级生产计划包括日计划和班次计划，其中班次计划对生产进行最直接的指导。如果一天中只安排一个就进行生产，那么日计划与班次计划相同。下面对A企业发动机公司的厂级生产计划和车间级生产计划的管理现状进行简要分析。

1. 厂级生产计划的管理现状

（1）年度计划。总公司生产部根据销售部门下一年的订单、合同及预测在当年的11月底之前编制总公司的下一年年度整车销售计划。该计划明确了下一年每个月整车的需求量，年度整车销售计划上也标明了整车与发动机的型号对应关系。A企业发动机公司生产部根据总公司的年度计划，结合发动机年度出口计划和发动机销售计划，编制发动机公司的年度生产计划，确定下一年各月份生产各种发动机的数量。年度计划中的数量准确性较差，只对生产起到宏观指导作用。

（2）月计划。以市场需求和当前的生产能力为依据，参照年度计划编制月计划，并在当月15日之前编制下个月的生产计划，月计划列出一个月之中的每天每条生产线上各种产品的产量。与此同时，部分零部件供应商也会得到此计划，以方便备货。

（3）周计划。工作周的算法：第一周（每月的第1～7天）；第二周（每月的第8～14天）；第三周（每月的第15～21天）；第四周（每月的第22天到月底）。总公司每月的第5、12、19、28天组织下一周的计划评审会议，对销售公司、国际公司需求的可行性进行评审，从而确定下一周的生产计划。此计划明确了下一周每天每条生产线各种产品的任务数量。

2. 车间级生产计划的管理现状

在A企业发动机公司中，指导装配线生产的车间级生产计划主要是指根据总装厂整车装配三日滚动计划对应得出的发动机日生产计划。该计划按照整车的上线计划，考虑发动机的库存，先需要的先排产，从而编制装配线的日生产计划。对加工线，则按照周计划中每日计划安排生产，不再单独编制日生产计划。在日生产计划的编制过程中，主要考虑的因素包括总装需求数量和现有产品库存情况，再结合生产能力和班次安排情况完成每班生产数量的确定和生产顺序的编排。总装三日滚动计划对发动机公司的生产计划有直接影响，总装给出未来 3 天的装配计划，发动机公司生产部据此得出对应的发动机需求情况，从而组织发动机公司部件加工线和装配线的生产。

综上分析，对于 A 企业发动机公司的计划管理，可以提出如图 1-33 所示的流程图。

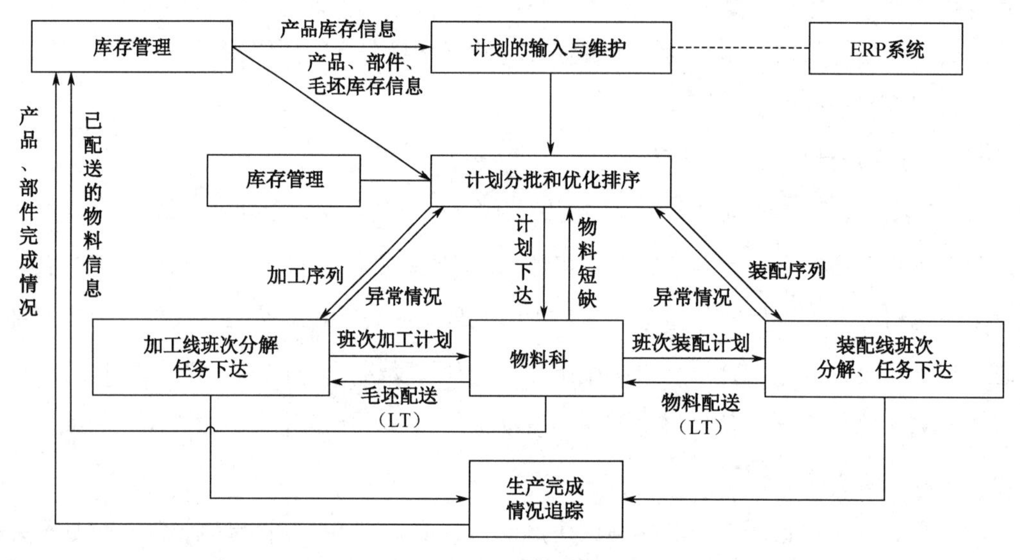

图 1-33　计划管理的流程图

此外，以某柴油发动机装配线案例阐明混流装配线的生产计划框架 3 个层次对应在企业中的工作细分情况。在整车企业中，一般会在整车产品进入投产环节时对柴油发动机供应商下达相应需求订单，要求在大约 17 天后的动力总成环节提供符合整车需求的柴油发动机产品。根据整车企业下达的客户订单，柴油发动机企业组织发动机产品的生产与交付，并为产品运输过程预留约 10 天的物流时间。因此，柴油发动机企业面临的订单交付期一般在 7 天以内，需要在周生产计划层次完全基于客户订单的组织装配线生产过程。随着客户订单的变化，柴油发动机混流装配线面临着每周的生产计划需求，其生产计划过程如图 1-34 所示。

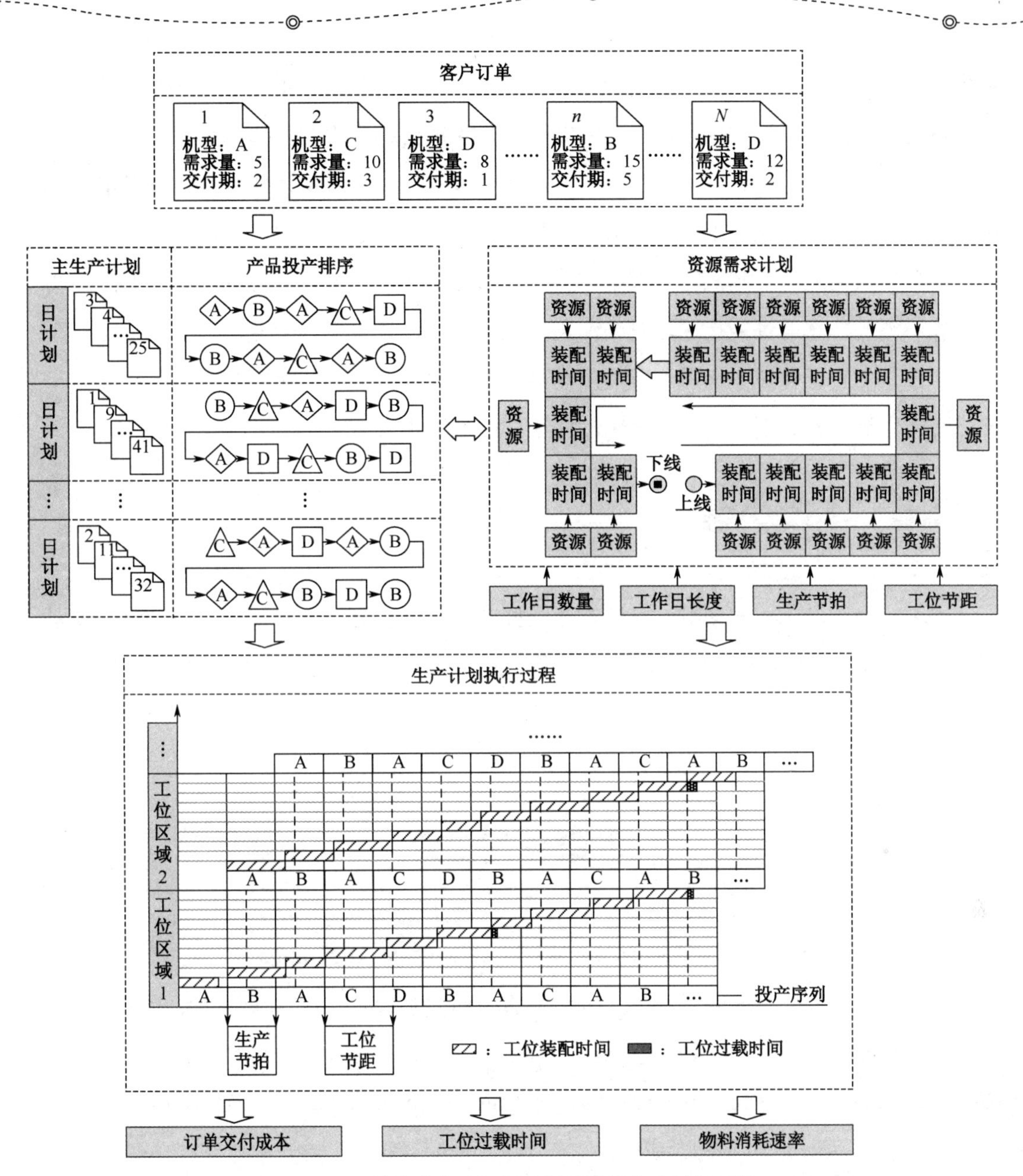

图 1-34 某柴油发动机混流装配线的生产计划过程

在每周开始之前，首先收集下达到柴油发动机企业的客户订单，确定客户需要的发动机型号、需求数量和交付时间。在主生产计划环节，基于订单及时交付和装配线产能平衡目标，客户订单按照特定订单分配策略被分配到下一周的工作日，形成日生产计划。根据主生产计划中的每天产能需求，资源需求计划确定混流装配线的生产节拍，分配每个工位区域内的资源能力，通过工位能力柔性获得满足生产节拍需求的工位装配时间。基于工作日生产计划与工位装配时间，产品投产排序环节以工位负荷平衡为目标，基于特定产品投产策略确定每个生产循环上线的发动机型号，获得混线装配过程中产品投产排序。在基于以上环节生成的生产计划执行过程中，企业制造部门通过计算订单交付成本、工位过载时间、物料消耗速率等性能指标，对柴油发动机装配线的订单交付能力、生产均衡性进行评价。因而，在客户订单变化后，柴油发动机企业需要针对混流装配线的生产调度方案、工位资源能力等生产计划内容进行优化，提升订单交付能力、生产均衡性等生产性能。

1.5 本章小结

本章在介绍汽车、发动机、减速机等几种典型装配制造行业的基础上，归纳了线型、U 形、双边等混流装配线主要形式及其适用范围；分析了混流装配线具有的主要生产特点；详细阐述了混流装配线生产计划体系中包括的综合生产计划、主生产计划与生产作业计划，并介绍了某发动机生产企业的生产计划实际情况。

本章参考文献

[1] Yan H S, Xue C G. Decision-making in self-reconfiguration of a knowledgeable manufacturing system [J]. International Journal of Production Research, 2007, 45(12): 2735-2758.

[2] Yao DD. Stochastic modeling and analysis of manufacturing systems [M]. Springer Science & Business Media, 2012.

[3] Newell C. Applications of queueing theory [M]. Springer Science & Business Media, 2013.

[4] Bhat, UN. An introduction to queueing theory: modeling and analysis in applications [M]. Birkhäuser, 2015.

[5] 王炳刚．混流加工装配系统运行优化[M]．西安：西北工业大学出版社，2017.

[6] 潘尔顺．上海汽车工业教育基金会组编．生产计划与控制[M]．第2版．上海：上海交通大学出版社，2015.

[7] 吴爱华．生产计划与控制[M]．北京：机械工业出版社，2013.

[8] Ghezavati VR, Saidi-Mehrabad M, et al An efficient hybrid self-learning method for stochastic cellular manufacturing problem: A queuing-based analysis [J]. Expert Systems with Applications, 2011, 38(3): 1326-1335.

[9] Schelasin R. Using static capacity modeling and queuing theory equations to predict factory cycle time performance in semiconductor manufacturing [C]. Proceedings of the Winter Simulation Conference. Winter Simulation Conference, 2011: 2045-2054.

[10] Sarkar A, Mukhopadhyay AR, Ghosh SK. Productivity improvement by reduction of idle time through application of queuing theory [J]. Opsearch, 2015, 52(2): 195-211.

[11] Bazaraa, M.S., Jarvis, J.J., Sherali, H.D.. Linear programming and network flows [M]. John Wiley & Sons, 2011.

[12] Confessore, G, Fabiano M, Liotta G. A network flow based heuristic approach for optimising AGV movements [J]. Journal of Intelligent Manufacturing, 2013, 24(2): 405-419.

[13] Nagurney A, Nagurney LS. Medical nuclear supply chain design: A tractable network model and computational approach [J]. International Journal of Production Economics, 2012, 140(2): 865-874.

[14] 王楠．基于实时状态信息的混流装配生产优化与仿真技术研究[D]．武汉：华中科技大学，2012.

[15] 王德刚．速达公司汽车混流装配线改善策略研究[D]．武汉：华中科技大学，2012.

[16] 王宝曦．混流装配车间装配线计划与物流优化研究[D]．武汉：华中科技大学，2015.

[17] Zhao C. A quality-relevant sequential phase partition approach for regression modeling and quality prediction analysis in manufacturing processes [J]. IEEE Transactions on Automation Science and Engineering, 2014, 11(4): 983-991.

[18] Gomes CF, Yasin MM, Lisboa JV. Performance measurement practices in manufacturing firms revisited [J]. International Journal of Operations & Production Management, 2011, 31(1): 5-30.

[19] Xiong J, Zhang G, Hu J, et al. Bead geometry prediction for robotic GMAW-based rapid manufacturing through a neural network and a second-order regression analysis [J]. Journal of Intelligent Manufacturing, 2014, 25(1): 157-163.

第2章

混流装配线生产计划优化方法

混流装配线生产计划优化问题是一种求解规模大、环境因素复杂、具有动态不确定性的复杂优化问题，现有的针对混流装配线生产计划的优化方法主要包含面向小规模问题的最优化算法、具有局部或全局寻优的启发式算法、基于规则的方法、基于仿真的优化方法及新兴的人工智能方法。结合混流装配线生产计划优化问题的具体特点，本章对上述优化方法进行分析，指明各优化方法的适用条件，并简要分析各优化方法的优势和不足之处。

2.1 最优化算法

最优化算法是通过对混流装配线中不同的生产计划状况进行具体分析，建立问题的数学函数模型，并结合收集的时间数据进行数理化分析，求解装配线在理论上达到最优平衡状态。它主要运用了运筹学中的分支定界法和数学规划法。其中，分支定界法是求解组合优化问题的通用方法，通过对分支定界的规则制定、设计出更强大、效率更高的排除规则，求得优化问题的最优解；数学规划法主要包括整数规划法、线性规划法、混合整数规划、拉格朗日松弛法、动态规划法等，其中的线性规划法和动态规划法是较为常用的优化方法。下面对其进行具体描述。

1. 线性规划法

线性规划（Linear Programing，LP）模型是由约束条件和目标函数组成的，研究在满足线性约束条件下找出目标函数的最优解。作为运筹学的一个重要分支，广泛应用于军事作战、经济分析、经营管理和工程技术等方面，是合理地利用有限的人力、物力、财力等资源做出的最优决策，提供科学的依据。它是最早应用于装配线优化问题的研究方法，其在混流装配线应用中的主要优点是模型建立相对简单、易于理解，但由于受到约束条件的限制，模型难以准确地表达混流装配线的实际情况，同时优化的运算量会随着变量和约束条件的变化而增多。尤其是混流装配线中又引入了品种维度，使得线性规划模型的整体求解规模增大。线性规划的一般流程如图 2-1 所示。

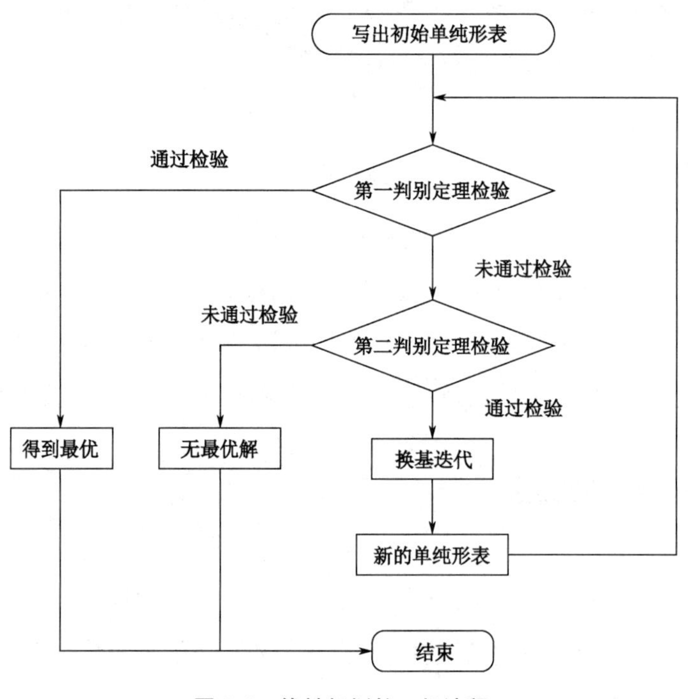

图 2-1　线性规划的一般流程

2．动态规划法

动态规划（Dynamic Programing，DP）法是用以解决多阶段决策最优的一种方法。它将实际中复杂的混流装配线优化问题划分为多个互相联系的子阶段，逐个解决每个子阶段的优化问题，以此实现整个生产系统最优化的目的。混流装配线中的简单生产计划优化问题包含最优化原理、无后效性和有重叠子问题 3 种性质，适合动态规划法的求解范围，因而对小规模、简单环境的混流装配线生产计划优化问题可以利用动态规划法进行优化分析。

动态规划法是通过拆分问题，定义问题状态和状态之间的关系，使得问题能够以递推（或分治）的方式去解决。其基本思想与分治法类似，也是将待求解的问题分解为若干个子问题（阶段），按顺序求解子阶段，前一子问题的解为后一子问题的求解提供了有用的信息。在求解任一子问题时，列出各种可能的局部解，通过决策保留那些有可能达到最优的局部解，丢弃其他局部解。依次解决各子问题，最后一个子问题就是初始问题的解。由于动态规划法解决的问题多数有重叠子问题这个特点，为减少重复计算，对每个子问题只解一次，将其不同阶段的不同状态保存在一个二维数组中。能采用动态规划法求解的问题的一般具有以下 3 个性质。

（1）最优化原理。如果问题的最优解所包含的子问题的解也是最优的，就称该问题具有最优子结构，即满足最优化原理。

（2）无后效性。某阶段状态一旦确定，就不受这个状态以后决策的影响。也就是说，某状态以后的过程不会影响以前的状态，只与当前状态有关。

（3）有重叠子问题。子问题之间是不独立的，一个子问题在下一阶段决策中可能被多次使用到（该性质并不是动态规划适用的必要条件，但是如果没有这条性质，动态规划法同其他方法相比就不具备优势了）。

动态规划法所处理的问题是一个多阶段决策问题，一般由初始状态开始，通过对中间阶段决策的选择达到结束状态。这些决策形成了一个决策序列，同时确定了完成整个过程的一条活动路线（通常是求最优的活动路线），如图 2-2 所示。动态规划法的设计都有一定的模式，一般要经历以下几个步骤。

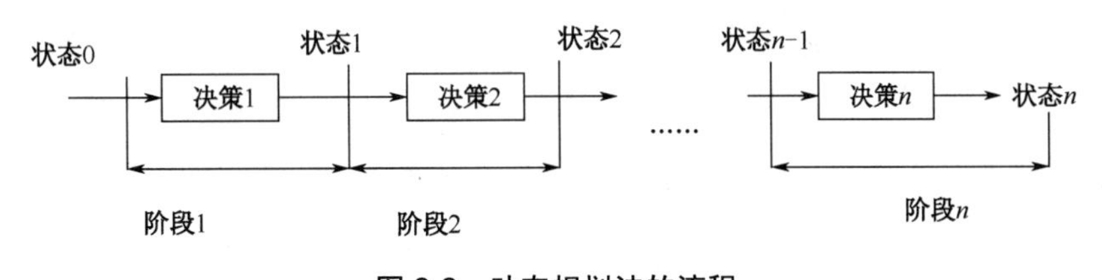

图 2-2　动态规划法的流程

（1）划分阶段。按照问题的时间或空间特征，把问题分为若干个阶段。在划分阶段中，注意划分后的阶段一定是有序的或是可排序的；否则问题就无法求解。

（2）确定状态和状态变量。将问题发展到各阶段时，所处于的各种客观情况用不同的状态表示出来。当然，状态的选择要满足无后效性。

（3）确定决策并写出状态转移方程。因为决策和状态转移有着天然的联系，状态转移就是根据上一阶段的状态和决策来导出本阶段的状态。所以，如果确定了决策，状态转移方程也就可以写出了。但事实上常常是反过来做，根据相邻两个阶段的状态之间的关系来确定决策方法和状态转移方程。

（4）寻找边界条件。给出的状态转移方程是一个递推式，需要一个递推的终止条件或边界条件。

一般来说，只要确定问题的阶段、状态和状态转移决策，就可以写出状态转移方程（包括边界条件）。在实际应用中，可以按以下几个简化的步骤进行设计。

① 分析最优解的性质，并刻画其结构特征。

② 递归的定义最优解。

③ 以自底向上或自顶向下的记忆化方式（备忘录法）计算出最优值。

④ 根据计算最优值时得到的信息，构造问题的最优解。

3．分支定界法

分支定界（Branch and Bound）法是一种求解整数规划问题最常用的方法。这种方法不但可以求解纯整数规划，还可以求解混合整数规划问题。分支定界法是一种搜索与迭代的方法，选择不同的分支变量和子问题进行分支。对于两个变量的整数规划问题，使用网格的方法有时更为简单。通常，把全部可行解空间反复地分割为越来越小的子集，称为分支；对每个子集内的解集计算一个目标下界（对于最小值问题），称为定界。在每次分支后，凡是界限超出已知可行解集目标值的那些子集不再进一步分支。这样，许多子集可不予考虑，称之为剪枝。这就是分支定界法的主要思路。

分支定界法是组合优化问题的有效求解方法，其步骤如下。

（1）如果问题的目标为最小化，那么设定目前最优解的值 $Z=\infty$。

（2）根据分支法则（Branching Rule），从尚未被洞悉（Fathomed）节点（局部解）中选择一个节点，并在此节点的下一阶层中分为几个新的节点。

（3）计算每个新分支出来的节点的下限值（Lower Bound，LB）。

（4）对每一节点进行洞悉条件测试，若节点满足以下任一条件，则此节点可洞悉而不再被考虑，此节点的下限值大于或等于 Z 值。已找到在此节点中，具有最小下限值的可行解。若此条件成立，则需比较此可行解与 Z 值；若前者较小，则需更新 Z 值，以此为可行解的值。此节点不可能包含可行解。

（5）判断是否仍有尚未被洞悉的节点，若有，则进行步骤（2），若已无尚未被洞悉的节点，则演算停止，并得到最优解。

分支定界法的优缺点如下。

优点：可以求得最优解、平均速度快。

因为从最小下界分支，所以每次算完限界后，把搜索树上当前所有的叶子节点的限界进行比较，找出限界最小的节点，此节点即为下次分支的节点。这种决策的优点是检查子问题较少，能较快地求得最佳解。

缺点：要存储很多叶子节点的限界和对应的耗费矩阵，花费很多内存空间。

分支定界法可应用于大量组合优化问题。其关键技术在于各节点权值如何估计，可以说一个分支定界法的效率基本上由值界方法决定。如果界估计不好，那么在极端情况下将与穷举搜索没多大区别。

分支定界法或数学规划法等优化方法只适用于求解规模较小、环境简单的优化问题；而当面对复杂多变的实际优化环境则是难以应对的。因此，对于更大规模及更复杂环境的混流装配线优化问题需要采取更有效的优化方法进行优化分析。

2.2 启发式算法

启发式算法是相对最优化算法提出的，是指受到大自然的运行规律或人类解决具体问题时积累的工作经验等的启发而产生的算法。它可以在混流装配线生产计划的有限搜索空间内给出组合优化问题的一个可行解，故在混流装配线的生产计划优化问题中可以大大减少尝试的数量，加快求解速度。适用于混流装配线生产计划优化问题的常用启发式算法有粒子群算法、模拟退火算法、遗传算法、禁忌搜索算法和蚁群算法等。以下针对常见启发式算法在混流装配线中的应用进行具体描述。

2.2.1 粒子群算法

粒子群（Particle Swarm Optimization，PSO）算法是对鸟类群体觅食行为进行模拟的一种智能优化算法，适用于大规模、复杂环境的混流装配线优化问题。混流装配线优化问题的解空间可以看作粒子群算法的可行域，而群体中的每个个体可以视为混流装配线优化目标的潜在可行解，通过赋给每个粒子一定的速度（忽略粒子的大小和质量）使其能在可行域内飞行，并根据个体和群体的寻找经验影响粒子接下来的飞行方向和速度，实现对混流装配线生产计划优化问题中最优解的确定。但是，由于混流装配线生产计划优化问题规模庞大、环境复杂，运用粒子群算法处理类似混流装配线生产计划优化问题这样的多约束目标优化问题还需要进一步深入研究。

1．基本思想

粒子群算法也称为粒子群优化算法或鸟群觅食算法，是由 J. Kennedy 和 R. C. Eberhart 等开发的一种新的进化算法（Evolutionary Algorithm，EA）。粒子群算法属于进化算法的一种，和模拟退火算法相似，它也是从随机解出发，通过迭代寻找最优解，以及通过适应度来评价解的品质，但它比遗传算法规则简单，它没有遗传算法的“交叉”（Crossover）和“变异”（Mutation）操作，通过追随当前搜索到的最优值来寻找全局最优解。这种算法以其实现容易、精度高、收敛快等优点引起了学术界的重视，并且在解决实际问题中展示了其优越性。粒子群算法是一种并行算法，目前已广泛应用于函数优化、神经网络训练、模糊系统控制及其他遗传算法的应用领域。

近年来，一些学者将粒子群（PSO）算法推广到约束优化问题，其关键在于如何处理好约束，即解的可行性。如果约束处理得不好，其优化的结果往往会出现不能收敛和结果是空集的状况。基于粒子群算法的约束优化工作主要分为以下两类。

（1）罚函数法。罚函数的目的是将约束优化问题转化为无约束优化问题。

（2）将粒子群的搜索范围都限制在条件约束簇内，即在可行解范围内寻优。

根据文献介绍，有研究学者采用罚函数法，利用非固定多段映射函数对约束优化问题进行转化，再利用粒子群算法求解转化后的问题。仿真结果显示粒子群算法相对遗传算法更具有优越性，但其罚函数的设计过于复杂，不利于求解；也有学者采用可行解保留政策处理约束，即一方面更新存储所有粒子时仅保留可行解，另一方面在初始化阶段所有粒子均从可行解空间取值，然而初始可行解空间对于许多问题是很难确定的。此外，有专家学者提出了具有多层信息共享策略的粒子群原理来处理约束，根据约束矩阵采用多层 Pareto 排序机制来产生优良粒子，进而用一些优良粒子来决定其余个体的搜索方向。

2．标准粒子群算法的流程

（1）初始化一群微粒（群体规模为 m），包括随机位置和速度。

（2）评价每个微粒的适应度。

（3）对于每个微粒，将其适应值与其经过的最好位置 pbest 进行比较，若较好，则将其作为当前的最好位置 pbest。

（4）对于每个微粒，将其适应值与其经过的最好位置 gbest 进行比较，若较好，则将其作为当前的最好位置 gbest。

（5）根据优化函数式调整微粒的速度和位置。

（6）未达到结束条件则转（2）。

标准粒子群算法的流程图如图 2-3 所示。

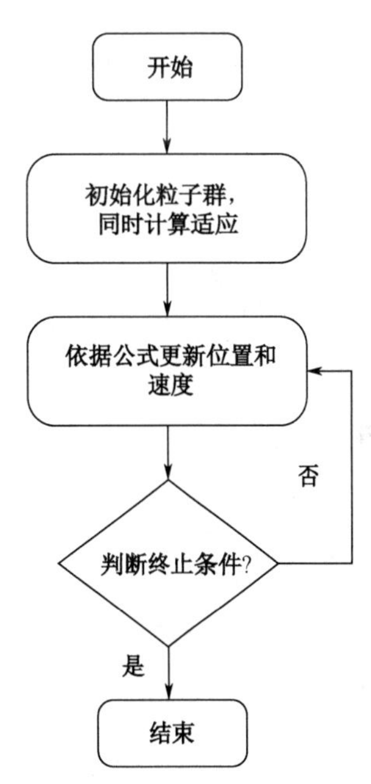

图 2-3 标准粒子群算法的流程图

简而言之，粒子群算法是模拟群体智能所建立起来的一种优化算法，粒子群算法可以用鸟类在一个空间内随机觅食为例，所有的鸟都不知道食物具体在哪里，但是它们知道大概距离多远，最简单有效的方法就是搜寻目前离食物最近的鸟的周围区域。所以，粒子群算法就是将鸟看成一个个粒子，并且它们拥有位置和速度这两个属性，然后根据自身已经找到的离食物最近的解和参考整个共享于整个集群中找到的最近的解去改变自己的飞行方向，最终会发现，整个集群大致向同一个地方聚集，而这个地方是离食物最近的区域，在适当条件下鸟类即可找到食物。

2.2.2 模拟退火算法

模拟退火（Simulated Annealing，SA）算法是一种在搜索过程中引入随机因素的贪心算法，在混流装配线生产计划优化问题中，它能够以一定概率来接受一个比当前解要差的解，由此可能跳出优化问题的局部最优解，并在优化全局域内寻找到符合要求的最优解。因此，模拟退火算法在混流装配线生产计划优化问题中主要用于寻找到优化解空间中的全局最优解；但其缺点是在寻找优化解空间中最优解的运算效率会比较低。

1．基本思想

模拟退火算法最早的思想是由 N. Metropolis 等于 1953 年提出的，之后有学者将退火思想引入到组合优化领域。它是基于 Monte-Carlo 迭代求解策略的一种随机寻优算法，其出发点是基于物理中固体物质的退火过程与一般组合优化问题之间的相似性。模拟退火算法从某一较高初温出发，伴随温度参数的不断下降，结合概率突跳特性在解空间中随机寻找目标函数的全局最优解，即在局部最优解能概率性地跳出并最终趋于全局最优。模拟退火算法是一种通用的优化算法，理论上算法具有概率的全局优化性能，目前已在工程中得到了广泛应用，如 VLSI、生产调度、控制工程、机器学习、神经网络、信号处理等领域。

模拟退火算法是通过赋予搜索过程一种时变且最终趋于零的概率突跳性，从而可有效避免陷入局部极小并最终趋于全局最优的串行结构的优化算法。模拟退火算法来源于固体退火原理，将固体加温至充分高，再让其慢慢冷却，加温时，固体内部粒子随温升变为无序状，内能增大，而慢慢冷却时粒子渐趋有序，在每个温度都达到平衡态，最后在常温时达到基态，内能减为最小。根据 Metropolis 准则，粒子在温度 T 时趋于平衡的概率为 $e^{(-\Delta E/(kT))}$，其中 E 为温度 T 时的内能，ΔE 为其改变量，k 为 Boltzmann 常数。使用固体退火模拟组合优化问题，将内能 E 模拟为目标函数值 f，温度 T 演化成控制参数初值 t，即得到解组合优化问题的模拟退火算法。由初始解 i 和控制参数初值 t 开始，对当前解重复“产生新解→计算目标函数差→接受或舍弃”的迭代，并逐步衰减 t 值，算法终止时的当前解即为所得近似最优解，这是基于 Monte-Carlo 迭代求解法的一种启发式随机搜索过程。退火过程由冷却进度表（Cooling Schedule）控制，包括控制参数初值 t 及其衰减因子 Δt、每个 t 值时的迭代次数 L 和停止条件 S。

2．算法流程

模拟退火算法可以分解为解空间、目标函数和初始解三部分。其基本思路流程如下。

（1）初始化：初始温度 T（充分大），初始解状态 S（是算法迭代的起点），每个 T 值的

迭代次数 L。

（2）对 k=1,⋯,L 做第（3）～（6）步。

（3）产生新解 S'。

（4）计算增量 $\Delta t'=C(S')-C(S)$，其中 $C(S)$为评价函数。

（5）若 $\Delta t'\leqslant 0$，则接受 S'作为新的当前解；否则，以概率 $\exp(-\Delta t'/T)$接受 S'作为新的当前解。

（6）若满足终止条件，则输出当前解作为最优解，结束程序。终止条件通常取为连续若干个新解都没有被接受。

（7）T 逐渐减少，且 T 趋于 0，然后转第（2）步。

模拟退火算法的流程如图 2-4 所示。

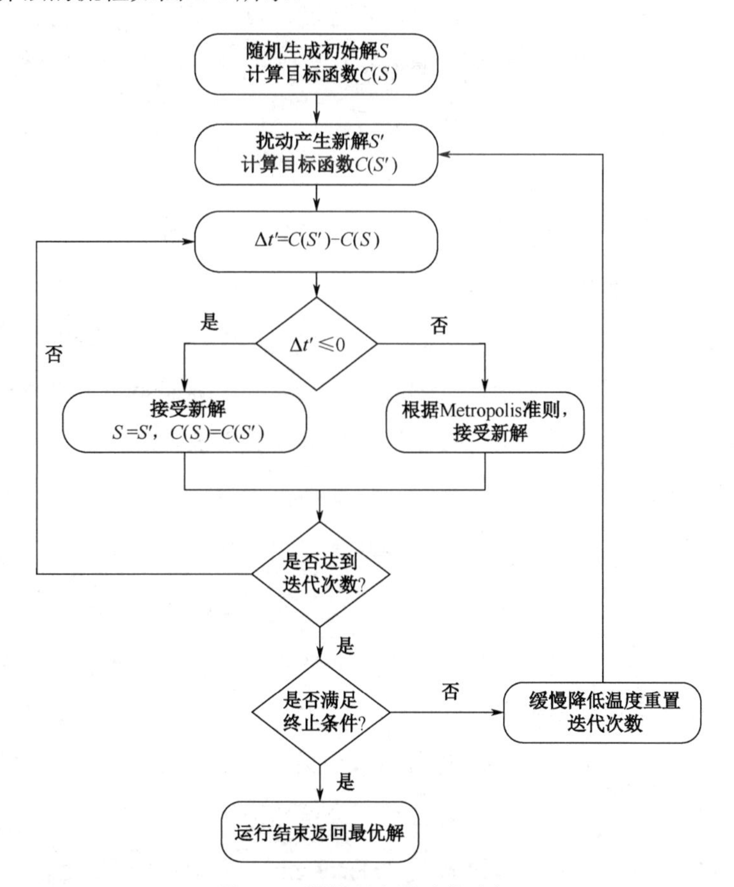

图 2-4　模拟退火算法的流程

2.2.3 遗传算法

遗传算法（Genetic Algorithm，GA）是模拟自然界生物进化规律得来的一种随机搜索算法。遗传算法可以将可行域内的混流装配线生产计划优化模型中潜在解视为生物种群中的一条染色体，遵循优胜劣汰的遗传选择规律，借助遗传学的基本操作（遗传、变异、交叉）逐代进化出越来越优的染色体，各条染色体的好坏是依据优化问题拟定一个适应度函数来评价的，遵循适者生存的选择规则，对混流装配线生产计划优化模型解空间中候选种群中的个体进行择优。选择子代种群优于父代种群的个体，经逐步寻优后，最终种群中的最优个体即可认为是混流装配线生产计划优化问题的最优解。由于遗传算法复杂的优化过程、不确定的编码规则，使得其在混流装配线生产计划优化问题中的最优化结果存在一定的不准确性，且算法易过早收敛，在精度、可行度、算法复杂性等方面还需要进一步定量分析，因此将遗传算法应用于大规模、复杂环境的混流装配线生产计划优化问题还需要结合其他辅助优化方法，并进行深入的研究分析。

1．基本思想

遗传算法是模拟达尔文生物进化论的自然选择和遗传学机理的生物进化过程的计算模型，是一种通过模拟自然进化过程搜索最优解的方法。遗传算法是从代表问题可能潜在的解集的一个种群（Population）开始的，而一个种群则由经过基因（Gene）编码的一定数目的个体（Individual）组成。每个个体实际上是染色体（Chromosome）带有特征的实体。染色体作为遗传物质的主要载体，即多个基因的集合，其内部表现（基因型）是某种基因组合，它决定了个体形状的外部表现，如黑头发的特征是由染色体中控制这一特征的某种基因组合决定的。因此，在一开始就需要实现从表现型到基因型的映射，即编码工作。由于仿照基因编码的工作很复杂，因此需要进行简化，如二进制编码，初代种群产生之后，按照适者生存和优胜劣汰的原理，逐代（Generation）演化产生出越来越好的近似解，在每一代中，根据问题域中个体的适应度（Fitness）的大小选择（Selection）个体，并借助自然遗传学的遗传算子（Genetic Operators）进行组合交叉（Crossover）和变异（Mutation），产生出代表新的解集的种群。这个过程将导致种群像自然进化一样，后生代种群比前代更加适应环境，末代种群中的最优个体经过解码（Decoding）可以作为问题近似最优解。

对于一个求函数最大值的优化问题（求函数最小值也类同），一般可以描述为下列数学规划模型。

$$\begin{cases} \max f(X) \\ X \in R \\ R \subset U \end{cases} \tag{2-1}$$

式中，X 为决策变量；$\max f(X)$ 为目标函数式；$X \in R$，$R \subset U$ 均为约束条件；U 为基本空间；R 为 U 的子集。满足约束条件的解 X 称为可行解，集合 R 表示所有满足约束条件的解所组成的集合，称为可行解集合。而通过遗传算法解决优化问题的主要思想就是通过类似数学规划模型的方法，制定决策变量、设计目标函数、设置约束条件，最后通过迭代过程完成目标值的近似优化求解。

2．算法流程

（1）初始化：设置进化代数计数器 t=0，设置最大进化代数 T，随机生成 M 个个体作为初始群体 $P(0)$。

（2）个体评价：计算群体 $P(t)$中各个体的适应度。

（3）选择运算：将选择算子作用于群体。选择的目的是把优化的个体直接遗传到下一代或通过配对交叉产生新的个体再遗传到下一代。选择操作是建立在群体中个体的适应度评估基础上的。

（4）交叉运算：将交叉算子作用于群体。遗传算法中起核心作用的就是交叉算子。

（5）变异运算：将变异算子作用于群体，就是对群体中的个体串的某些基因座上的基因值做变动。群体 $P(t)$经过选择、交叉、变异运算后得到下一代群体 $P(t+1)$。

（6）终止条件判断：若 t=T，则以进化过程中所得到的具有最大适应度的个体作为最优解输出，终止计算。

遗传算法的流程图如图 2-5 所示。

遗传算法也是计算机科学人工智能领域中用于解决最优化的一种搜索启发式算法，是进化算法的一种。这种启发式通常用来生成有用的解决方案来优化和搜索问题。进化算法最初是借鉴了进化生物学中的一些现象而发展起来的，这些现象包括遗传、突变、自然选择及杂交等。遗传算法在适应度函数选择不当的情况下有可能收敛于局部最优，而不能达到全局最优。

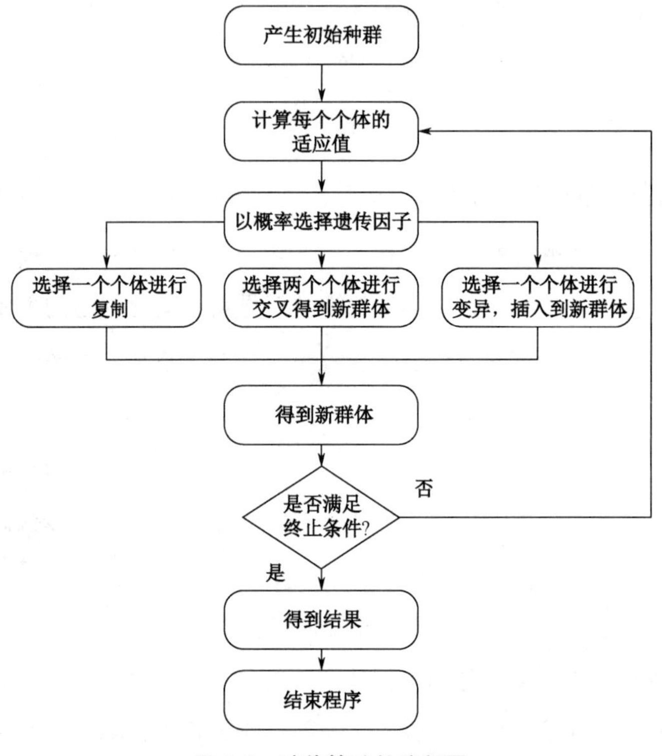

图 2-5　遗传算法的流程图

2.2.4　禁忌搜索算法

禁忌搜索（Tabu Search，TS）算法是一种模拟人类思维模式的随机搜索算法。在混流装配线生产计划优化问题中，它通过不断试探获得混流装配线生产计划优化问题中解空间的特定搜索方向，并受此前已记录的搜索方向影响，贪婪地对每个局部区域及其领域进行搜索。为避免陷入找到局部最优解，算法在搜索过程中会有意识地避开当前优化空间的最优解，从而获得更多的搜索区域。同时，在混流装配线生产计划优化问题中为避免出现循环搜索，引入禁忌表停止准则禁止算法移回那些解。其在寻求混流装配线生产计划优化问题中的最优解方面能够取得一定的效果，但该算法的搜索效率取决于初始解的选取，且搜索过程是串行的，而不是并行的，造成搜索速度低，故针对大规模、复杂环境的混流装配线生产计划优化问题，该方法还需要进一步深入探讨。

1. 基本思想

禁忌搜索过程是指标记已经解得的局部最优解或求解过程，并在进一步的迭代中避开这些局部最优解或求解过程。局部搜索的缺点在于太过于对某一局部区域及其邻域的搜索，导致“一叶障目”。为了找到全局最优解，禁忌搜索就是对于找到的一部分局部最优解，有意识地避开它，从而获得更多的搜索区域。

2. 算法流程

（1）给定一个禁忌表（Tabu List）H=null，并选定一个初始解 X_now。

（2）若满足停止规则，则停止计算，输出结果；否则，在 X_now 的领域中选出满足不受禁忌的候选集 N(X_now)。

（3）在 N(X_now)中选择一个评价值最佳的解 X_next，X_next=X_now。

（4）更新历史记录 H，重复步骤（2）。

2.2.5 蚁群算法

蚁群系统（Ant System 或 Ant Colony System）是由意大利学者 Dorigo、Maniezzo 等于 20 世纪 90 年代首先提出来的。他们在研究蚂蚁觅食的过程中，发现单个蚂蚁的行为比较简单，但是蚁群整体却可以体现一些智能的行为。例如，蚁群可以在不同的环境下，寻找最短到达食物源的路径。这是因为蚁群内的蚂蚁可以通过某种信息机制实现信息的传递。后又经进一步研究发现，蚂蚁会在其经过的路径上释放一种被称为“信息素”的物质，蚁群内的蚂蚁对“信息素”具有感知能力，它们会沿着“信息素”浓度较高的路径行走，而每只路过的蚂蚁都会在路上留下“信息素”，这就形成一种类似正反馈的机制，这样经过一段时间后，整个蚁群就会沿着最短路径到达食物源了。

蚁群算法的流程图如图 2-6 所示。

将蚁群算法应用于解决优化问题的基本思路是：用蚂蚁的行走路径表示待优化问题的可行解，整个蚂蚁群体的所有路径构成待优化问题的解空间。路径较短的蚂蚁释放的信息素量较多，随着时间的推进，较短路径上累积的信息素浓度逐渐增高，选择该路径的蚂蚁数量也越来越多。最终，整个蚁群会在正反馈的作用下集中到最佳的路径上，此时对应的便是待优化问题的最优解。

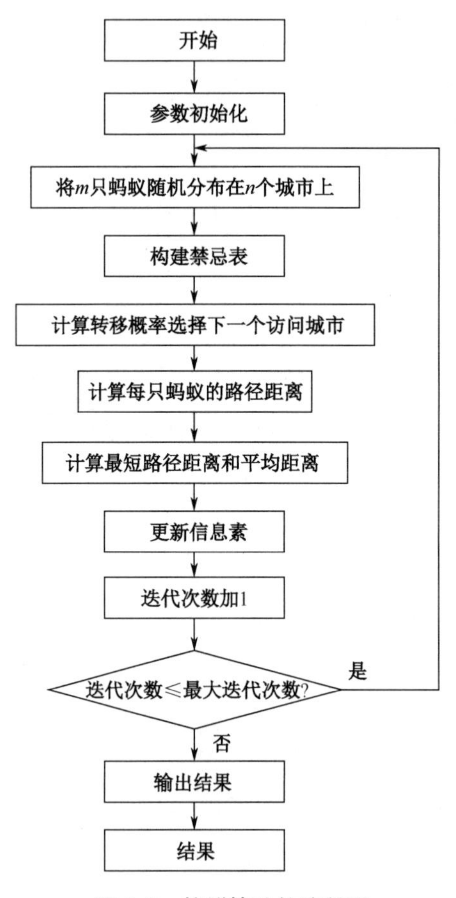

图 2-6　蚁群算法的流程图

蚂蚁找到最短路径要归功于信息素和环境，假设有两条路可从蚁窝通向食物，开始时两条路上的蚂蚁数量差不多。当蚂蚁到达终点之后会立即返回，距离短的路径的蚂蚁往返一次时间短，重复频率快，在单位时间里往返蚂蚁的数目就多，留下的信息素也多，会吸引更多蚂蚁过来，留下更多的信息素；而距离长的路径正相反，因此越来越多的蚂蚁聚集到最短路径上来。蚂蚁具有的智能行为得益于其简单行为规则，该规则让其具有多样性和正反馈。在觅食时，多样性使蚂蚁不会走进死胡同而无限循环，是一种创新能力；正反馈使优良信息保存下来，是一种学习强化能力。两者的巧妙结合使智能行为涌现，如果多样性过剩，系统过于活跃，会导致过多的随机运动，陷入混沌状态；如果多样性不够，正反馈过强，会导致僵化，当环境变化时蚁群不能相应调整。

2.3 基于规则的方法

基于规则的方法因其易于实现、计算复杂度低等，能够用于具有动态性、实时性的混流装配线生产计划优化问题中，许多年来它一直受到学者们的广泛研究，并不断涌现出许多新优化方法。而基于规则的方法在混流装配线生产计划优化问题中同样存在一定的缺陷，即基于规则的优化方法对所得到的优化解的次优性不能进行评估。基于规则的方法主要以启发式规则方法为主，而启发式规则方法的主要目标是系统化地构造或查找解，即利用与生产计划优化任务有关信息简化搜索的过程，形成优化问题的解，其核心是检查搜索优化解空间、评估可能有解的不同路径及记录已经搜索到的不同路径操作。目前应用于混流装配线生产计划优化问题中的启发式规则主要可以划分为简单规则、复合规则（多项简单规则组合）、启发规则（考虑问题因素）3 类。

其中，启发规则方法通过建立针对具体问题背景的知识进行解搜索，易于实现，且可以快速搜索到比较好的解决方案，计算复杂度低，适用于类似混流装配线生产计划优化问题这样的具有动态不确定性的复杂环境，并获得了学者们的大量研究，但是在如何提高搜索效率和解决较大规模的生产计划优化问题等方面还有待进一步探索。

2.4 基于仿真的优化方法

由于混流装配线生产计划优化问题的复杂性，很难用一个精确的解析模型来进行描述分析。而通过对仿真模型的运行收集数据，就能够对实际生产计划优化系统进行性能、状态方面的分析，从而能够对系统采用合适的控制优化方法。因而可以在研究动态环境下基于纯仿真模型的混流装配线生产计划优化问题，设计基于纯仿真模型的混流装配线生产计划优化方法，即在一个较短的时间段内用仿真来评价一个分派规则集，选取最小代价的规则，以适应系统状态的变化。基于纯仿真法虽然可以包含解析模型无法描述的因素，并且可以提供给使用者一个优化性能测试的机会，但其不可避免地存在以下问题。

（1）缺乏理论意义。

（2）应用仿真进行生产计划进行优化的费用很高。

（3）仿真的准确性很大程度受编程人员的判断和技巧的限制。

仿真优化研究是基于仿真的目标优化问题，在混流装配线生产计划优化问题中同样可以使用基于仿真的优化方法，其原理如图 2-7 所示，即基于模型仿真给出的输入/输出关系（性能）通过优化算法得到最佳的输入量。混流装配线生产计划优化问题可以利用仿真优化方法进行模拟求解。仿真优化的特点可归纳如下。

（1）系统的输入/输出关系缺少结构信息，不存在解析表达式，仅能通过仿真得到。

（2）存在不确定因素，一次仿真仅给出对应某一输入的一次性能估计，通常存在误差。

（3）系统仿真过程较费时，且缺少与优化模块的合理接口，以致整个优化过程很慢。

（4）输入变量空间大，且连续量、离散量和逻辑量共存，优化涉及多目标，并存在多极小，以致难以高效地实现全局优化。

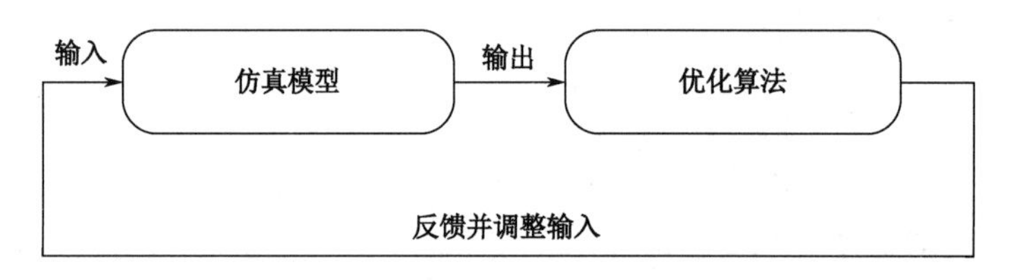

图 2-7　仿真优化原理

鉴于仿真优化的工程背景和上述难点，它一直是不同领域理论和工程人员共同关注的重要课题，尤其在仿真、运筹学和 DEDS 领域。随着计算机技术、人工智能和数学分析方法的发展，仿真优化的研究取得了一定进展，而仿真优化算法在混流装配线生产计划优化问题中可归纳为基于梯度的方法、随机优化方法、响应曲面法和统计方法 4 类及这些方法的混合，如图 2-8 所示。下面对它们进行简单介绍。

2.4.1　基于梯度的方法

在混流装配线生产计划优化问题中，将梯度策略集成进入邻域搜索算法的研究较少，但可以从特征信息状态变换角度对多阶段混流生产过程进行数学建模，将优化问题转化为状态空间中的路径规划问题，集成梯度搜索策略进入该领域的优化搜索算法，形成一套基于梯度求解的多阶段混流生产过程问题的特征状态模型、分析与控制方法。基于梯度的方法通过估计性能指标的梯度来判定改进性能的方向，进而将混流装配线生产计划优化问题转化为基于确定的数学规划方法进行求解。它主要包括有限差分估计法、似然比估计法、摄动分析法和频域实验法，其应用依赖于梯度估计的可靠性和高效性。

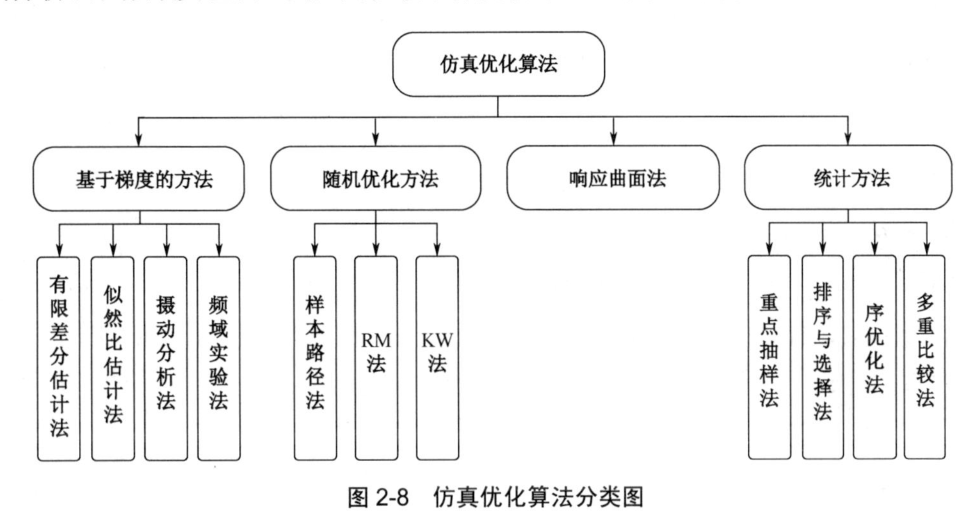

图 2-8　仿真优化算法分类图

（1）有限差分估计法：最原始的梯度估计方法，实现对梯度的估计需要多次重复仿真，运行成本大。

（2）似然比估计法：分析系统样本路径的概率测度对随机变量分布函数的依赖关系，通过测度变换获得似然比来构造性能测度的估计量。它仅需一次仿真即可获得梯度估计，适用于瞬态和再生仿真优化问题。

（3）摄动分析法：通过跟踪系统的样本路径，分析参数摄动对系统性能的影响，进而获得样本性能对参数的梯度，并作为系统性能梯度的估计量。它通过一次运行估计即可得到所有目标函数的偏梯度，因此计算效率高，但基于无穷小摄动分析得到的估计通常有偏差且不一致。

（4）频域实验法：在一次长仿真运行中的不同频率上对选定的输入参数进行正弦振荡，然后对输出变量值进行谱分析。若输出量对输入量敏感，则参数的正弦振荡将导致响应的相应振荡。以此来发现影响最大的输入参数，从而得到梯度的最大方向，但该方法必须解决振荡指数、频率和幅度的确定问题。

2.4.2 随机优化方法

基于最优化的方法，如动态规划法与分析定界法等，大多数是建立在对优化目标的枚举上，因此只能解决小规模的混流装配线生产计划优化问题，距离实用还有较大距离。大多数混流装配线生产计划优化问题属于一类 NP 困难组合问题，寻找具有多项式复杂性的最优算法几乎是不可能的；但因其解的最优性具有随机性、局部优越性，所以可以通过随机优化方法对混流装配线生产计划优化问题进行求解，再结合其他优化方法得到全局最优解。

随机优化法的典型算法是 1979 年 Azadivar 在其博士论文中提出的 SAMOPT 算法。这种算法是以统计学的随机逼近理论为基础的，之后有学者将这一理论应用于有约束及无约束系统的仿真优化方面，并做了大量的理论工作。而随后有研究人员在解决了几个使随机逼近原理实用化的问题后，发展了 SAMOPT 算法，并将 SAMOPT 算法与响应曲面法进行了比较全面的试验比较。结果表明，对于所有的测试问题，SAMOPT 算法都比响应曲面法得到了更好的结果，并节省了大量运行时间。

随机优化方法解决了混流装配线生产计划优化问题中目标函数不解析但可估计的优化问题，通常是基于梯度估计的迭代算法，也包括随机逼近方法。在混流装配线生产计划优化问题中的随机优化方法在目标函数平坦时收敛慢，目标函数陡峭时会发散，而且缺少合理的终止准则且难以处理约束，最近有些改进的方法在某些假设条件下可以保证算法的收敛性。此外，在混流装配线生产计划优化问题中的样本路径法通过产生相对很多的样本，用对应的均值函数近似为期望值函数，再利用确定的非线性规划方法对均值函数进行优化。通过介入统计的方法解决了传统随机逼近方法的一些弱点，并提高了效率。

2.4.3 响应曲面法

混流装配线生产计划优化问题的响应曲面法是指在分析目标特征状态空间的数学模型基础上，将其过程映射到优化状态空间中进行研究，通过分析该问题的目标函数在优化空间中的解曲面特点，利用特征状态方程快速地获得目标函数梯度的分析方法，从而有效地指导算法搜索过程，为解决像混流装配线生产计划优化问题这类的大规模组合优化问题提供了一种新的解决思路。

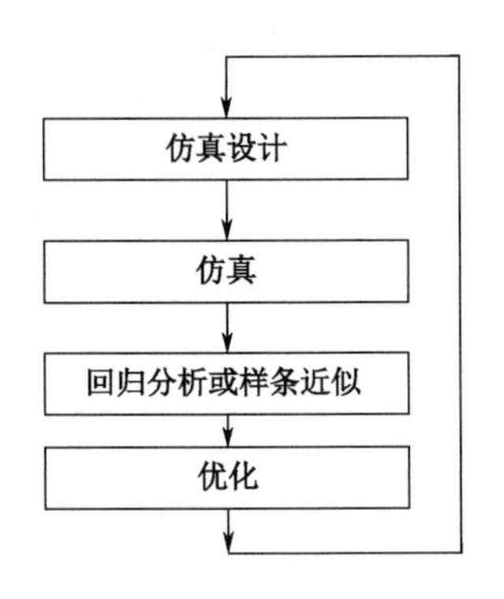

图 2-9　响应曲面法的工作流程

仿真优化的响应曲面法主要是通过仿真设计及仿真结果的回归分析建立系统的响应曲面，再利用数学规划的一些方法进行优化研究，响应曲面法的工作流程如图 2-9 所示。

这种方法近年来得到了许多学者的研究，并发展了适用于多目标仿真优化的多响应曲面法。其主要思想是通过仿真估计系统的响应面 $F(x)$，在估计出 $F(x)$的近似表达式后，仿真优化问题就变为一个数学规划问题，这时数学规划的所有方法均可使用。为了估计 $F(x)$的近似表达式，通常在仿真结果的基础上使用回归分析（主要为线性回归和二次回归）或样条近似。同时，使用仿真设计技术指导仿真运行，在线性回归时，一般使用一阶正交单纯性设计；在二次回归时，使用中心组合设计；而样条近似则多使用 2^k 设计、2^{k-p} 设计及正交设计。

响应曲面法给定初始试验设计点，分别对这些点进行仿真运行来产生相应的输出响应，通过应用一阶回归模型将这些响应拟合为响应曲面，进而用最陡下降法在响应曲面的最大梯度方向对回归函数进行优化来得到最优解，然后再以该点作为中心使用更高阶的回归模型进一步做试验，得到新的试验点，如此重复直到终止条件满足。该方法是试验设计和数理统计相结合的优化方法，相对于一般的梯度估计方法而言，该方法所需的仿真次数较少。

2.4.4　统计方法

为了解决混流装配线生产计划优化方法的收敛速度慢的问题、最优解判断问题、计算时间复杂性问题，可以从基于统计的方法进行研究。统计方法主要包括重点抽样法、排序与选择法、多重比较法和序优化方法。

（1）重点抽样法。重点抽样法的原理是在不同概率测度下进行仿真来增加涉及稀少事件的典型样本路径的概率，对于各仿真路径通过对被估计测度乘上相关因子则可得到原系统的无偏测度估计。如何提出对稀少事件测度的合理改变是该方法面临的主要问题。

（2）排序与选择法。对于那些对所有方案的关系有所了解的问题，排序与选择法将其作为多指标决策问题来处理。当决策涉及选择最佳方案时，使用 indifference 区域排序技术；

当涉及选择包括最佳方案的子集时，则采用子集选择技术，而在每种情况下，决策应保证与预先假定的概率一致。

（3）多重比较法。多重比较法是选择方案有限时排序与选择法的一种替代，它必须提供所有要检验的可替代方案的有关相对性能。

（4）序优化方法。序优化方法的基本思想是：序比值更容易确定，放松优化目标可使问题求解更容易。序优化不过分强调得到精确的最优解，而是以一定期望概率以较少计算量通过“序”的评价得到足够好的解，一般具有指数收敛速度。因此，对于大量缺少结构信息而搜索空间巨大的不确定性优化问题，序优化在保证一定质量的基础上加速了优化过程、减少了计算量。此外，还有神经网络、模糊逻辑及其他方法。

2.5 人工智能方法

人工智能方法主要是利用模型和知识，通过模拟和推理等手段为人的决策行为提供支持，从而使人们可以根据混流装配线中的不同情况做出相应的更符合实际的决策。近年来，基于知识的智能优化系统的方法和研究取得了较大进展，其中最常见的就是专家系统。专家系统作为一种适用于混流装配线生产计划优化问题的优化方法也存在不容忽视的缺点：一是对混流装配线中新的优化环境的适应性差，这是由于生产环境的高度不确定，优化目标往往是变化的、动态的甚至是冲突的，使得专家系统适用于相对稳定的系统；二是开发周期长，费用高；三是专家系统是基于知识的系统，但人们对经验和知识的获取受到历史条件的限制。

在混流装配线智能化优化排序领域中，目前研究比较广泛和取得较大进展的人工智能方法是基于多智能体系统（Multi-Agent System，MAS）的优化方法。20 世纪 80 年代就开始了这方面的研究，多智能体系统（MAS）技术是随着其研究的不断发展逐步向制造系统计划、优化和控制研究领域渗透的，20 世纪 90 年代以后，有大批学者对多智能体系统进行深入研究，技术路线走向多样化。有学者研究了基于 Agent 技术的分布式约束启发式搜索规则，通过建立各问题领域中 Agent 上异步和并行地求解的机制与规则，在分布式制造系统的生产计划优化问题上得到验证有效性；有学者提出了一个多智能体系统框架，将装配系统中的各功能和实体都作为其中的Agent，并采用基于价格机制的市场模型实现Agent之间的协商，针对柔性制造系统的具体需求，设计了一种应用合同网协议的分布式优化策略；也有学者提出了一种柔性制造系统优化方法，将该方法设计的知识作为Agent技术的关键规则信息，通过规则定义实现Agent在分布式计算中的映射关系，构建了分布式计算机系统的任务分配问题的求解模式。

人工神经网络是一类模拟人脑组织结构和智能行为的工程系统，目前已出现数十种不同类型的神经网络，其中以Hopfield网络最有代表性。进化计算方法是一类模拟生物界中优胜劣汰的自然选择规则和强者越强的进化规则的随机搜索算法，其核心思想是对算法所产生的某种表达因式进行评价，经过多次迭代筛选，直至因式收敛于近似的最优解；在每次迭代过程中，适应性好的因式有更多的机会进入下一轮。进化算法的优点是不需要对问题建立数学模型，而且能够在较短的时间内搜索解空间中的不同区域，达到收敛。但进化算法在局部优化中收敛较慢，对解决方案的评估和筛选比较困难，收敛速度也无法保证。其中，以遗传算法和蚁群算法应用最为广泛，蚁群算法是从生物进化和仿生学角度研究蚂蚁寻找路径的自然行为。蚁群算法最初成功应用于求解TSP问题，该问题是组合优化领域的典型问题，通过证明其效果的优越性，此后，在其他NP完全问题方面也被证明是一种具有广阔发展前景的方法。

目前，人工智能技术及智能计算方法在混流装配线生产计划优化问题中的应用越来越受到人们的重视。随着问题复杂性的增加，进行多知识表达方法的研究，在此基础上和多人工智能技术的结合，形成组合人工智能技术，是今后人工智能计算技术在混流装配线优化领域中应用的主要研究方向之一。

2.6 本章小结

混流装配线生产计划优化问题包括平衡、排序等多类问题，具有多目标、多约束、领域知识多样性及生产环境动态随机性等一系列特征，是一个典型的NP困难问题。本章从算法原理、算法特点及算法的具体应用等方面，对现有的混流装配线生产计划优化方法进行了分类介绍。

本章参考文献

[1] 杨钰琳．H 汽车公司总装混流装配线平衡问题研究[D]．厦门：厦门大学，2017.

[2] 戴隆州．基于改进粒子群算法的混流装配线动态平衡问题研究[D]．贵阳：贵州大学，2017.

[3] 张中敏．两阶段混流发动机装配车间调度优化问题研究[D]．合肥：合肥工业大学，2016.

[4] 杨红光．多目标双边装配线再平衡方法的研究与应用[D]．上海：上海交通大学，2015.

[5] Onur Serkan Akgündüz, Semra Tunali. A review of the current applications of genetic algorithms in mixed-model assembly line sequencing[J]. International Journal of Production Research, 2011, 49(15): 4483-4503.

[6] Tasan S O, Tunali S. A review of the current applications of genetic algorithms in assembly line balancing[J]. Journal of Intelligent Manufacturing, 2008, 19(1): 49-69.

[7] Ramezanian R, Ezzatpanah A. Modeling and solving multi-objective mixed-model assembly line balancing and worker assignment problem[J]. Computers & Industrial Engineering, 2015, 87(C): 74-80.

[8] Saif U, Guan Z, Zhang L, et al. Multi-objective artificial bee colony algorithm for order oriented simultaneous sequencing and balancing of multi-mixed model assembly line[J]. International Journal of Advanced Manufacturing Technology, 2014, 75(9-12): 1809-1827.

[9] Li-Jiu Y. Simulation of Mixed-flow Assembly Line of Electrical Products Based on Flexsim[J]. Logistics Technology, 2012.

[10] Borade AB, Kannan G. Bansod SV Analytical hierarchy process-based framework for VMI adoption [J]. International Journal of Production Research, 2013, 51(4): 963-978.

[11] Qattawi A, Mayyas A, Abdelhamid M, et al. Incorporating quality function deployment and analytical hierarchy process in a knowledge-based system for automotive production line design [J]. International Journal of Computer Integrated Manufacturing, 2013, 26(9):

839-856.

[12] Hua J. Production System and Its Scheduling Optimization on Mixed Flow Assembly Line for Automobile Seat[J]. Industrial Technology Innovation, 2016, 003(005): 867-869.

[13] Wang T, Fan R, Peng Y, et al. Optimization on mixed-flow assembly u-line balancing problem[J]. Cluster Computing, 2019, 22(4): 8249-8257.

[14] Nazari A, Salarirad MM, Bazzazi AA. Landfill site selection by decision-making tools based on fuzzy multi-attribute decision-making method [J]. Environmental Earth Sciences, 2012, 65(6): 1631-1642.

[15] Rabbani M, Siadatian R, Farrokhiasl H, et al. Multi-objective optimization algorithms for mixed model assembly line balancing problem with parallel workstations[J]. Cogent Engineering, 2016, 3(1): 1158903.

[16] Zahari T, Farzad T, Siti Zawiah M D. Fuzzy Mixed Assembly Line Sequencing and Scheduling Optimization Model Using Multiobjective Dynamic Fuzzy GA[J]. The Scientific World Journal, 2014(1):505207.

[17] Wei Z, Hao C. Mixed Model Assembly Logistics Transportation Route Reasonable Planning Method Simulation[J]. Computer Simulation, 2017.

[18] Dong Q Y, Lu J S, Gui Y K. Integrated Optimization of Production Planning and Scheduling in Mixed Model Assembly Line[J]. Procedia Engineering, 2012, 29(4): 3340-3347.

第3章

混流装配线生产计划智能优化方法

在混流装配线生产执行过程中，存在着诸如订单变化、生产资源变动等情况，为响应动态变化的客户需求并保持较高的生产效率，管理者需要针对上述情况进行生产计划的优化调整。在实际的生产决策优化中，根据生产环境变动的类型和程度的不同，相应的优化方法可归纳为装配线平衡优化、排序优化和重规划 3 种。本章首先针对 3 种优化方法的使用环境和优化思路进行介绍，然后详细阐述混流装配线生产计划智能优化方法体系，并对智能优化方法体系中包含的生产过程建模、生产性能分析、生产计划方式决策与生产计划方式实现 4 个问题进行分析。

3.1 工位能力重平衡的生产计划自进化方式

在混流装配模式下，为有效提高装配资源利用率和生产效率，车间管理人员通常会对生产的全部工序进行平均化、均衡化，调整各工序或工位的作业负荷，以使各工序的作业时间尽可能相近或相等，使工位能力达到平衡。生产线平衡状态一般使用生产流动平衡表来表示，如图 3-1 所示。图 3-1 中纵轴表示装配时间，横轴则依工序表示，并划分出其标准时间。

混流装配线平衡设计比单一型装配流水线平衡设计复杂得多，即使各品种产品的平均负荷在每个工作站都能达到均衡，但对于每个品种的产品来讲，随着投产顺序的不同，不同品种的产品在不同工作站中负荷各不相同，工作站中闲置与超载现象时常发生。工作站的闲置与超载均会造成装配流水线效率低下，尤其是超载现象发生时，不仅影响产品的质量，而且增加了生产成本。某工厂装配线生产能力状况如图 3-2 所示。从图 3-2 中可以看出，工位③能力最低，易造成生产瓶颈，工位④能力最高，易产生库存，这种能力不均必然会引起浪费。通过工位能力重平衡降低工作站的超载和闲置，不仅可以提高劳动生产效率，而且可以提高产品的质量。从长远的观点来看，可以增强企业竞争力，以及增加企业的利润。

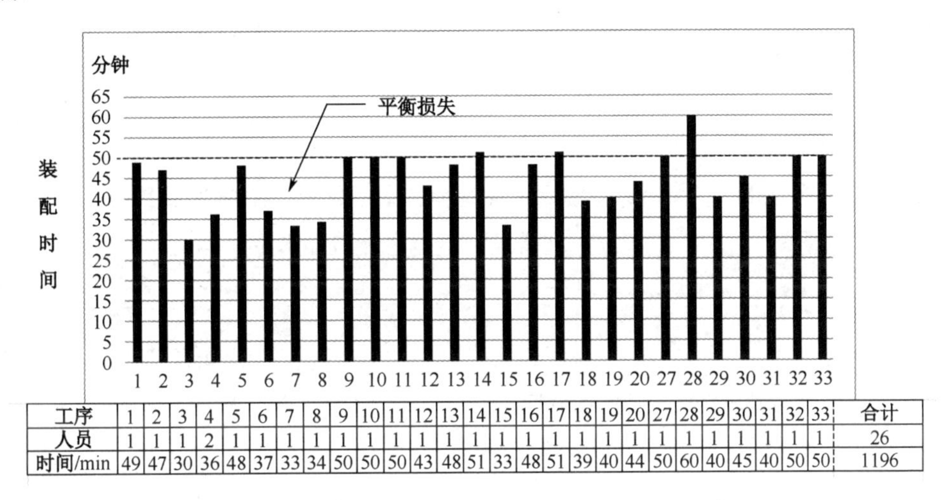

工序	1	2	3	4	5	6	7	8	9	10	11	12	13	14	15	16	17	18	19	20	27	28	29	30	31	32	33	合计
人员	1	1	1	2	1	1	1	1	1	1	1	1	1	1	1	1	1	1	1	1	1	1	1	1	1	1	1	26
时间/min	49	47	30	36	48	37	33	34	50	50	50	43	48	51	33	48	51	39	40	44	50	60	40	45	40	50	50	1196

图 3-1　生产流动平衡表

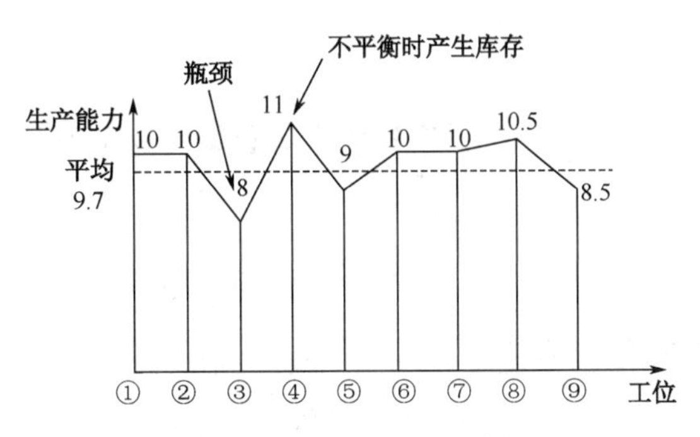

图 3-2　某工厂装配线生产能力状况

装配线平衡设计的任务是解决装配线的工地负荷平衡问题，即研究实现装配线的工序同期化。其目的是使各工作地作业时间尽可能接近同一节拍，同时使装配线所需工作地数量最少，并符合高效率和按节奏生产的要求。

装配线平衡问题一般分为三类：第一类问题是给定生产节拍，在满足约束条件的情况下使流水线工位数量最少；第二类问题是给定流水线的工位数量，在满足约束条件的情况下使生产节拍最小；第三类问题是给定工位数量，最小化装配线平衡指数。

混流装配线平衡时需要提供的工艺信息包括：根据装配工艺技术划分的作业单元；每个作业单元所需的时间；作业单元之间的先后关系，也就是初始的装配工艺网络图。

以装配工艺网络图为基础，可以采用多种装配线平衡方法。当装配线作业单元不多时，可以采用枚举法，将所有可能的方案列出，通过计算比较，选择最优方案。当作业单元很多、关系较复杂时，则需要用一些专门的方法解决装配线的时间平衡问题，如启发式法、位置加权法、分支定界法等。

工位能力重平衡的生产计划自进化方式，其核心是对生产资源进行优化配置，实现生产节拍变化，满足一定的生产能力变化需求。根据各生产周期内对不同类型产品的需求数量，混流装配线平衡任务基于给定的工位数量优化工位资源配置方案，在工位能力不足或过剩的前提下最小化生产节拍。装配流水线平衡的目标是使生产保持一种均衡、连续的流动状态，减少工作站的闲置时间和超载时间，提高人员和设备的利用率。装配流水线平衡问题是生产管理中的中长期决策问题，涉及投资、厂房及设备的布局规划，一旦确定，短期内难以改动。在混流装配线平衡任务的相关研究文献中，目前形成了多种智能方法和启发式方法，通过装配线生产资源优化，得到满足生产平衡需求的工位装配时间。

3.2 产品投产重排序的生产计划自组织方式

装配过程的分工作业特点导致各工作站的作业时间不能完全相同，会浪费工时并造成在制品积压，最终产生“瓶颈”。因此，装配线平衡是需要重视且首要被解决的问题。但与此同时，为了快速响应市场的多样化需求，提高装配过程的柔性，还需要解决混流装配线的产品投产排序问题。在混流装配过程中，由于不同工作站对不同产品的作业时间是不同的，因此工作站闲置或超载现象是在所难免的。另外，在装配不同的产品时，由于需要零部件的种类和数量也会不同，零件实际使用量比较理想使用量而言，产生一定的波动是在所难免的。对于不同产品的投放顺序，会直接影响每个工作站的闲置和超载时间及零件的消耗速率和需求波动，进而影响到装配线的生产效率，所以对产品进行排序也是非常关键的问题。

在装配线平衡的基础上，投产排序用来决定混流装配线上不同产品的投放顺序，以保证产品的均衡化，如图 3-3 所示。由于市场需求在变化，生产制造系统存在调整的必要，因此，投产排序决策在每个月、每个星期、每天、每个班次都需要确定，是一个短期的决策问题，而且投产排序的工作量大，其质量的好坏对生产计划控制系统的运行效果影响很大。混流装配生产企业一般都是拉式生产方式，即企业在接到生产订单后，根据订单要求将生产任务下发到总装配线，总装配线在制定好生产排序后将所需要的零部件数量和类型与所需要的时间信息告诉各分装线，分装线为了补充零部件会向更上一层的部门传递信息，直到信息到达原材料采购部，从而将整个工厂连接起来。在装配线最初的设计阶段，企业通常结合当时的订单状况及预测信息，以固定的投产比例设计装配线。由于混流装配线上有很多种产品在同时进行装配生产，各种类型的产品所需要的生产装配时间和零部件类型及数量都是不同的，因此很难保证各生产单元负荷的均衡，同时还有较低的库存。

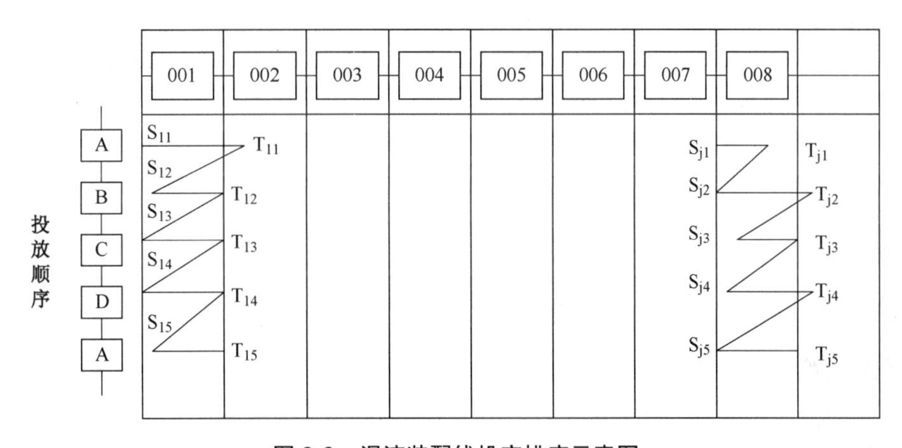

图 3-3 混流装配线投产排序示意图

产品投产重排序的生产计划自组织方式，其核心是通过合理调度订单分配过程与产品投产过程，应对机型投产比例的变化需求。混流装配线生产投放顺序是在满足了装配线平衡的前提下，通过决定各产品在生产线上的先后投放顺序来保持生产均衡化。装配线排序问题按照优化目标的不同主要分为两大类：生产负荷均衡排序问题和物料消耗平顺化排序问题。生产负荷均衡的主要目的是通过优化排序使得各工位的生产负荷相当，减少堵塞、等待和停线时间，从而缩短总的完工时间。造成生产负荷不均衡的主要原因是连续装配某种装配时间较长的部件过多，使得相应工位的生产人员在一段时间内工作负荷过重，难以在规定时间内完成装配任务。物料消耗平顺化的目标是使得在生产的各阶段，各种部件的实际消耗尽可能与该部件的理论消耗一致，以使得各条部件加工线能够平稳、有节奏地进行部件的生产，避免时紧时松甚至出现部件供应不及时的情况发生，进而保证整个混流装配线系统生产的稳定性，并且能够减少在制品库存。

在对混流装配线排序问题的研究中，最小生产循环（Minimum Productions Set，MPS）是一种广泛采用的策略，MPS 是一个产品型号的组合，表示为（$d_i,\cdots,d_w$）=（$D_i/h,\cdots,D_M/h$），其中M为产品型号的总数，D_M为整个调度区间内型号是M的产品总的需求量，h为$D_1,D_2,\cdots,D_M$的最大公约数。这种策略采用循环生产的方式组织生产，显然，h 次重复生产 MPS 中的产品就能满足整个调度区间内生产计划的需求。本章研究的对象是相邻工位间带有限中间缓冲区的混流装配线，在这种生产线中，当一个工位完成装配操作后，如果该工位的紧后缓冲区已满，那么该产品只能在该工位上等待，直到下一个工位空闲或紧后缓冲区中有空闲位置为止。如果生产排序不当，将多个需要较长装配时间的产品连续排在一起，就会造成某些工位堵塞，而有些工位处于等待任务的状态，从而造成最大完工时间的延长。目前，很少有研究者同时考虑部件消耗平顺化和最小化最大完工时间两个目标，对带有限中间缓冲区的混流装配线的优化排序问题进行了研究。本章对该类问题展开研究，建立各目标的优化数学模型，针对该多目标优化问题，提出一种多目标遗传算法对该问题进行求解。

针对多个生产周期构成的计划期，根据计划期内的客户订单需求合理安排各生产周期内的产品上线顺序，在考虑客户订单交付的情况下最小化工位过载时间。如图 3-4 所示，其中字母 A、B、C 代表不同型号的产品，并给出了某产品的装配开始时间和装配结束时间。

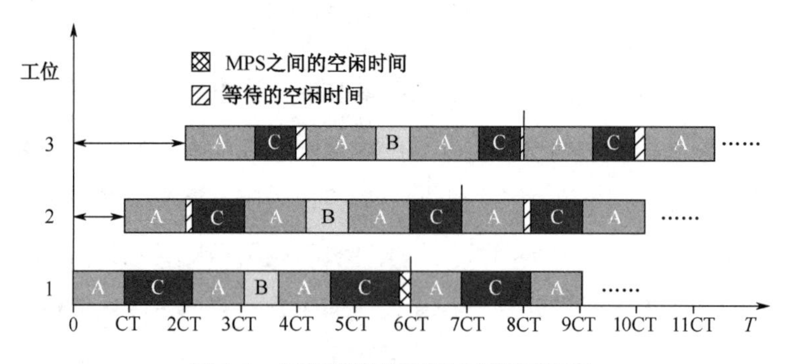

图 3-4　混流装配线整线重规划示意图

由于客户需求的变化，不同产品的需求量也在发生变化，企业需要随机根据订单量调整生产计划，序列作为生产计划的一个重要方面，其编制过程发生在每个订单的每个生产班次，是短期决策问题。由于混流装配线生产设计不同的产品类型和数量，因此工作量比较大，并且排序质量的好坏，直接影响企业生产计划控制系统的运行效果。在混流装配线排序任务的相关研究文献中，目前提出了多种智能算法、启发式规则和精确算法，通过优化主生产计划与投产排序，综合提升生产性能。

3.3 整线生产重规划的生产计划自重构方式

除 3.1 节与 3.2 节中提到的两种生产计划优化方式外，制造企业有时也会面临生产状况发生大规模变动的情况。在这种情况下，单纯通过调整产品投放顺序或工位负荷状态均不足以满足新的生产计划需求或抵消生产变动对原计划方案的影响，此时就需要对整条生产线进行重新规划。平衡与排序是混合型装配线平衡系统的两个相互联系的一个有机组成部分，平衡模块的信息输出是投产排序模块的信息输入，同时可以根据投产排序输出的反馈信息对混合型装配流水线平衡系统的参数进行调整，直到输出满意的平衡结果。

整线生产重规划的生产计划自重构方式，其核心是通过生产计划与工位资源的全局化调整，权衡订单交付能力、生产均衡性与资源调整范围，应对更大程度的产能变化需求。针对多个生产周期构成的计划期，混流装配线平衡与排序任务在每个生产周期内考虑工位装配时间可调的投产排序问题，通过订单分配、资源配置、产品投产的协同优化，综合实现订单及时交付与工位负荷平衡目标。一般来讲，由于计划周期可能包含较多数量的产品，因此通常将计划周期划分为若干最小生产循环 MPS，进行循环生产。所有生产序列相关的调整和计划都基于 MPS。图 3-4 所示为一个包含平衡、排序协同优化的重规划优化过程。

混流装配线平衡的目的是结合科学分析手段，在设计、分配装配线时合理配置工艺活动，制定可接受的生产节拍，对装配线各工位的劳动负荷进行平衡，实现资源有效约束下的最大生产效率优化目标。在目前的研究中，将混流装配线平衡问题划分为生产管理中的中长期规划问题。混流装配线排序的目的是结合交货期、在制品水平等因素进行装配线上多产品的投放顺序优化，通过物料运行过程平准化实现供应环节、加工环节及产出环节物料均衡移动，实现物料均衡化。混流装配线排序问题被定义为短期决策问题。在混流装配线平衡与排序任务的研究文献中，目前提出了多种智能算法，通过平衡问题、主生产计划问题与投产排序问题的集成优化，综合提升整线生产性能。

3.4　生产计划智能优化层次化体系架构

尽管产品装配线响应客户订单的生产计划内容包括了生产调度方案与工位资源能力，但在实际操作过程中并不会对所有内容进行优化，而是根据客户订单的变化情况选择特定范围内的生产计划内容做出优化操作，以最少调整工作量提升生产性能。根据生产计划的不同内容，可以将混流装配线的生产计划方式划分为 3 种类型，即生产调度优化、生产资源优化和整线协同优化，如图 3-5 所示。

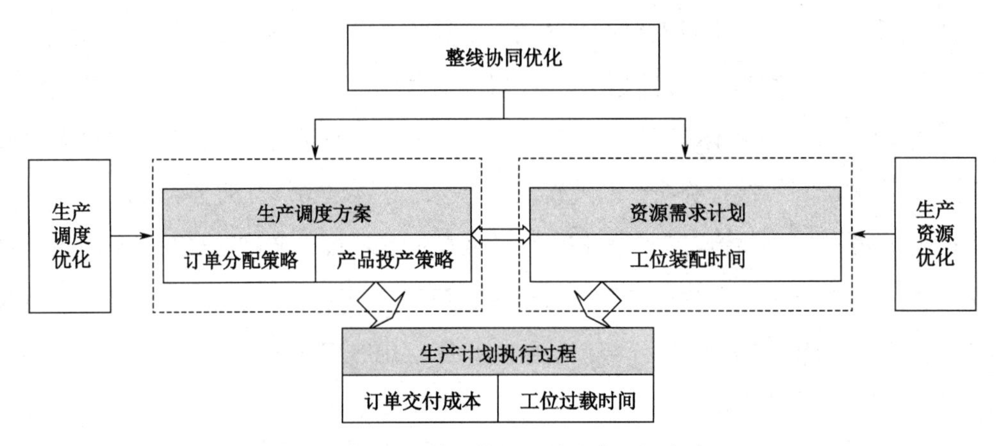

图 3-5　混流装配线的 3 种生产计划方式

（1）生产调度优化：根据客户订单变化情况，在工位资源配置保持不变的情况下，通过调整主生产计划环节的订单分配策略与产品投产计划环节的产品投产策略，优化产品的投产顺序，满足订单及时交付需求与装配线均衡生产目标。

（2）生产资源优化：采用的生产策略保持不变，主要在若干工位优化工位资源配置，使工位装配时间满足生产节拍需求，通过避免工位能力不足保证订单交付能力，通过减少过剩资源能力保证均衡生产过程。

（3）整线协同优化：同时对生产调度策略与工位资源配置进行全局调整，通过调整订单分配策略形成每日新的产能需求，根据产能需求调整工位资源配置、确定工位装配时间，基于工位装配时间调整产品投产策略，生成混线产品投产排序，以整线生产计划的协同优化方式实现订单及时交付与工位负荷均衡。

混流装配线生产计划智能优化体系以机械产品装配线为工程背景，在感知生产环境的客户订单信息、生产调度信息与资源能力信息的基础上，通过生产过程建模、生产性能分析与生产计划方式决策，从生产调度优化方式、生产资源优化方式和整线协同优化方式中选择合理的生产计划方式，并通过生产计划方式执行实现对生产环境的自适应目标。在以上过程中，以自适应生产计划方式解决了客户订单变化情况下混流装配线生产过程中的调整优化问题，实现了订单及时交付和工位负荷均衡等生产目标，混流装配线生产计划智能优化体系架构如图 3-6 所示。

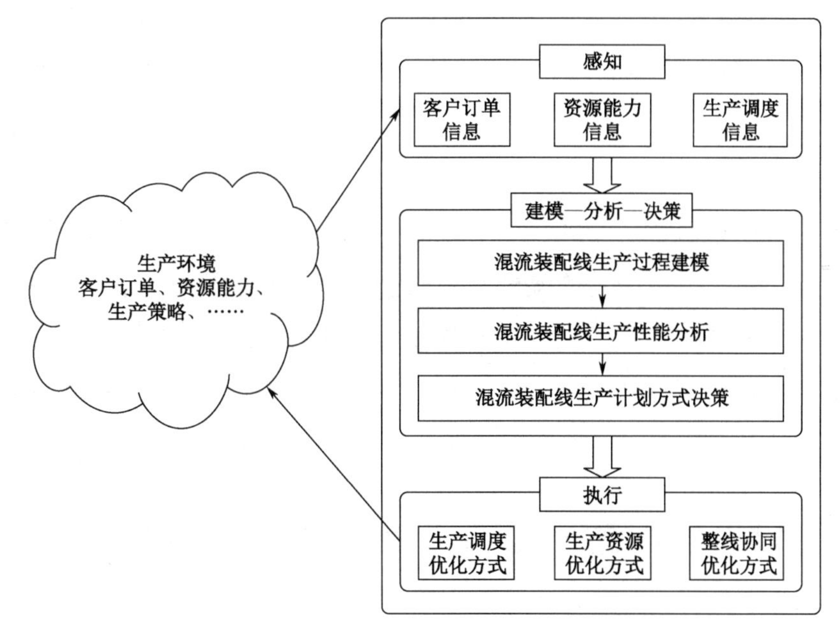

图 3-6　混流装配生产线生产计划智能优化体系架构

3.5 模型层：生产过程建模问题

在订单驱动的混流装配线生产计划过程中，在每个计划期开始之前确认客户企业下达的订单需求，按照一定调度策略将这些订单分配到各生产周期，以形成满足产能约束条件与订单按时交付目标的主生产计划。同时，在主生产计划的具体执行过程中需要根据工位资源能力，按照一定调度策略进行混线产品的投产排序，在每个生产周期内实现装配线的工位负荷平衡、物料消耗平顺化等均衡生产目标。因此，混流装配线生产过程建模方法需要构建包括客户订单、资源能力和生产调度等信息的生产过程模型，获取决定与评价当前生产状况的生产参数与生产性能。目前，混流装配线生产过程建模方法主要有排队论模型、网络流模型、数学规划分析模型和 Petri 网模型。

现有研究方法主要侧重于客户订单和资源能力等约束信息的描述，对生产调度信息只能描述一些简单规则，难以描述考虑多个目标、遵守大量约束条件和包含多个层次的混流装配线复杂生产调度策略。如何提出一种描述复杂生产调度策略的混流装配线生产过程建模方法，是必须解决的关键问题。

针对混流装配线复杂生产调度策略的描述需求，本书介绍基于基因调控网络的混流装配线生产过程建模方法，通过基因调控网络描述混流装配线生产过程中涉及的客户订单信息、资源能力信息和生产调度信息，从基因调控网络中获取客户订单参数、资源能力参数和生产调度参数等生产参数与订单交付成本、生产均衡性等生产性能。基于基因调控网络的混流装配线生产过程建模方法将在第 4 章进行详细介绍。

3.6 分析层：生产性能分析问题

通过混流装配线生产过程建模方法，可以获取由客户订单参数、生产调度参数、工位能力参数等生产参数决定的混流装配线生产过程，以及订单交付成本、生产均衡性等生产性能。由于生产计划的本质是通过生产参数优化方法提升混流装配线生产性能的，合理的生产计划方式应当包括对生产性能有显著影响的生产参数集合。因此，混流装配线生产性能分析方法需要对生产参数与生产性能之间影响关系进行定量分析。根据生产计划过程中生产参数的协同优化特点及生产性能的多目标特性，混流装配线生产性能分析方法需要在多个输入参数共同变化情况下量化多输入-多输出复杂数学模型中的影响关系。此外，由于混流装配线生产过程中生产参数与生产性能之间存在复杂非线性关系，无法以解析方程形式描述以上数学模型，增加了生产性能的分析难度。目前针对多输入-多输出复杂非线性数学模型的定量分析方法主要有回归分析方法、析因设计方法、帕累托图方法、决策树方法和敏感性分析方法。

混流装配线生产性能分析方法需要在多个生产参数共同变化情况下定量分析生产参数对生产性能的影响程度，现有多输入-多输出复杂数学模型的分析方法中，敏感性分析方法能较好满足以上需求。但是敏感性分析方法对复杂非线性影响关系的分析准确性较差，在混流装配线中可能导致错误的生产性能分析结果，并影响生产计划方式决策的合理性。因此需要改进敏感性分析方法，形成适用于多输入-多输出复杂非线性数学模型的生产性能分析方法，提供混流装配线生产性能的准确分析结果。

混流装配线生产计划通过多个生产参数的协同优化提升生产性能，因此可以利用全局敏感性分析方法计算混流装配线生产过程模型中生产参数对生产性能的影响系数，并根据混流装配线生产过程模型的复杂非线性特点，通过改进全局敏感性分析方法提高传统方法中生产性能分析结果的精确性，获取生产参数对生产性能的影响系数矩阵，为生产计划方式决策提供科学依据。在第 5 章中将详细介绍如何利用改进的全局敏感性分析方法，计算混流装配线生产参数对生产性能的影响分布情况。

3.7　决策层：生产计划方式决策问题

混流装配线生产计划方式决策方法需要以生产性能分析过程中获得的大量影响系数为决策依据，在利用历史数据训练决策模型的基础上，决策输出适合订单变化情况的合理生产计划方式。由于混流装配线生产计划需要避免过于频繁的调整频次，所以生产计划方式决策过程只能积累少量的历史数据样本，即决策问题是一个小样本问题。同时，不同生产计划方式适用的客户订单变化情况一般难以形成明显区分准则，生产计划方式决策问题还属于具有模糊分类边界的多分类问题。目前已有的相关决策方法主要包括多属性效用理论、层次分析法、模糊多属性决策方法、粗糙集理论和基于人工智能的决策方法。

在现有的决策方法中，多属性效用理论、层次分析法与模糊多属性决策方法基于生产计划方式的仿真实施与综合评价完成决策输出，由于它们的评价过程存在一定主观性，难以在具有模糊分类边界的生产计划方式之间获得客观合理的决策结果。粗糙集理论和人工智能的决策方法基于历史数据训练决策模型，构建生产性能分析结果与生产计划方式之间的映射关系，对复杂决策问题有较好的分类效果。其中，适用于小样本决策问题的人工智能的决策方法包括 SVM、支持向量数据描述（Support Vector Data Description，SVDD）等少量分类方法。但是这些方法在求解具有模糊分类边界的生产计划方式决策问题时存在分类不确定性与分类冲突性，降低了分类准确度。因此，需要进一步研究适合小样本和多分类问题特点的混流装配线生产计划方式决策方法。

混流装配线生产计划方式决策问题具有小样本、多分类和模糊分类边界等特点，因此可以结合支持向量数据描述（SVDD）与证据理论，构建生产计划方式决策方法，首先训练基于小样本历史数据的 SVDD，构建生产计划方式之间的分类边界，计算多分类结果的后验概率分布，然后基于证据理论合成后验概率分布，处理模糊分类边界导致的分类冲突性与分类不确定性，最后决策输出合理计划方式。基于 SVDD 与证据理论的混流装配线生产计划方式决策方法将在第 6 章进行详细介绍。

3.8 执行层：生产计划方式实现问题

混流装配线生产计划方式的自适应问题需要以生产调度方案与工位资源能力为优化对象，根据客户订单变化情况选择合适的排序方法、平衡方法或集成优化方法，以及最小化订单交付成本与工位过载时间。该问题具有以下特点。

（1）复杂性。混流装配线生产过程需要依赖于各类零部件的及时供应，经过多个工位的装配操作，完成多种产品的装配任务，同时混流装配线的平衡问题与排序问题从生产计划的每周调整需求出发，涉及了订单分配、资源配置和投产排序等多个层次的生产计划与执行过程。因此，生产计划方式需要全面考虑大量生产因素、构建复杂约束关系、计算多项性能指标，增加了生产计划方式自适应问题的复杂性。

（2）不确定性。3 种生产计划方式之间没有清晰的区分准则，针对客户订单的变化情况，利用混流装配线排序方法可提升订单交付能力，而利用混流装配线平衡方法可提升生产均衡性，难以准确客观地评价出备选方案的优劣情况，增加了自适应问题的不确定性。

（3）多目标性。由于采用订单驱动型生产方式，混流装配线实现订单及时交付目标。此外，混流装配线生产过程中需要实现工位负荷平衡目标，以减小装配工位的空闲时间和过载时间，以及实现物料消耗平准化目标，保证混流装配线生产过程保持一种均衡、连续的物流状态，从而提高装配操作人员和装配生产系统的效率。因此，在生产计划方式自适应问题中需要综合考虑多项生产性能目标。

当生产信息变动发生后，将变动后的生产状态输入生产计划方式决策模型，根据输出结果执行对应的生产计划优化方法。混流装配线的智能优化必须是一个可以快速响应客户需求的柔性装配方法体系，具备对外部环境变化的适应能力。因此，一般来讲，生产计划方式的实现过程包括问题特性分析、问题建模、算法求解 3 部分。

（1）由信息、物料流和资源组成的生产变动信息共同构成了不确定、多约束、复杂的作业环境，需要根据生产信息变动情况和企业的实际需求，明确问题的优化目标和具体的约束条件。

（2）需要通过运筹学等相关技术，对实际问题进行逻辑抽象与性能分析，建立问题的数学模型。具体来说，混流装配线生产系统建模应当满足以下条件。

① 建模方法简单方便。

② 模型应能反映系统的动态变化，且易于更新和维护。

③ 模型应具有对装配过程逻辑进行抽象表达和对混流装配线生产系统性能进行分析的能力。

（3）根据问题模型特点，设计相应的算法进行求解。通过系统重配置改变混流装配线生产系统内部结构，即通过快速调整各工位的装配能力、各模块的装配功能和装配工艺活动序列来响应市场需求变化。

针对自进化、自组织和自重构 3 种生产计划方式的实现过程，将在第 7～9 章进行详细介绍。

3.9 本章小结

本章在归纳混流装配线 3 种生产计划方式的基础上，提出了生产计划智能优化方法的层次化体系架构，介绍了各层次所面临的生产过程建模、生产性能分析、生产计划方式决策方法与生产计划方式实现等具体问题，以及相关内容在本书中的章节分布情况。

本章参考文献

[1] 杨钰琳．H 汽车公司总装混流装配线平衡问题研究[D]．厦门：厦门大学，2017.

[2] 王炳刚．混流加工装配系统运行优化[M]．西安：西北工业大学出版社，2017.

[3] 吴爱华．生产计划与控制[M]．北京：机械工业出版社，2013.

[4] Graudenzi A, Serra R, Villani M, et al. Dynamical properties of a Boolean model of gene regulatory network with memory [J]. Journal of Computational Biology, 2011, 18(10): 1291-1303.

[5] 杨朝阳．汽车混流生产车间装配线平衡和物流优化技术研究与应用[D]．武汉：华中科技大学，2017.

[6] Wang B, Guan Z, Li D, et al. Two-sided assembly line balancing with operator number and task constraints: a hybrid imperialist competitive algorithm[J]. International Journal of Advanced Manufacturing Technology, 2014, 74(5-8): 791-805.

[7] 田志鹏．面向汽车混流生产的冲压车间调度和装配线排序方法研究与应用[D]．武汉：华中科技大学，2016.

[8] 李彦超．基于 JIT 采购的混流装配线物料配送方式改进研究[D]．北京：清华大学，2013.

[9] Wu, FX. Delay-independent stability of genetic regulatory networks [J]. IEEE Transactions on Neural Networks, 2011, 22(11): 1685-1693.

[10] 陈桐. JIT 条件下混流汽车装配线零部件喂料作业调度优化[D]. 上海：上海交通大学, 2013.

[11] Baoxi W, Zailin G, Dashuang L, et al. Two-sided assembly line balancing with operator number and task constraints: a hybrid imperialist competitive algorithm[J]. International Journal of Advanced Manufacturing Technology, 2014, 74(5-8): 791-805.

[12] Alavidoost M H, Babazadeh H, Sayyari S T. An interactive fuzzy programming approach for bi-objective straight and U-shaped assembly line balancing problem[J]. Applied Soft Computing, 2016, (40): 221-235.

[13] 侯炜. 轿车后桥混流装配线规划设计及平衡研究[D]. 上海：上海交通大学，2012.

[14] Wang T, Fan R, Peng Y, et al. Optimization on mixed-flow assembly u-line balancing problem[J]. Cluster Computing, 2018: 1-9.

[15] Chai LE, Loh SK, Low ST, et al. A review on the computational approaches for gene regulatory network construction [J]. Computers in Biology and Medicine, 2014, (48): 55-65.

第4章

混流装配线生产过程多层次动态建模方法

根据订单驱动型生产方式和每周生产计划需求，混流装配线生产过程建模方法需要对生产计划中的客户订单信息、资源能力信息和生产调度信息进行描述，获取客户订单参数、资源能力参数和生产调度参数等生产参数，计算订单交付成本、工位过载时间等生产性能，为生产性能分析方法与生产计划方式决策方法提供基础。本章首先分析混流装配线生产过程建模需求、混流装配线生产过程建模方法的现状；然后介绍基因调控网络对生产过程的描述及基于基因调控网络的生产过程建模方法；最后利用柴油发动机装配线实例，验证基于基因调控网络的生产过程建模方法的有效性。

4.1 混流装配线生产过程建模需求

在采用订单驱动型生产方式的混流装配线中，生产计划框架主要包括 5 类相互关联的优化问题。

（1）中长期计划内装配线的设计与平衡问题。

（2）短期计划内订单在多个连续周期间的分配问题。

（3）根据订单交付的产能需求，基于给定工位数量的装配线平衡问题。

（4）在各周期内根据具体生产计划，产品按生产节拍投产的排序问题。

（5）实际生产过程中干扰发生后的产品投产重排序问题。

根据每个周期的生产计划需求，客户订单从下达到交付属于短计划期范畴，并且3种生产计划自适应方式在实际生产开始之前进行生产计划优化，不考虑动态干扰下的投产重排序问题。因此，混流装配线生产过程首先根据客户订单信息，基于订单分配策略生成针对问题（2）的生产调度方案，即主生产计划；其次根据计划期内产能需求解决问题（3），确定每个工位的资源能力配置，即工位装配时间；再次根据订单分配结果及工位装配时间，基于产品投产策略生成针对问题（4）的生产调度方案，即产品投产排序；最后根据生产调度方案与工位资源能力完成产品装配与订单交付。在各周期内根据工位装配时间解决问题（3）中的上线排序问题，即产品投产排序。因此，混流装配线生产过程主要包括每周下达的客户订单信息、各工位的资源能力信息、面向主生产计划和产品投产排序的生产调度信息，即 $I=I_1\cup I_2\cup I_3$={客户订单信息}∪{资源能力信息}∪{生产调度信息}。

在订单驱动的混流装配线生产过程中，客户订单由下游企业根据自身生产计划下达。一般来说，下游企业会根据技术规格在诸多的产品型号中选择匹配型号（如6A2、6MG等），并根据生产需求指定相应型号的需求数量。尽管下游企业在订单中会对产品的某些技术指标做出特定要求，从而形成了产品的多种派生型号（如6A2-K、6A2-N、6A2-P等），但上游企业在编制实际生产计划时会忽略派生型号之间的微小差异，按照已有型号（6A2）进行排产。此外，下游企业根据自身生产进度对客户订单的交付时间提出需求。以某整车企业为例，汽车的投产周期为25天左右，其中发动机装配后8天左右整车下线，因此下游汽车企业对上游发动机企业提出的订单交付提前期大约为17天，同时考虑到发动机企业到汽车企业的运输时间一般超过10天，发动机订单的生产提前期大约为7天，即客户订单通常提前一周左右下达到发动机装配线。综上所述，混流装配线生产过程中的客户订单信息主要包括产品型号、需求数量与交付时间，即 $I_1=\{[a_n, q_n, d_n] \mid n=1,2,\cdots,N\}$，其中 n 表示客户订单编号，a_n 表示订单 n 的产品类型编号，q_n 表示订单 n 需求的产品数量，d_n 表示订单 n 在下一个计划期内的交付日期。

混流装配线一般由手工操作工位组成，由工人在各工位借助一些辅助设备完成各项装配任务。因此，工人与设备是装配线上的主要能力资源，其能力大小决定了各工位中完成装配任务的速度，并具体体现为不同类型产品在各工位的装配时间，即 $I_2=\{p_{mk} \mid m=1,2,\cdots,M;$

k=1,2,⋯,K}，其中 m 表示产品类型编号，k 表示装配线上的工位编号。

根据每周生产计划需求，混流装配线生产调度问题主要包括主生产计划与产品投产排序两项工作，由于两者之间相互紧密关联，一般需要对它们集成优化，生成综合调度方案。目前，生产调度信息主要以二进制生产调度变量进行描述，体现为订单是否分配到计划期内某个周期及周期内某个节拍是否上线某种型号的产品，即 $I_3=\{y_{nj} | n=1,2,\cdots,N; j=1,2,\cdots,J\} \cup \{x_{jmi} | j=1,2,\cdots,J; m=1,2,\cdots,M; i=1,2,\cdots,I_j\}$，其中 n 表示客户订单编号，j 表示下周的工作日编号，m 表示产品类型编号，i 表示第 j 个工作日内的生产循环编号。在生产调度方案中，$y_{nj}=1$ 表示订单 n 分配到第 j 个工作日，否则不分配，$x_{jmi}=1$ 表示第 j 个工作日的第 i 个生产循环投产类型编号为 m 的装配线产品，否则不投产。以上形式是目前生产过程建模方法描述生产调度信息的主要手段，但是利用二进制变量难以对混流装配线生产过程进行定量分析与准确决策，即该形式的生产调度信息无法满足混流装配线生产性能分析与生产计划方式决策需求。因此混流装配线生产过程需要描述包含生产调度策略的生产调度信息，即 $I_3=\{h_aR_a | a=1,2,\cdots,A_1\} \cup \{\varepsilon_a R_{A1+a} | a=1,2,\cdots,A_2\}$，其中$\{R_a | a=1,2,\cdots,A_1\}$表示订单分配策略集合，$\{h_a | a=1,2,\cdots,A_1\}$表示决定具体订单分配策略的生产调度参数集合，$\{R_{A1+a} | a=1,2,\cdots,A_2\}$表示产品投产策略集合，$\{\varepsilon_a | a=1,2,\cdots,A_2\}$表示决定具体产品投产策略的生产调度参数集合。

综上所述，混流装配线生产过程建模方法需要描述 $I=I_1 \cup I_2 \cup I_3$={客户订单信息}∪{资源能力信息}∪{生产调度信息}等参数。

4.2 混流装配线生产过程建模方法的现状

在订单驱动的混流装配线生产计划过程中，在每个计划期开始之前确认客户企业下达的订单需求，按照一定调度策略将这些订单分配到各生产周期，以形成满足产能约束条件与订单按时交付目标的主生产计划。同时，在主生产计划的具体执行过程中需要根据工位资源能力，按照一定调度策略进行混线产品的投产排序，在每个生产周期内实现装配线的工位负荷平衡、物料消耗平顺化等均衡生产目标。因此，混流装配线生产过程建模方法需要构建包括客户订单、资源能力和生产调度等信息的生产过程模型，获取决定与评价当前生产状况的生产参数与生产性能。目前，混流装配线生产过程建模方法主要有排队论模型、网络流模型、数学规划分析模型和 Petri 网模型。

1．排队论模型

排队系统又称为服务系统，服务系统由服务机构和服务对象（顾客）构成。服务对象到来的时刻和对他服务的时间（占用服务系统的时间）都是随机的。最简单的排队论模型包括输入过程、排队规则和服务机构 3 个组成部分。

图 4-1 所示为排队论模型示意图。

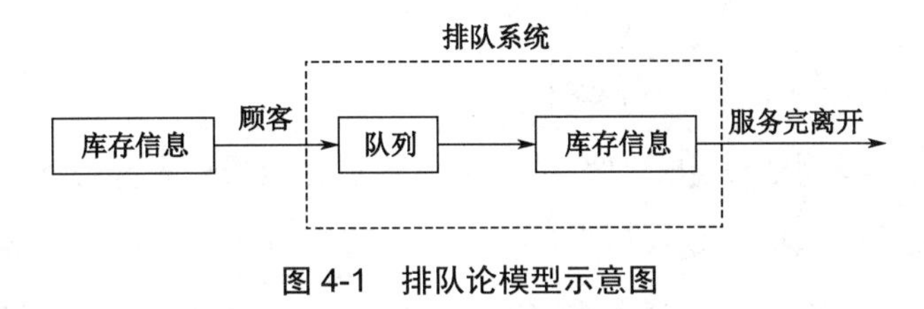

图 4-1　排队论模型示意图

1）输入过程

输入过程考察的是顾客到达服务系统的规律。它可以用一定时间内顾客到达数或前后两个顾客相继到达的间隔时间来描述，一般分为确定型和随机型两种。例如，在生产线上加工的零件按规定的间隔时间依次到达加工地点，定期运行的班车、班机等都属于确定型输入。随机型的输入是指在时间 t 内顾客到达数 $n(t)$服从一定的随机分布。若服从泊松分布，则在时间 t 内到达 n 个顾客的概率为

$$P_n(t)=\frac{\mathrm{e}^{-\lambda t}(\lambda t)^n}{n!}(n=0,1,2,\cdots,N) \tag{4-1}$$

或相继到达的顾客的间隔时间 T 服从负指数分布，即

$$P(T\leqslant t)=1-\mathrm{e}^{-\lambda t} \tag{4-2}$$

式中，λ 为单位时间顾客期望到达数，称为平均到达率；$1/\lambda$ 为平均间隔时间。在排队论中，讨论的输入过程主要是随机型的。

2）排队规则

排队规则分为等待制、损失制和混合制 3 种。当顾客到达时，所有服务机构都被占用，则顾客排队等候，即为等待制。在等待制中，为顾客进行服务的次序可以是先到先服务或后到先服务，或者是随机服务和有优先权服务（如医院接待急救病人）。若顾客来到后看到服务机构没有空闲立即离去，则为损失制。有些系统因留给顾客排队等待的空间有限，因

此超过所能容纳人数的顾客必须离开系统，这种排队规则就是混合制。

3）服务机构

服务机构可以是一个或多个服务台。多个服务台可以是平行排列的，也可以是串联排列的。服务时间一般也分为确定型和随机型两种。例如，自动冲洗汽车的装置对每辆汽车冲洗（服务）时间是相同的，因而是确定型的。而随机型服务时间 v 服从一定的随机分布。若服从负指数分布，则其分布函数为

$$P(v \leqslant t) = 1 - \mathrm{e}^{-\mu t} \quad (t \geqslant 0) \tag{4-3}$$

式中，μ 为平均服务率；$1/\mu$ 为平均服务时间。

如果按照排队论模型 3 个组成部分的特征的各种可能情形来分类，那么该模型可分成无穷多种类型。因此只能按主要特征进行分类。一般是以相继顾客到达系统的间隔时间分布、服务时间的分布和服务台数目为分类标志。现代常用的分类方法是英国数学家 D.G.肯德尔提出的，即用肯德尔记号 X/Y/Z 进行分类。X 处填写相继到达间隔时间的分布；Y 处填写服务时间分布；Z 处填写并列的服务台数目。各种分布符号有：M 为负指数分布；D 为确定型；E^k 为 k 阶埃尔朗分布；GI 为一般相互独立分布；G 为一般随机分布等。这里 k 阶埃尔朗分布是指 $\{x_i\}(i=1,2,\cdots,k)$ 为相互独立且服从相同指数分布的随机变量时，$\sum_{i=1}^{k} x_i$ 服从自由度为 $2k$ 的 χ^2 分布。例如，M/M/1 表示顾客相继到达的间隔时间为负指数分布、服务时间为负指数分布和单个服务台的模型，D/M/C 表示顾客按确定的间隔时间到达、服务时间为负指数分布和 C 个服务台的模型。至于其他一些特征（如顾客为无限源或有限源等），可在基本分类的基础上另加说明。

排队论模型将产品投产简化为客户接受服务、将装配线简化为单机台服务，在客户订单随机到达情况下建立混流装配线生产过程。但是排队论模型没有考虑混流装配线多个工位之间的复杂约束关系，不能对产品在装配线内的操作过程进行描述。

2．网络流模型

在图论中，网络流是指在一个每条边都有容量（Capacity）的有向图分配流，使一条边的流量不会超过它的容量。通常在运筹学中，有向图称为网络。顶点称为节点（Node）而边称为弧（Arc）。一道流必须匹配一个节点的进出流量相同的限制，除非这是一个源点

（Source）——有较多向外的流，或者是一个汇点（Sink）——有较多向内的流。一个网络可以用来模拟道路系统的交通量、管中的液体、电路中的电流或类似的东西在一个节点的网络中游动的任何事物。

网络流模型示意图如图 4-2 所示。

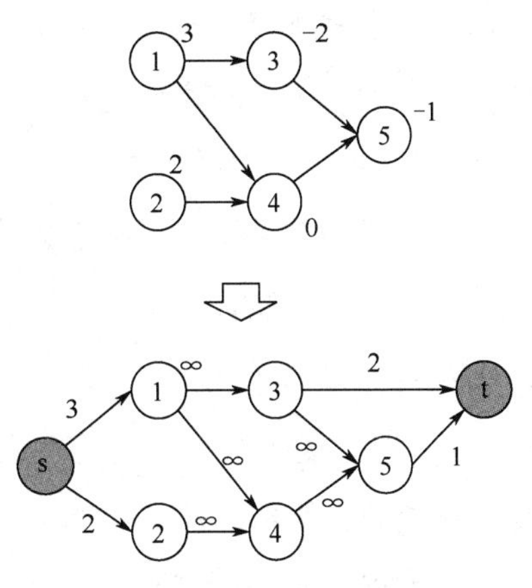

图 4-2　网络流模型示意图

其应用可以理解为将一连串的水管绘画成一个网络。每条水管有一特定的阔度，因此只可以保持一特定的水流量。当任何水管汇合时，流入汇流点的总水量必须等于流出的水量，否则会很快地缺水或囤积水。有一个作为源点的入水口，以及一个作为汇点的出水口。一道流便是一条由源点到汇点而使从出水口流出的总水量一致的可能路径。直观地说，一个网络的总流量是水从出口流出的速率。

流可以类比在交通网络上的人或物质，或者电力分配系统上的电力。对于任何这样的实物网络，进入任何中途节点的流需要等于离开那个节点的流。Bollobás 以基尔霍夫电流定律描绘这限制的特性，Chartrand 提及它在某些守恒方程的普遍化。

在生态学中，也可以找到流网络的应用：当考虑在食物网中不同组织之间养料及能量的流，流网络便自然地产生。与这些网络有联系的数学问题和那些液体流或交通流网络中所产生的难题有很大分别。由相关研究人员发展的生态系统网络分析，领域包含使用信息论及热力学的概念去研究这些网络随时间的演变。

利用网络流去找出最大流是最简单、最普通的问题，它提供了在一指定的图中由源点到汇点的最大可能总流量。还有很多其他问题可以利用最大流算法去解决，假设它们可以适当地塑造成流网络的模样，如二部图匹配（Bipartite Matching）、任务分配问题（Assignment Problem）和运输问题（Transportation Problem）。

在多物网络流问题（Multi-commodity Flow Problem）中，可以有多个源点和汇点，以及各种各样的由指定源点发送到指定汇点的“物品（Commodities）”。例如，这可能是不同工厂生产的各种各样的货物经由“同一”运输网络运送到不同的消费者手上。

根据现有相关研究文献，网络流模型通过有向图描述产品在装配线上的移动，将装配时间简化为确定值，以实现对混流装配线生产过程的描述。但是有向图模型没有对混流装配线生产调度策略的描述能力。

3．数学规划分析模型

数学规划法是指利用数学公式对装配线系统进行建模，然后利用求解结果对装配生产线进行优化，主要有线性规划法、动态规划法等。相关研究人员首次提出用 0-1 线性规划法解决装配线平衡问题，但是在解决过程中出现了大量的运算，耗时耗力，还不符合实例的具体情况；之后有学者建立了求解混流装配线平衡的整数规划模型，它是对单一品种装配线平衡问题求解方法的修改，但是变量个数和约束条件会随着问题规模的增大而增加，因此只有理论意义；也有学者采用最短路径法解决混流装配线平衡问题，但其局限性在于不能解决大规模的混流装配线问题。另外，相关人员建立了求解装配线问题的 0-1 整数规划模型，优化目标是工作站数和资源最小化。

在装配线平衡问题的建模上，数学模型法应用广泛，一般能够得到精确解。但这种方法受限于问题的规模，总是忽略一些很重要的影响因素，更加无法兼顾装配线中其他的影响因素，不能很好地描述装配线的实际生产情况。因此，非数学精确算法只能在简单的模型平衡问题中得到应用。

根据现有相关研究文献，数学规划分析模型将客户订单中的产品需求量与资源能力参数决定的装配时间简化为模型约束，根据调度方案中离散的生产调度变量获得主生产计划与投产排序，描述混流装配线生产过程。由于数学规划分析模型直接利用离散变量表示了生产调度方案，因此该方法难以获得生产调度的相关参数。

4．Petri 网模型

Petri 网是一种数学化的建模方法，而经典的 Petri 网是简单的过程模型，由两种节点（库所和变迁）、有向弧及令牌等元素组成。

图 4-3 所示为经典 Petri 网模型。

根据 Petri 网中标识的不断变化可以知道实际系统是如何运行的，这样可以更好地了解系统，以便后面对其做出分析。相关研究人员主要研究柔性装配系统，通过使用着色 Petri 网构建模型来控制过程、人员设备合理利用、防止出现死锁现象；有学者在 Petri 网的基础上加入了另一种方法——人工智能，并通过知识 Petri 网的应用，准确、合理地描述了整个系统的行为；有研究人员提到了大规模定制系统，通过使用着色Petri网来描述这个系统的动态行为和重组行为，但是没有进一步分析系统的性能；也有学者在简单Petri网的基础上加入了时间因素，这样可以更好地描述系统，减少系统的冗余度，方便进一步的调度研究；相关研究人员研究了混流装配线生产系统中存在的一些特殊情况，如加工时间的不确定、设备机器在工作过程中突然出现问题等，这些情况要用随机Petri网来进行研究。

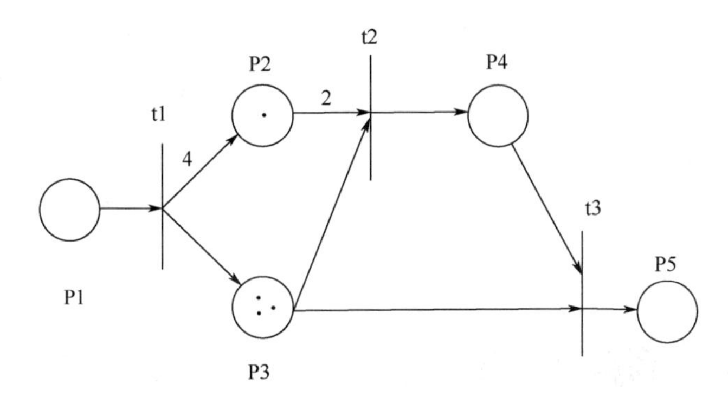

图4-3 经典Petri网模型

Petri网的主要研究内容就是实际模型的框架组织和它们是怎么运行的，并且分析了所建模型的各种动态行为特征，如常见的有活性、可达性、有界性等。Petri网作为一种离散系统的建模分析技术，具有如下优点。

（1）Petri网在不涉及系统形成所依赖的物理和化学结构的情况下，从控制和管理的角度模拟实际系统。

（2）Petri网是一种图形化和数学化工具，为离散事件系统的建模、分析和设计提供统一的环境，并且可形象直观地描述系统的各种行为关系，如顺序、异步、并发、共享与冲突等。

（3）Petri网模型可以在不同领域得到不同解释，并且对专业人士和非专业人士可以提供不同角度的理解方式。

（4）Petri网分析方法通过可达图、关联矩阵与状态方程、死锁等技术，既可以分析静态的结构，也可以分析动态的行为。

混流装配线是一类特殊的生产系统，具有一定的复杂性，表现在随机性、资源共享等方面，Petri 网以其严格准确的数学描述和直观的图形分析，对这类特殊系统建模可以达到较为理想的效果。根据现有相关研究文献，Petri 网模型将工位简化为库所、产品简化为令牌、装配线生产过程描述为令牌在库所中的移动、生产调度描述为控制库所对令牌的分配，建立混流装配线生产过程的 Petri 网模型。但是在 Petri 网模型中，控制库所只对简单规则具有逻辑描述能力，从而不能获得与混流装配线多层次调度问题相关的生产调度参数。

总之，目前围绕混流装配线生产过程建模方法有许多文献。但是现有建模方法着重于资源能力参数的描述，对生产调度信息只能描述一些简单规则。混流装配线在基于客户订单组织生产时，涉及面向多目标、多约束、多层次的复杂生产调度策略，对生产过程建模方法提出了更高的要求。因此，需要进一步研究描述客户订单、资源能力和生产调度等信息的混流装配线生产过程建模方法。

4.3 基因调控网络对生产过程的描述

4.3.1 基因调控网络

人类基因组计划旨在测定人类基因组的全部 DNA 序列，随着其顺利完成，生命科学进入了后基因组时代。在后基因组时代，人们不仅满足于单个基因的研究，更着重于整个基因组的功能和动态变化的研究，即从整体上认识生物体，从而诞生了系统生物学。生物系统是一个复杂系统，系统中的多个参与者之间相互影响、相互制约。复杂网络是具有自相似、自组织、小世界、吸引子、无尺度中部分或全部性质的网络，作为描述复杂系统的有力工具之一，网络方法通过将生物系统中的作用要素表示为网络中的节点，相互之间的作用表示为连接线，将这样形成的网络称为生物网络。

基因调控网络（Genetic Regulatory Network，GRN）是生物网络中的一个重要组成部分，是由 DNA、mRNA、蛋白质及一些小分子之间相互作用构成的复杂网络。随着生物信息技术的迅猛发展，海量基因组数据不断涌现，人类在后基因组时代更深入地理解生物系统成为了可能，GRN 的重构研究可以帮助人类从本质上理解细胞活动，解释生命活动规律，这已成为后基因组时代的研究热点之一。而基因调控网络重构的目的是识别转录水平上的转录及目标基因之间的调控关系，构建基因调控网络可以理解细胞系统内复杂的调控机制 W。传统上，从实验数据重构基因调控网络，需要在不同的实验条件下建立机理模型来模拟系统行为，但是这种方法对于网络建模花费时间较长、代价昂贵，大多数情况下很难使用。

图 4-4 所示为基因调控网络示意图。

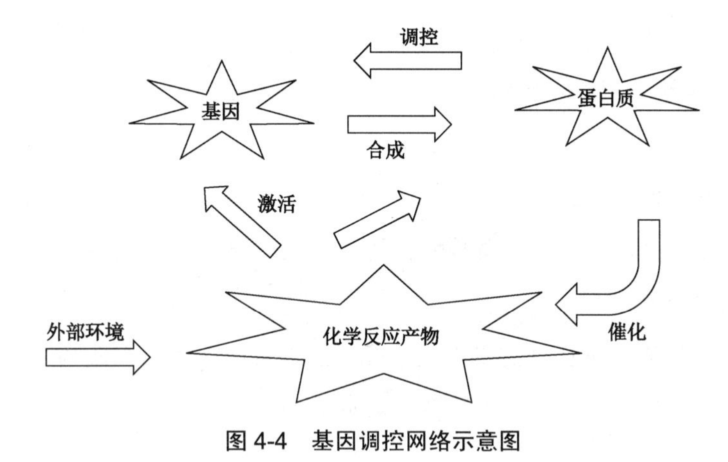

图 4-4 基因调控网络示意图

基因调控网络数学模型有多种，主要包括线性组合模型、布尔网络模型、贝叶斯网络模型、加权矩阵模型、互信息关联网络模型、神经网络模型、微分方程模型、随机组分模型等。下面介绍布尔网络模型、贝叶斯网络模型和微分方程模型。

1. 布尔网络模型

布尔网络模型是基因调控网络的一种最简单的模型。在布尔网络中，每个基因所处的状态或者是“开”，或者是“关”。状态“开”表示一个基因转录表达，形成基因产物；状态“关”则表示一个基因未转录。布尔网络模型简单，便于计算，但由于它是一种离散的数学模型，不能很好地反映细胞中基因表达的实际情况，如布尔网络不能反映各个基因表达的数值差异，不考虑各种基因作用大小的区别等。在连续网络模型中，各个基因的表达数值是连续的，并且以具体的数值表示一个基因对其他基因的影响。

2. 贝叶斯网络模型

近几年，贝叶斯网络开始应用于基因调控网络的研究。在贝叶斯网络中，基因调控系统的结构被表示为一个有向无环图 $G=<V, E>$，顶点 $i \in V$，$1 \leqslant i \leqslant n$ 表示基因或其他的因素。顶点 i 代表一个基因，E_i 表示基因 x_i 的表达水平，对于每一个 x_i 有一个条件分布

$p(x_i \mid \text{parents}(x_i))$，这里 $\text{parents}(x_i)$ 表示 G 中 x_i 的直接前驱集（直接调控者）。有向无环图 G 和条件分布 $p(x_i \mid \text{parents}(x_i))$ 共同定义了贝叶斯网络，并且能唯一地确定一个联合概率分布 $P(x)$。

贝叶斯网络模型考虑了随机元和隐变量，能够很好地处理隐变量，但是其不足之处也很明显，主要包括以下几点。

（1）贝叶斯网络是一个有向无环图，这与生物体不完全相符，一般生物体的基因调控网络是一个有向有环图。

（2）网络计算量大，寻找最优网络的计算复杂度相当高，并且很耗时。

（3）生物数据大多数是小样本数据集，而贝叶斯网络在小样本情况下的效果很差。

3. 微分方程模型

微分方程模型作为一种典型的确定性建模方法，对应参数具有较为明确的生物意义，在特定条件下具有解析解或半解析解。其一般形式为

$$\frac{\mathrm{d}x_i(t)}{\mathrm{d}t} = -\lambda_i x_i(t) + \sum_{i=1}^{N} w_{ij} x_j(t) + b_i(t) + \xi_i(t) \tag{4-4}$$

式中，$x_i(t)$为第 i 个基因在 t 时刻蛋白质的表达水平；λ_i 为蛋白质的自降解速率；$b_i(t)$为外部刺激；$\xi_i(t)$为噪声；w_{ij} 为基因 j 的表达水平对基因 i 的影响；N 为系统中的基因总数。

进一步可以利用微分方程系统的 S-system 模型并用遗传算法优化系统参数，得到一种非线性常微分方程系统，即

$$\frac{\mathrm{d}x_i(t)}{\mathrm{d}t} = \alpha_i \prod_{j=1}^{N} x_j^{g_{ij}} + \beta_i \prod_{j=1}^{N} x_j^{h_{ij}} \tag{4-5}$$

式（4-5）中等号右边的前一项表示所有使 x_i 增加的因素，后一项表示使 x_i 减少的因素。微分方程系统作为基因调控网络模型的特点是强大灵活，利于描述基因网络中的复杂关系，特别适用于有周期性表达的基因。

由于基因调控网络的复杂性，基因调控网络的研究还存在着很多的困难和问题，主要包括以下几点。

（1）生物系统的复杂性。不同于普通的回路控制系统，生物系统涉及大量的生化反应，互相之间存在强度不同的联系，精确的模型很难构建，而且参数多、寻优难度大，模型预测生物系统的演变轨迹极为困难。

（2）数据的可获取性。生物实验不同于传统的辨识实验，数据的有效采集非常困难。目前较为常用的是采用微阵列数据来反映多个基因的表达活动。但是数据量较少及数据的随机性给建模和参数估计工作带来很大难度。

（3）算法有效性难以验证。基因之间真实的调控关系知道的较少，算法的有效性很难得到验证。

（4）表达数据粗糙。基因表达数据由于噪声大、波动大、缺失值多等问题，给后续的算法分析带来了一定的困难。

综上所述，基因调控网络是一个抽象的概念，主要是用于描述细胞内基因和基因之间复杂相互作用关系的一种建模手段，体现的是生物体内控制基因表达的一种机制。学者们利用基因调控网络（GRN）对分子水平生命系统中DNA、mRNA、蛋白质等物质之间普遍存在的复杂调控关系进行描述，以探究不同细胞的形成过程，并在过去几年间展开了大量研究。目前已有的GRN描述方法主要包括有向图、贝叶斯网络、布尔网络、偏微分方程、定性微分方程、随机方程和基于规则等。典型的GRN主要由四部分构成，即基因、基因调控关系、基因表达过程和最终表达形态，如图4-5所示。

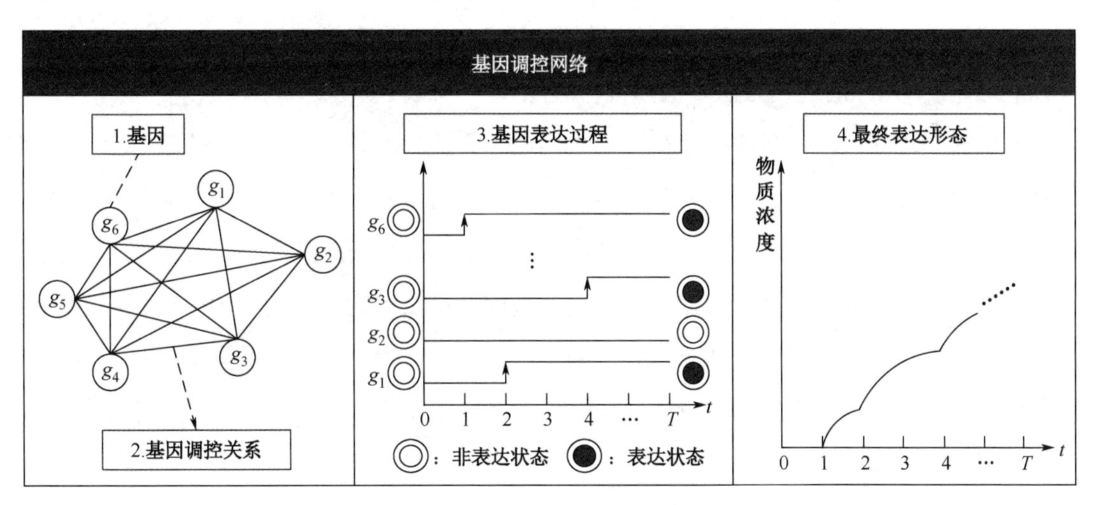

图4-5 GRN的基本组成

（1）基因。在GRN中，基因存在两种状态，即表达状态与非表达状态，常以二进制变量表示。表达状态的基因通过转录和复制操作不断产生mRNA、蛋白质等多种物质，对细胞形态产生影响。

（2）基因调控关系。表达状态基因所产生的物质，会对其他基因的表达状态产生抑制作用，从而体现了基因与基因之间的复杂作用关系。在诸多 GRN 描述方法中，微分方程由于能够定量描述以上映射关系，所以获得了较为广泛的应用。

（3）基因表达过程。在 GRN 中，基因的初始状态都为未表达状态，根据基因调控关系，一部分基因顺次进入表达状态，而其他基因由于受到抑制作用最终保持在非表达状态。基因表达过程对基因状态的变换过程进行描述。

（4）最终表达形态。GRN 中的基因在进入表达状态后开始持续产生特定物质，在基因表达过程结束后物质浓度趋势稳定，并决定 GRN 的最终表达形态。

4.3.2 基因调控网络的描述体系

现有生产过程建模方法缺乏对混流装配线生产过程中复杂生产调度策略的描述能力，而现有研究方法则主要侧重于客户订单和资源能力等约束信息的描述，仅使用简单规则进行生产调度信息的描述，难以描述考虑多个目标、遵守大量约束条件和包含多个层次的混流装配线复杂生产调度策略。面对描述复杂生产调度策略的混流装配线生产过程建模方法，可以利用基于 GRN 的建模方法，构建混流装配线生产过程模型。

在混流装配线生产过程中，主生产计划问题和产品投产排序问题中的生产调度变量也往往用二进制变量表示。由于客户订单需求和资源能力限制导致的生产约束条件，以及订单分配策略和产品投产排序策略等生产调度策略，生产调度变量之间存在相互制约的关系。根据生产约束条件与生产调度策略，部分生产调度变量赋值为 1，而其他生产调度变量赋值为 0，决定混流装配线生产执行过程。随着生产执行过程，所导致的订单交付成本与工位过载时间，决定了混流装配线最终生产性能。GRN 基本组成与混流装配线生产过程映射关系如图 4-6 所示。

（1）基因→生产调度变量。利用基因的表达、非表达两种状态表示混流装配线中二进制表示的生产调度变量。

（2）基因调控关系→约束条件、调度策略。利用基因之间的复杂作用关系描述生产调度变量之间的制约关系，即混流装配线生产调度方案需要遵守的约束条件与调度策略。

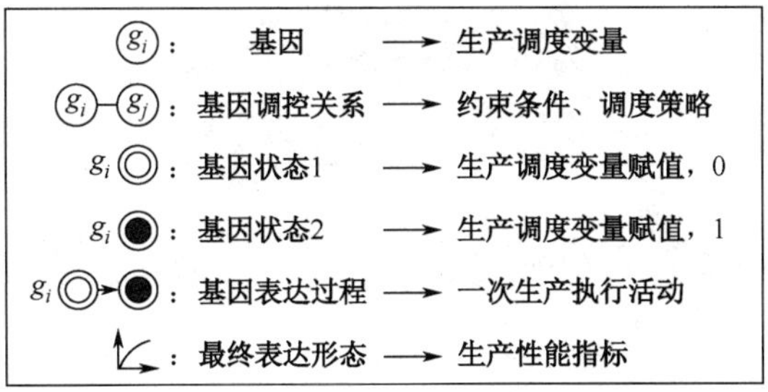

g_i：基因 → 生产调度变量
g_i—g_j：基因调控关系 → 约束条件、调度策略
g_i ◎：基因状态1 → 生产调度变量赋值，0
g_i ●：基因状态2 → 生产调度变量赋值，1
g_i ◎→●：基因表达过程 → 一次生产执行活动
最终表达形态 → 生产性能指标

图 4-6　GRN 基本组成与混流装配线生产过程映射关系

（3）基因表达过程→一次生产执行活动。利用基因表达过程中的基因状态变化表示生产调度过程中的生产调度变量赋值，获得混流装配线的生产执行过程。

（4）最终表达形态→生产性能指标。利用基因进入表达状态带来的物质浓度变化描述生产调度变量赋值带来的订单交付成本上升或工位过载时间增加，即以最终表达形态表征混流装配线生产性能。

4.4　基于基因调控网络的生产过程建模方法

在利用 GRN 描述混流装配线生产调度变量及其相关约束条件、调度策略的过程中，由于面向周生产计划需求的生产过程包括主生产计划与投产排序两个调度问题，因此需要构建如图 4-7 所示的两层 GRN 模型下的混流装配线生产过程。在 GRN 模型中，第 1 层 GRN（GRN-I）根据订单分配变量$\{y_{nj} \mid n=1,2,\cdots,N; j=1,2,\cdots,J\}$生成基因调控关系 I，利用基因调控关系 I 描述客户订单约束、装配线产能约束及订单分配策略，以基因表达过程 I 描述订单分配过程，基于最终表达形态 I 计算订单交付成本；第 2 层 GRN（GRN-II）根据产品投产变量$\{x_{jmi} \mid j=1,2,\cdots,J; m=1,2,\cdots,M; i=1,2,\cdots,I_j\}$生成基因调控关系 II，利用基因调控关系 II 描述资源能力约束、订单交付约束及产品投产策略，以基因表达过程 II 描述产品投产过程，基于最终表达形态 II 计算工位过载时间。基于以上过程，构建的基于 GRN 的混流装配线生产过程模型如图 4-8 所示。在下面各节中对建模流程进行详细介绍。

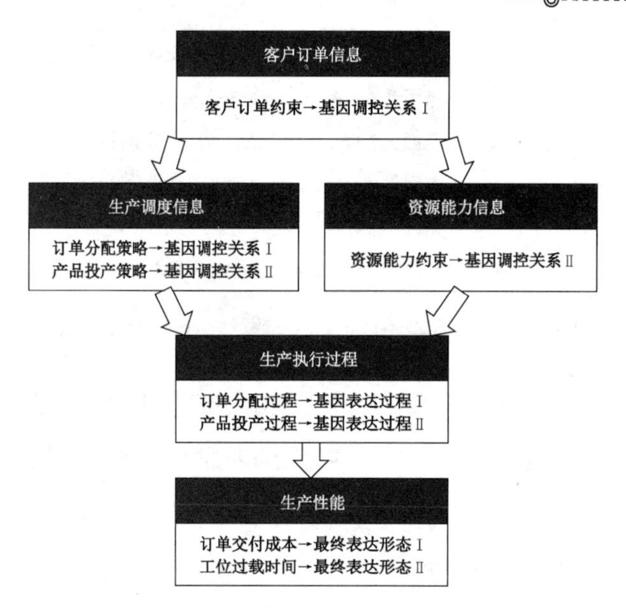

图 4-7　两层 GRN 模型下的混流装配线生产过程

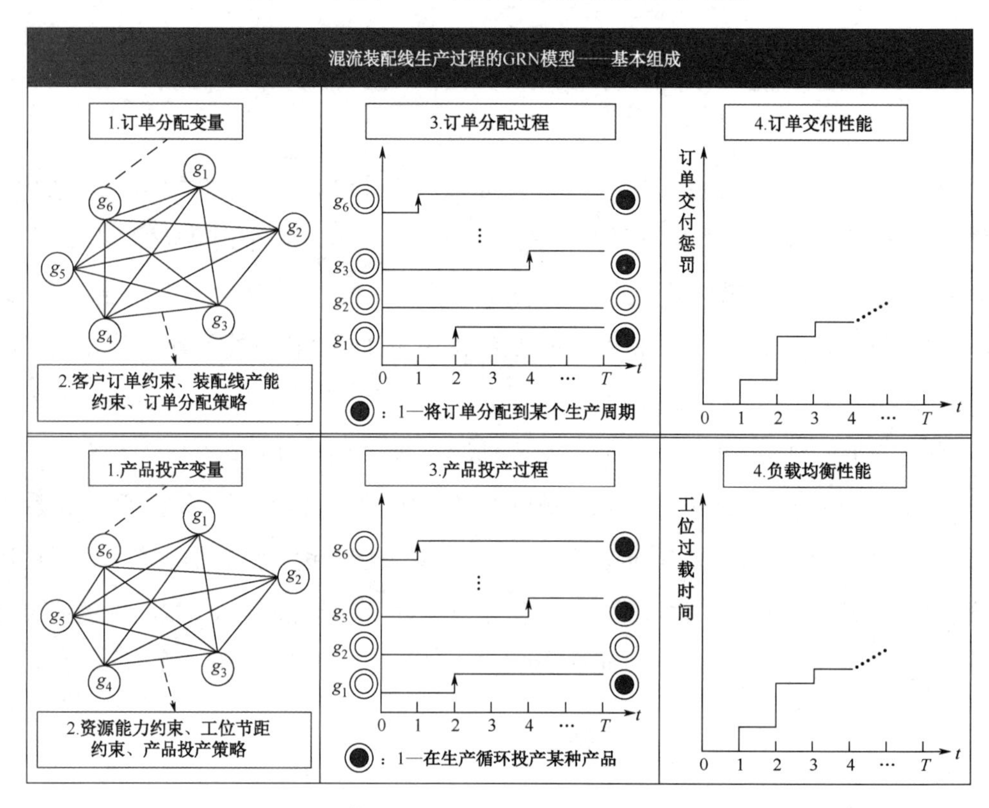

图 4-8　基于 GRN 的混流装配线生产过程模型

4.4.1 描述生产计划的基因调控网络拓扑结构

为构建混流装配线生产过程的 GRN 模型，定义如表 4-1 所示的模型符号集合。

表 4-1 模型符号集合

符号		定义
集合	$\{1,\cdots,n,\cdots,N\}$	订单集合
	$\{1,\cdots,j,\cdots,J\}$	周期集合
	$\{1,\cdots,k,\cdots,K\}$	工位集合
	$\{1,\cdots,m,\cdots,M\}$	产品类型集合
	$\{1,\cdots,i,\cdots,I_j\}$	周期 j 的待上线产品集合
参数	l_k	以时间单位衡量的工位 k 节距
	c	生产节拍
	B	装配线在每个周期的最大生产量
	d_n	订单 n 需要的交付时间
	a_{nm}	若 $a_{nm}=1$，则表示订单 n 对类型编号为 m 的产品提出需求量；否则，没有提出，满足 $\sum_{m=1}^{M} a_{nm}=1, \forall n \in \{1,2,\cdots,N\}$
	q_n	订单 n 的产品需求量
	b_{jm}	周期 j 内需要完成的类型编号为 m 的产品生产量
	r_1	订单提前完成的成本系数
	r_2	订单拖期完成的成本系数
	p_{mk}	类型编号为 m 的产品在工位 k 的装配时间，满足 $p_{mk} < l_k$，$\forall k \in \{1,2,\cdots,K\}$
	E_0	订单交付成本的归一化系数
	W_0	工位过载时间的归一化系数
变量	e_n	订单 n 的交付成本
	s_{jki}	周期 j 第 i 个上线产品进入工位 k 后等待工人开始执行装配操作的时长
	w_{jki}	工位 k 的工人完成周期 j 第 i 个上线产品的装配操作所需的额外时间
	y_{nj}	0-1 变量，当订单 n 分配到周期 j 时，等于 1；否则为 0
	x_{jmi}	0-1 变量，当类型编号为 m 的产品在周期 j 内第 i 个生产循环上线时，等于 1；否则为 0

1．生产过程中的基因集合

根据混流装配线生产过程包括的主生产计划调度方案与产品投产排序调度方法，GRN 模型中设计两类基因集合 $\{g_{nj}|n=1,2,\cdots,N;\ j=1,2,\cdots,J\}$ 与 $\{g_{jmi}|j=1,2,\cdots,J;\ m=1,2,\cdots,M;$

$i=1,2,\cdots,I_j\}$。基因 g_{nj} 属于 GRN-I，表示的工程意义为将订单 n 分配到周期 j，即订单分配变量；基因 g_{jmi} 属于 GRN-II，表示的工程意义为在周期 j 的第 i 个生产循环上线类型编号为 m 的产品，即产品投产变量。

2. 基于生产约束与调度策略的基因调控关系

基因调控关系通过微分方程进行描述，其一般形式为

$$\frac{\mathrm{d}u_z(t)}{\mathrm{d}t}=f_z(u_1(t),u_2(t),\cdots,u_z(t),\theta_1,\theta_2,\cdots,\theta_E),\quad \forall z=1,2,\cdots,Z \tag{4-6}$$

式中，$u_z(t)$为源自基因 z 的特定物质（蛋白质或 mRNA）的浓度；Z 为 GRN 中的基因数量；$f_z:R^z\rightarrow R$ 为非线性方程，若 $f_z(*)>0$，则基因 z 处于表达状态，否则基因 z 受到其他基因的抑制，处于非表达状态；$\theta_1,\theta_2,\cdots,\theta_E$ 为调控参数，不同的调控参数值决定了基因在各时刻的具体状态。基因状态随时间 t 的不断变化构成了基因表达过程，在每个时刻根据表达状态的基因集合，相关物质以特定速率生成，这些物质的浓度决定了 GRN 实时状态。

但是在混流装配线生产过程中，约束条件与调度策略多为基于生产调度变量的直接表达式，并且在生产过程中调度变量赋值之后即为固定值，不会随时间不断变换。因此，对 GRN 做出如下改进。

（1）调控关系直接基于基因，不考虑源自基因的相关物质的浓度。

（2）基因状态一旦确定了是否表达，则不会再随时间发生变化。

因此，将基因调控方程简化为以下形式：

$$\sigma_z=f_z(\psi_1(t),\psi_2(t),\cdots,\psi_z(t),\theta_1,\theta_2,\cdots,\theta_E),\quad \forall z=1,2,\cdots,Z \tag{4-7}$$

式中，ψ_z 为表示基因 z 状态的二进制变量，当 $\psi_z=1$ 时，基因 z 处于表达状态，当 $\psi_z=0$ 时，基因处于非表达状态；σ_z 为 GRN 中基因 z 受到的抑制强度，基因受到的抑制强度越大，则越难进入表达状态；t 为离散变量，在初始时刻即 t=0 时，所有基因处于非表达状态，在每个离散时刻 t，选择抑制系数最小的非表达状态基因进行表达，当基因表达过程结束时即 t=T 时，获得 GRN 最终表达形态。

1）订单分配策略与约束条件

在主生产计划中，订单分配过程需要遵守与客户订单信息相关的如下生产约束条件。

$$\sum_{j=1}^{J} y_{nj} = 1, \quad n = 1,2,\cdots,N \tag{4-8}$$

$$\sum_{m=1}^{M}\sum_{n=1}^{N} y_{nj} a_{nm} q_n = I_j \leqslant B, \quad j = 1,2,\cdots,J \tag{4-9}$$

其中，式（4-8）约束每个订单只能分配到计划期内的一个特定周期；式（4-9）约束在每个周期内分配的订单的产品总需求量不能超过装配线最大生产量。在订单分配过程中，还需要最小化下式中的订单交付成本 e_n。

$$e_n = \max\left[r_1\left(d_n - \sum_{j=1}^{J} j y_{nj} \right),\ r_2\left(\sum_{j=1}^{J} j y_{nj} - d_n \right) \right], \quad n = 1,2,\cdots,N \tag{4-10}$$

因此，主生产计划应当按照交付日期及时生产客户订单，遵守以下生产调度策略。

R_1：订单不能分配到离交付期较远的生产周期。

此外，主生产计划需要考虑其结果对各周期内投产排序（最小化工位过载时间的目标函数）的影响，基于现阶段的研究工作，在计划期内的多个周期间分配多个型号的产品时，可以将每个型号产品的需求量均匀分配到各周期内，来实现工位负荷平衡。因此，主生产计划还应当最小化各类型产品在各周期的需求比例与在它们在整个计划期的需求比例之间的差值，即遵守以下生产调度策略。

R_2：若订单需要的产品类型在某个生产周期的分配数量已经超过该类型产品在计划期内各周期的平均需求量，订单不能分配到该周期。

根据以上分析，在客户订单分配过程中针对基因 g_{nj} 的调控方程具有如下形式。

$$w_{nj} = H\left(\sum_{v=1}^{N} q_v y_{vj} + q_n - B \right) + H\left(\sum_{e=1}^{J} y_{ne} \right) + h_1 \frac{|d_n - j|}{J} + h_2 \frac{\sum_{v=1}^{N} a_{vm} q_v y_{vj} - \sum_{v=1}^{N} a_{vm} q_v / J}{\sum_{v=1}^{N} a_{vm} q_v / J} \tag{4-11}$$

式中，w_{nj} 为对基因 g_{nj} 的抑制系数；$H(x)$为满足 $H(x)=0$ $(x\leqslant 0)$与 $H(x)=+\infty$ $(x>0)$的分段函数。式（4-11）中右侧的后两项表示式（4-8）与式（4-9）中的生产约束条件，前两项分别表示由生产调度策略 R_1 与 R_2 导致的抑制强度分量。h_1 与 h_2 是合成不同抑制的调控参数，是描述调度策略在混流装配线生产过程中重要性的生产调度参数。

2）产品投产策略与约束条件

根据订单分配过程，可以得到装配线在各周期的生产计划。

$$\sum_{n=1}^{N} y_{nj} a_{nm} q_n = b_{jm}, \quad j = 1,2,\cdots,J; m = 1,2,\cdots,M \tag{4-12}$$

在每个生产周期内，产品投产过程必须遵守与资源能力信息相关的以下生产约束。

$$\sum_{m=1}^{M} x_{jmi} = 1, \quad j = 1,2,\cdots,J; i = 1,2,\cdots,I_j \tag{4-13}$$

$$\sum_{i=1}^{I_j} x_{jmi} = b_{jm}, \quad j = 1,2,\cdots,J; m = 1,2,\cdots,M \tag{4-14}$$

其中，式（4-13）约束在每个周期内的每个生产循环只能上线某一特定类型的一件产品，式（4-14）约束在每个周期内每种类型产品的投产数量必须等于生产计划中的需求量。在产品投产过程中，还需要最小化工位过载时间 w_{jki}。

$$s_{jk1} = 0, \quad j = 1,2,\cdots,J; k = 1,2,\cdots,K \tag{4-15}$$

$$s_{jk,i+1} = \max\left[0, \min\left(s_{jki} + \sum_{m=1}^{M} p_{mk} x_{jmi} - c, l_k - c\right)\right],$$
$$j = 1,2,\cdots,J; i = 1,2,\cdots,I_j - 1; k = 1,2,\cdots,K \tag{4-16}$$

$$w_{jki} = \max\left(0, s_{jki} + \sum_{m=1}^{M} p_{mk} x_{jmi} - l_k\right),$$
$$j = 1,2,\cdots,J; i = 1,2,\cdots,I_j; k = 1,2,\cdots,K \tag{4-17}$$

其中，式（4-15）描述了装配线的初始状态，式（4-16）计算了各工位对产品的装配开始时间，式（4-17）计算了各工位装配产品时发生的工位过载时间。有学者以最小化工位过载时间为目标，通过合成多种优先规则来解决投产排序问题，最后发现“在每个生产循环选择导致所有工位最少过载的产品上线”与“在每个生产循环选择导致所有工位最少空闲的产品上线”是最常被合成的两项优先规则。因此产品投产过程需要遵守以下生产调度策略。

R_3：根据当前各工位的负荷情况，上线后会导致工位出现过载情况的产品类型不能投产。

R_4：类似地，上线后会导致工位出现空闲情况的产品类型不能投产。

但是在每个生产循环开始时选择最满足目标函数的上线产品属于目标追踪法范畴，很可能过早地将易于符合目标函数的产品全部上线，从而导致后续产品上线后出现装配线性能下降，即调度策略整体性能较差。因此，混流装配过程还需要在每个生产循环，尽可能保持各类型产品的上线比例与其在周期内的需求比例大小相同，以保证全局性能。因此产品投产过程还需要遵守以下调度策略。

R_5：上线后导致同类型产品的上线比例不等于其在周期内需求比例的产品类型不能投产。

基于以上分析，在产品投产过程中针对基因 g_{jmi} 的调控方程如下。

$$
\begin{aligned}
v_{jmi} = {} & \varepsilon_1 \sum_{k=1}^{K} \frac{\phi\left(s_{jk,i-1} + p_{mk} - l_k\right)}{c} + \varepsilon_2 \sum_{k=1}^{K} \frac{\phi\left(s_{jk,i-1} + p_{mk} - l_k\right)}{c} + \\
& \varepsilon_3 K^{\varepsilon_4} \left| \frac{\sum_{g=1}^{i} x_{jmg} + 1}{\sum_{g=1}^{i}\sum_{e=1}^{M} x_{jeg} + 1} - \frac{\sum_{n=1}^{N} a_{nm} q_n y_{nj}}{\sum_{n=1}^{N} q_n y_{nj}} \right| + H\left(\sum_{e=1}^{M} x_{jei}\right) + H\left(\sum_{g=1}^{i} x_{jmg} - \sum_{n=1}^{N} a_{nm} q_n y_{nj}\right)
\end{aligned}
\tag{4-18}
$$

式中，v_{jmi} 为对基因 g_{jmi} 的抑制系数；$\phi(x)$为满足 $\phi(x)=0\ (x<0)$ 与 $\phi(x)=x\ (x\geqslant 0)$的分段函数。式（4-18）中右侧前 3 项分别表示由生产调度策略 R_3、R_4 和 R_5 导致的抑制强度分量，后两项表示式（4-14）与式（4-15）中的约束条件。ε_1、ε_2、ε_3 和 ε_4 是合成不同抑制强度分量的调控参数，是描述调度策略在混流装配线生产过程中重要性的生产调度参数。s_{jki} 通过式（4-16）～式（4-18）进行计算。

4.4.2 面向生产执行的基因表达过程

1. 订单分配过程

在主生产计划中，式（4-7）中的时间变量 t 在集合$\{g_{nj}|n=1,2,\cdots,N;\ j=1,2,\cdots,J\}$的基因表达过程中包括 N 个递增离散变量，即 $t\in\{1,2,\cdots,n,\cdots,N\}$。在每个时刻 t 时，首先针对所有基因计算其抑制系数 w_{nj}；然后选择抑制系数最小的基因转换到表达状态，即将某一未分配订单分配到一个合适的生产周期；最后当 $t>N$ 时，基因集合$\{g_{nj}|n=1,2,\cdots,N;\ j=1,2,\cdots,J\}$的表达过程结束，所有订单都被分配到某个周期。表 4-2 中所示的伪代码阐述了以上基因表达过程。

表 4-2　基因 g_{nj} 集合的表达过程

```
//初始化
for n←1 to N do
  for j←1 to J do
    y_nj = 0                              //所有基因未表达
  next;
next;
//基因表达循环
for t←1 to N do                           //离散时间点
  n_0←1, j_0←1, w_0←+∞                    //记录抑制系数w_nj最小的基因索引
  for n←1 to N do
    for j←1 to J do
      w_nj in Equation (4-11)             //计算基因的抑制系数
      if w_nj<w_0 then                    //比较基因抑制系数
        n_0←n, j_0←j                      //更新抑制系数最小的基因索引
        w_0←w_nj                          //更新最小抑制系数
      end if;
      next;
  next;
  y_{n_0 j_0} ←1                          //表达抑制系数w_nj最小的基因
  e_{n_0} in Equation (4-10)              //计算相关订单的交付成本
next;
```

2．产品投产过程

在混流装配过程中，针对每个生产周期 $j\in\{1,2,\cdots,J\}$，式（4-7）中的时间变量 t 在集合$\{g_{jmi}|m=1,2,\cdots,M;\ i=1,2,\cdots,I_j\}$的基因表达过程中包括 I_j 个递增离散变量，即 $t\in N+I_1+I_2+\cdots+I_{j-1}+\{1,2,\cdots,i,\cdots,I_j\}$。在每个时刻 $t=N+I_1+I_2+\cdots+I_{j-1}+i$ 时，首先根据式（4-16）计算工位的当前负荷 s_{jki}（$\forall k\in\{1,2,\cdots,K,\}$）；然后选择抑制系数最小的基因进入表达状态；最后当 $t>N+I_1+I_2+\cdots+I_j$ 时，生成在第 j 个生产周期的投产排序。当 $j>J$ 时，基因集合$\{g_{jmi}|m=1,2,\cdots,M;\ i=1,2,\cdots,I_j\}$的表达过程结束，每个生产循环安排了特定的投产产品。表 4-3 所示的伪代码阐述了以上基因表达过程。

表 4-3 基因 g_{jmi} 集合的表达过程

```
//初始化
for j←1 to J do
 for i←1 to I_j do
    for m←1 to M do
      x_jmi = 0                          //所有基因未表达
    next;
 next;
next;

//基因表达循环
for j←1 to J do
  m_0←1, u_0←+∞                          //记录抑制系数v_jmi最小的基因索引
  for k←1 to K do
   s_jk1←0                               //装配线初始化
  next;
  for i←1 to I_j do                      //离散时间点
    for m←1 to M do
      v_jmi in Equation (4-18)           //计算基因的抑制系数
      if v_jmi<v_0 then                  //比较基因抑制系数
        m_0←m                            //更新抑制系数最小的基因索引
        v_0←v_jmi                        //更新最小抑制系数
      end if;
    next;
    x_jm0i ←1                            //表达抑制系数最小的基因
    for k←1 to K do
    s_jk,i+1 in Equation (4-16)          //更新工位装配开始时间
    w_jk,i+1 in Equation (4-17)          //计算工位过载时间
    next;
  next;
next;
```

4.4.3 表征生产性能的最终表达形态

GRN 模型在利用基因集合和基因调控关系描述客户订单信息 $I_1=\{[a_n,q_n,d_n]|\ n=1,\cdots,N\}$、资源能力信息 $I_2=\{p_{mk}|\ m=1,\cdots,M;\ k=1,\cdots,K\}$ 和生产调度信息 $I_3=\{h_1R_1,\ h_2R_2,\ \varepsilon_1R_3,\ \varepsilon_2R_4,\ \varepsilon_3K^{\varepsilon4}R_5\}$ 的基础上，通过基因表达过程描述了混流装配线中的订单分配过程与产品投产过程，如图 4-9 所示。

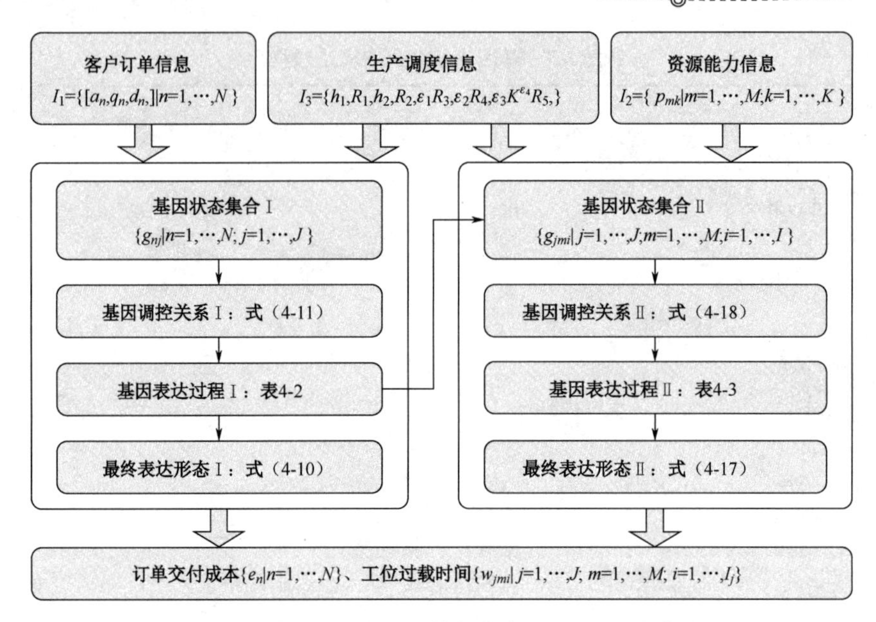

图 4-9　混流装配线生产过程信息决定的 GRN 最终表达形态

随着基因表达过程不断有基因转换到表达状态，GRN 由此呈现出不同的表达形态，并在基因表达结束后呈现出最终表达形态。在 GRN-I 的订单分配过程中，随着订单分配到生产周期产生订单交付成本。在 GRN-II 的产品投产过程中，随着产品上线装配产生工位过载时间。根据式（4-10）与式（4-17），GRN 通过统计基因表达过程中的$\{e_n|\ n=1,\cdots,N\}$和$\{w_{jmi}\ |\ j=1,2,\cdots,J;\ m=1,2,\cdots,M;\ i=1,2,\cdots,I_j\}$分别获得最终表达形态 I 与 II，表征订单交付成本和工位过载时间两项生产性能。

4.5　应用案例

以某企业柴油发动机装配线生产实例，验证基于 GRN 的混流装配线生产过程建模方法的有效性。柴油发动机装配线由 17 个工位区域组成，完成面向国Ⅳ排放标准的 KV、YG、MK、K13 共 4 个发动机大类的（表示为 A 类、B 类、C 类和 D 类）装配任务。4 个发动机大类的基础装配时间如表 4-4 所示，单位为 s。每个发动机大类包括 8 种派生型号，派生型号发动机的装配时间位于所在大类基础装配时间的[85%,105%]区间内。工位具有相同的工位节距，长度为 150s。

表 4-4　4 个发动机大类的基础装配时间

工　位	发动机				操作内容
	A	B	C	D	
1	128s	133s	135s	143s	装油冷却器、安装压紧缸套、机体试漏与翻转等
2	117s	133s	137s	143s	装主轴瓦、曲轴、轴盖
3	125s	137s	128s	135s	装主轴箱、拧紧螺栓、测轴向间隙和回转力矩等
4	125s	137s	128s	135s	装机油泵、齿轮室盖板、凸轮轴、止推板等
5	133s	142s	144s	145s	装齿轮系、飞轮壳；拧紧螺栓、齿轮室
6	133s	140s	142s	140s	装惰齿轮轴、油封等
7	139s	142s	139s	140s	装活塞连杆总成
8	139s	140s	139s	140s	装集滤器、油底壳等；翻转机体
9	128s	138s	139s	140s	装皮带轮减震器；测活塞突出高度；装缸盖、螺栓；拧紧螺栓等
10	110s	138s	135s	135s	装摇臂、水泵；调气门间隙
11	120s	138s	135s	135s	装缸盖总成
12	125s	133s	132s	140s	装喷油器回油管、喷油泵、低压油管、制动器；清洗、烘干、强冷；发动机喷漆、拆屏蔽工装等
13	130s	135s	135s	140s	装机滤、进气管、高压油管、出水管；整机试漏等
14	132s	132s	130s	134s	装排气管、增压器等；检皮带共面度等
15	132s	132s	130s	134s	装充电机、风扇轴、排气管罩等；检测皮带共面度
16	130s	139s	132s	132s	装飞轮、离合器等
17	130s	132s	132s	132s	装空压机、油管；发动机试漏；整机下线存放等

柴油发动机装配线的计划期由 7 天组成，包括标准、强化、极限 3 种不同生产强度。不同生产强度的工作日时长、工作日数量与日最大生产量如表 4-5 所示。

表 4-5　不同生产强度的特点

生产强度	特　点		
	工作日时长 $B\times C$	工作日数量 J	日最大生产量 B
标准	16 小时	5	432 台/天
强化	20 小时	5	540 台/天
极限	20 小时	7	540 台/天

首先根据计划期内的日最大生产量 $B\times J$，随机生成不同型号需求、数量需求与交付日期需求的客户订单，即生成客户订单信息 $I_1=\{[a_n, q_n, d_n] \mid n=1,2,\cdots,N\}$；其次根据基础装配时间在给定变化区间范围内确定不同型号发动机的装配时间，即获得资源能力信息 $I_2=\{p_{mk} \mid m=1,2,\cdots,32; k=1,2, \cdots,17\}$；再次利用图 4-10 所示遗传算法优化生产调度参数集合 $\{h_1, h_2, \varepsilon_1, \varepsilon_2,$

$\varepsilon_3, \varepsilon_4\}$，获得生产调度信息 $I_3=\{h_1R_1, h_2R_2, \varepsilon_1R_3, \varepsilon_2R_4, \varepsilon_3K^{\varepsilon 4}R_5\}$；最后利用 GRN 描述以上信息，构建混流装配线生产过程模型，计算订单交付成本和工位过载时间等生产性能。如图 4-10 所示，遗传算法中的染色体采用实数编码，染色体上的每个位置代表一个生产调度参数，即（$h_1, h_2, \varepsilon_1, \varepsilon_2, \varepsilon_3, \varepsilon_4$）。在随机生成初始种群之后，首先解码每个染色体对应的订单交付成本和工位过载时间，以生产性能总和作为染色体适应度评价指标，并根据适应度从初始种群中选择部分个体。被选择的个体集合进一步接受交叉和变异等遗传操作，在交叉操作中每对个体有一定概率交换彼此染色体在前 3 个位置的生产调度参数值，而在变异操作中每个个体有一定概率在某个随机位置重新生成新的生产调度参数值。通过以上一系列操作，形成新的种群，作为当前种群接受下一轮的操作循环。当种群迭代的次数超过最大迭代次数或当前种群的最优适应度不超过前一代种群时，遗传算法结束，输出生产调度参数最佳值。

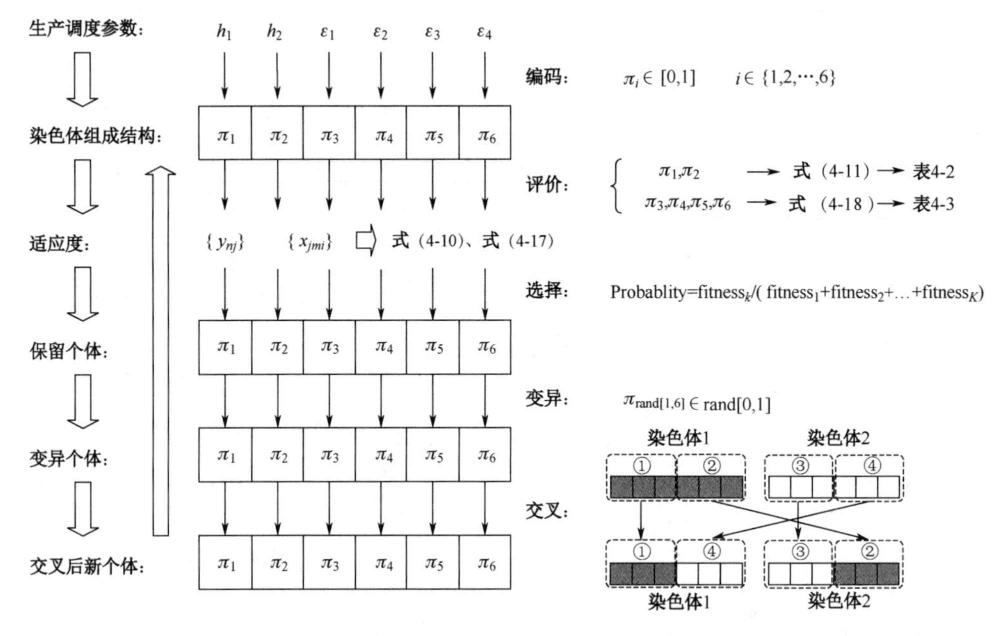

图 4-10　生产调度参数优化的遗传算法基本步骤示意图

同时根据式（4-8）～式（4-10）、式（4-12）～式（4-17）描述的生产约束条件与生产性能指标，基于客户订单信息 I_1 与资源能力信息 I_2 构建混流装配线生产过程的数学规划模型，然后利用如图 4-11 所示解决集成优化问题的二阶遗传算法优化订单分配变量与产品投产变量，获得生产调度信息 $I_3=\{y_{nj} \mid n=1,2,\cdots,N;\ j=1,2,\cdots,J\} \cup \{x_{jmi} \mid j=1,2,\cdots,J;\ m=1,2,\cdots,M;$

$i=1,2,\cdots,I_j\}$，最后计算订单交付成本和工位过载时间等生产性能。

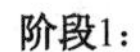

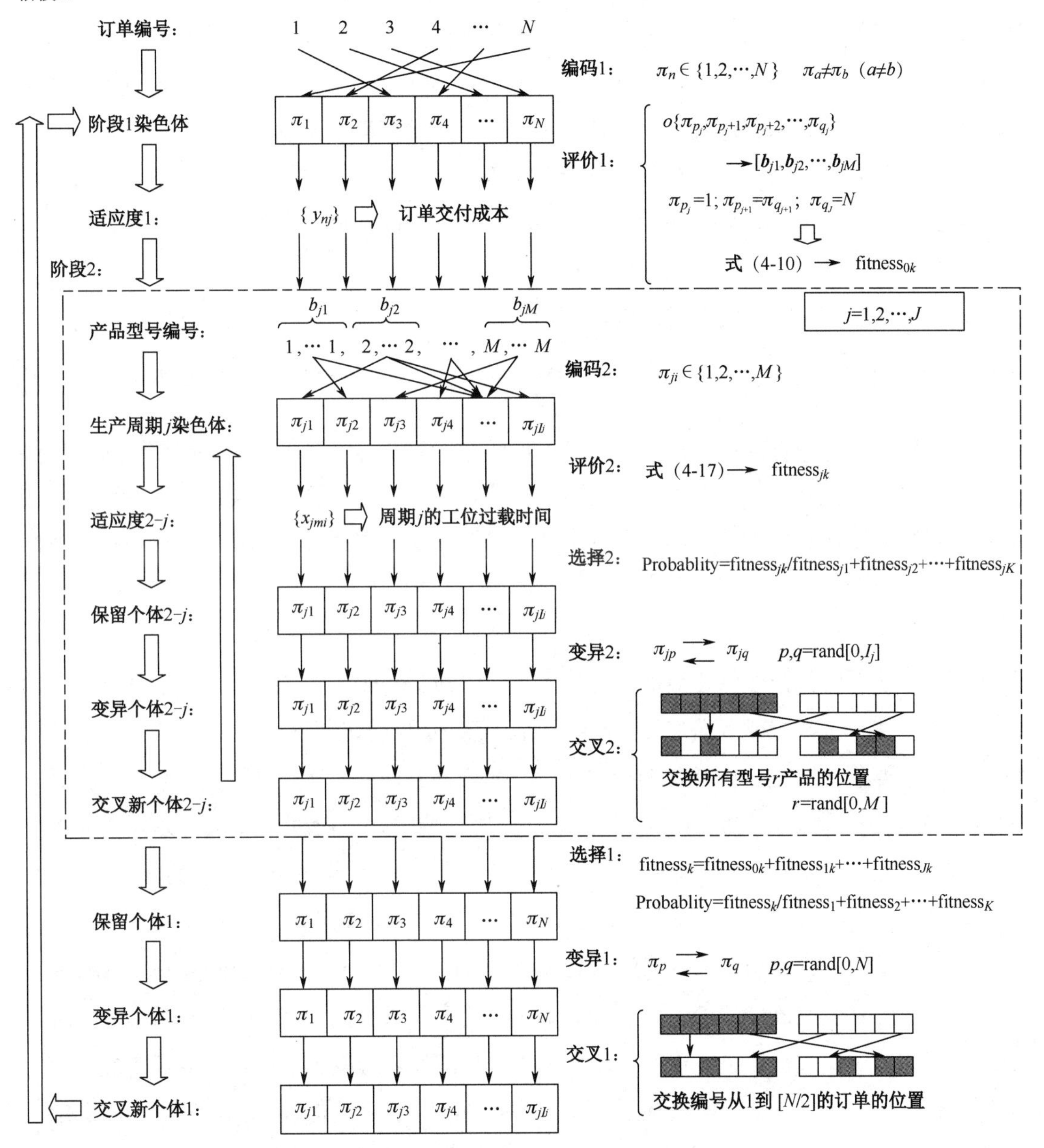

图 4-11 解决集成优化问题的二阶遗传算法

在第一阶段遗传算法中采用整数编码，染色体上每一个位置表示一个订单编号，即

$(1,2,\cdots,N)$。在随机生成初始种群之后，每个个体按照订单编号在其染色体上的位置顺序，依次将相应订单分配到时间最早且有剩余能力的生产周期，实现染色体解码过程。根据订单分配方案对应的订单交付成本值与下一阶段各生产周期的工位负荷时间值，评价染色体适应度。根据染色体适应度，以轮盘赌方式，从初始种群中选择部分个体。被选择的个体接受交叉操作和变异操作，在交叉操作中每个个体有一定概率交换彼此染色体上前半部分的订单编号的位置，而在变异操作中每个个体有一定概率交换染色体上任意两个位置的订单编号值。通过以上一系列操作形成新的种群，作为当前种群接受下一轮的操作循环。在第二阶段遗传算法中也采用整数编码，在每个生产周期 $j\in\{1,2,\cdots,J\}$ 中，染色体上每一个位置表示一个发动机产品的型号编码，即（$1\cdots1, 2\cdots2, \cdots, m\cdots m, \cdots, M\cdots M$），其中型号编号 m 的数量由上一阶段的订单分配结果决定，即 $b_{jm}=\sum_{v=1}^{N} y_{vj}q_v$。在随机生成初始种群之后，每个个体按照染色体各位置的发动机型号，依次安排相应发动机型号进入装配线第一个工位，实现染色体解码过程。以投产排序执行过程中的工位过载时间评价染色体适应度，并采用轮盘赌方式从初始种群中选择部分个体。被选择的个体接受交叉操作和遗传操作，在交叉操作中每个个体有一定概率交换某一个随机型号发动机在彼此染色体上的位置，而在变异操作中每个个体有一定概率交换染色体上任意两个位置上的机型编号。通过以上一系列操作，形成新的种群，作为当前种群接受下一轮的操作循环。当种群迭代的次数超过第二阶段最大迭代次数，或者当前种群的最优适应度不超过前一代种群时，第二阶段遗传算法结束，获得第 j 个生产周期内的投产排序。而当种群迭代的次数超过第一阶段最大迭代次数，或者当前种群的最优适应度不超过前一代种群时，二阶遗传算法结束，获得主生产计划及各周期内的投产排序。最后根据主生产计划与产品投产排序对应的式（4-10）与式（4-17）中的订单交付成本与工位过载时间，获得装配线生产性能。

此外，常用于柔性制造系统调度的最短处理时间（Shortest Processing Time，SPT）优先、最少保留时间（Minimum Sparing Time，MST）优先与最早交货期（Earliest Delivery Date，EDD）优先等启发式规则也能用于混流装配线主生产计划调度过程中，计算订单优先级，并逐一将优先级最高订单分配到最近的可用生产周期，从而获得订单分配过程。因此，在主生产计划阶段采用以上启发式规则，并在投产排序阶段采用遗传算法（基本步骤按照图 4-11 所示的第二阶段遗传算法），以多种层次化方法获得生产调度信息 $I_3=\{y_{nj}\mid n=1,2,\cdots,N;\ j=1,2,\cdots,J\}\cup\{x_{jmi}\mid j=1,2,\cdots,J;\ m=1,2,\cdots,M;\ i=1,2,\cdots,I_j\}$，最后计算订单交付成本和工位过载时间等生产性能。

以上所述方法以最小化订单交付成本和工位过载时间为目标函数，在获得生产调度信息过程中的遗传算法参数如表 4-6 所示。

表 4-6 遗传算法参数

参　数	GRN 方法	二阶遗传算法		层次化方法
		阶　段　1	阶　段　2	
种群大小	100	80	100	100
最大迭代次数	50	50	50	50
交叉概率	0.8	0.8	0.8	0.8
变异概率	0.1	0.1	0.1	0.1

基于这些方法获得的生产调度信息，计算得到表 4-7 所示的生产性能总和。其中，Ob 表示目标函数值，CT(s)表示计算时间，Avg 表示 4 次重复计算的平均结果。如表 4-7 所示，相对于其他方法，3 种层次化方法以较短计算时间获得了生产调度信息，计算了混流装配线生产性能。但是由于没有考虑主生产计划与投产排序之间的相互依赖性，并且缺乏对复杂生产调度策略的描述能力，层次化方法获得的生产性能较差。二阶遗传算法在生产调度变量集合$\{y_{nj} \mid n=1,2,\cdots,N; j=1,2,\cdots,J\} \cup \{x_{jmi} \mid j=1,2,\cdots,J; m=1,2,\cdots,M; i=1,2,\cdots,I_j\}$构成的全局方案空间中搜索最小化订单交付成本和工位过载时间的生产调度方案。由于全局方案空间规模较大，二阶遗传算法的计算时间十分冗长，并且没有搜索到最小化生产性能指标的生产调度方案。此外，二阶遗传算法获得的生产调度信息 $I_3=\{y_{nj} \mid n=1,2,\cdots,N; j=1,2,\cdots,J\} \cup \{x_{jmi} \mid j=1,2,\cdots,J; m=1,2,\cdots,M; i=1,2,\cdots,I_j\}$以二进制变量形式存在，只能通过重新随机搜索生产调度方案应对客户订单变化，无法对生产性能进行定量分析，也不能为生产计划方式决策提供依据。由于 GRN 基于客户订单信息与资源能力信息描述了针对混流装配线生产过程的正确生产约束条件及合理生产调度策略集合，生产调度参数集合$\{h_1, h_2, \varepsilon_1, \varepsilon_2, \varepsilon_3, \varepsilon_4\}$的优化过程以较短计算时间获得了最小化订单交付成本与工位过载时间的生产调度信息，以此为依据构建的 GRN 能够为混流装配线生产性能分析与生产计划方式决策提供基础模型。

综上，GRN 描述了混流装配线中客户订单信息与资源能力信息构成的生产约束条件，以及生产调度信息中的复杂调度策略。在基于柴油发动机装配线实例的对比实验中，基于 GRN 的建模方法比基于数学规划模型的建模方法体现了更好的混流装配线生产过程描述能力与生产性能优化效果。

表 4-7　不同方法获得的生产性能总和

生产强度		EDD+GA		SPT+GA		MST+GA		GRN-based		2-stage GA	
		Ob	CT(s)	Ob	CT(s)	Ob	CT(s)	Ob	CT(s)	Ob	CT(s)
标准	1	1.35	269.2	9.54	238.1	2.09	234.7	0.82	443.5	0.89	10280.2
	2	1.53	232.0	7.07	241.1	3.34	263.8	1.37	413.4	1.39	10210.8
	3	1.77	232.1	9.01	239.8	3.11	220.9	1.32	515.5	1.34	9250.8
	4	1.62	222.7	8.59	244.9	2.77	232.8	1.09	427.5	1.11	7545.4
	Avg	1.57	239.0	8.55	241.0	2.83	238.1	1.15	450.0	1.18	9321.8
强化	1	1.53	394.2	5.21	355.2	1.17	393.9	1.08	501.2	1.13	15330.1
	2	1.23	272.8	6.19	301.5	1.28	354.5	1.16	532.5	1.13	7029.5
	3	1.54	443.1	6.89	455.0	1.32	515.2	1.13	481.2	1.16	9510.8
	4	1.41	473.2	4.48	403.7	1.17	480.7	0.87	481.1	0.88	12172.9
	Avg	1.43	395.8	5.69	378.9	1.24	436.1	1.06	499.0	1.08	11010.8
极限	1	1.67	389.7	4.86	407.7	1.28	396.7	1.21	731.3	1.23	17836.8
	2	1.61	412.1	6.45	427.3	1.19	434.2	1.07	697.8	1.09	17655.4
	3	1.42	380.6	5.82	419.7	1.30	359.0	1.22	921.3	1.25	13477.2
	4	1.53	349.9	4.82	399.4	1.34	396.3	1.16	1256.1	1.20	26687.4
	Avg	1.56	383.1	5.49	413.5	1.28	396.6	1.17	901.6	1.19	18914.2

4.6　本章小结

本章根据混流装配线生产过程模型对客户订单、资源能力和生产调度等信息参数的描述需求，在分析现有建模方法的基础上，介绍了基于多层次 GRN 的混流装配线生产过程建模方法，以实现对装配线生产过程的准确描述，并利用某柴油发动机装配线的实例数据展示了该建模方法的有效性。

本章参考文献

[1] Bolat A. A mathematical model for selecting mixed models with due dates [J]. International Journal of Production Research, 2003, 41(5): 897-918.

[2] Boysen N, Fliedner M, Scholl A. Production planning of mixed-model assembly lines: overview and extensions [J]. Production Planning and Control, 2009, 20(5): 455-471.

[3] Balasubramaniam P, Banu LJ. Robust state estimation for discrete-time genetic regulatory network with random delays [J]. Neurocomputing, 2013, 122: 349-369.

[4] Tkačik G, Walczak AM. Information transmission in genetic regulatory networks: a review [J]. Journal of Physics: Condensed Matter, 2011, 23(15): 153102.

[5] Graudenzi A, Serra R, Villani M, et al. Dynamical properties of a Boolean model of gene regulatory network with memory [J]. Journal of Computational Biology, 2011, 18(10): 1291-1303.

[6] Pal R, Bhattacharya S, Caglar MU. Robust approaches for genetic regulatory network modeling and intervention: a review of recent advances [J]. IEEE Signal Processing Magazine, 2012, 29(1): 66-76.

[7] Wu FX. Delay-independent stability of genetic regulatory networks [J]. IEEE Transactions on Neural Networks, 2011, 22(11): 1685-1693.

[8] Chai LE, Loh SK, Low ST, et al. A review on the computational approaches for gene regulatory network construction [J]. Computers in Biology and Medicine, 2014, 48: 55-65.

[9] Ding FY, Tolani R. Production planning to support mixed-model assembly [J]. Computers and Industrial Engineering, 2003, 45(3): 375-392.

[10] Cano-Belmán J, Ríos-Mercado RZ, Bautista, J. A scatter search based hyper-heuristic for sequencing a mixed-model assembly line [J]. Journal of Heuristics, 2010, 16(6): 749-770.

[11] Zhu Q, Zhang J. Ant colony optimisation with elitist ant for sequencing problem in a mixed model assembly line [J]. International Journal of Production Research, 2011, 49(15): 4605-4626.

[12] Bautista J, Cano J. Minimizing work overload in mixed-model assembly lines[J]. International Journal of Production Economics, 2008, 112(1): 177-191.

[13] Kaelo P, Ali M M. Integrated crossover rules in real coded genetic algorithms [J]. European Journal of Operational Research, 2007, 176(1): 60-76.

[14] Gupta P, Mehlawat MK, Mittal, G. Asset portfolio optimization using support vector machines and real-coded genetic algorithm [J]. Journal of Global Optimization, 2012, 53(2): 297-315.

[15] 王宝曦．混流装配车间装配线计划与物流优化研究[D]．武汉：华中科技大学，2015.

[16] 樊锐．基于人因的混流装配线平衡问题研究[D]．天津：天津大学，2014.

[17] 黄健．考虑生产线平衡的多目标混流装配排程问题研究[D]．天津：天津大学，2014.

[18] Junior ML, Filho MG. Production planning and control for remanufacturing: literature review and analysis [J]. Production Planning & Control, 2012, 23(6): 419-435.

[19] 李雨思．轿车混流总装配线物料供应系统优化研究[D]．长春：吉林大学，2010.

[20] Sawik T. Single vs Multiple Objective Supplier Selection in a Make to Order Environment [J]. Omega, 2010, 38(3): 203-212.

[21] Dörmer J, Günther HO, Gujjula R. Master production scheduling and sequencing at mixed-model assembly lines in the automotive industry [J]. Flexible Services and Manufacturing Journal, 2015, 27(1): 1-29.

第5章

混流装配线生产性能数据关联分析方法

本章基于混流装配线生产过程的 GRN 模型，以生产调度参数与工位能力参数为生产参数，以订单交付成本与工位过载时间为生产性能，介绍生产性能分析问题及其特点。在总结现有混流装配线生产性能分析方法现状，以及敏感性分析方法的定量分析能力的基础上，介绍基于改进的全局敏感性的生产性能分析方法，并利用柴油发动机装配线生产实例展示改进的全局敏感性性能分析方法的有效性。

5.1 混流装配线生产性能分析需求

根据客户订单需求变化，混流装配线通过优化生产计划中的生产调度、资源能力等范围内的生产参数，改进订单交付成本、工位过载时间等生产性能指标。由于生产参数一般会对生产性能产生不同的影响效果，合理的生产计划方式应当选择对生产性能有显著影响的关键生产参数进行协同优化。此外，混流装配线生产计划方式通过生产参数的协同优化提升生产性能，生产性能分析方法需要在多个生产参数共同变化前提下分析影响系数。但是多数分析方法只能分析单个生产参数变化对生产性能的影响情况，或者不具备定量分析能力。而全局敏感性分析方法是通过计算生产参数共同变化情况下的生产性能变化方差，能够定量分析生产参数对生产性能的影响程度，但是它对复杂非线性模型的分析结果准确度较差。因此，针对以混流装配线生产过程中复杂非线性的 GRN 模型，需要形成一种有效的生产性能分析方法，在多个生产参数协同变化情况下，准确计算生产参数对生产性能的影响系数。

5.2 混流装配线生产性能分析问题的特点

在第 4 章的建模工作中，GRN 模型利用客户订单参数、资源能力参数与生产调度参数等生产参数描述了混流装配线生产过程，根据最终表达形态计算了订单交付成本与工位过载时间等生产性能，即 GRN 模型构建了生产参数与生产性能之间的复杂非线性关系。本书所提的 3 种生产计划自适应方式以生产计划中的生产调度参数集合或资源能力参数集合作为优化对象提升生产性能，故混流装配线生产性能分析问题需要以生产调度参数和资源能力参数为输入量，以订单交付成本与工位过载时间等生产性能为输出量，对以下模型进行定量分析。

$$u = f\left(X\right) = f\left(x_1, x_2, \cdots, x_D\right) \tag{5-1}$$

式中，$u \in U = \left\{ u_1 = \sum_{n=1}^{N} q_n \,|\, \sum_{j=1}^{J} j y_{nj} - d_n \,|\, / P_0 ; u_2 = \sum_{j=1}^{J}\sum_{k=1}^{K}\sum_{i=1}^{I} w_{jki} / W_0 ; \cdots \right\}$ 为订单交付成本与工位过载时间两项生产性能；$X = \left(x_1, x_2, \cdots, x_D\right) \in U^D \equiv \left[0,1\right]$ 为混流装配线生产计划中的资源能力参数集合与生产调度参数集合。基于混流装配线生产过程的 GRN 模型，有 $X=(x_1, x_2, \cdots, x_D)=(p_1, p_2, \cdots, p_k, \cdots, p_K, h_1, h_2, \varepsilon_1, \varepsilon_2, \varepsilon_3, \varepsilon_4)$，其中 $p_k = \sum_{m=1}^{M} p_{mk} / \left(M l_k\right)$ 表示装配线工位 k 上的资源能力参数，$\{h_1, h_2, \varepsilon_1, \varepsilon_2, \varepsilon_3, \varepsilon_4\}$ 表示生产调度参数集合，由此可以形成图 5-1 所示的基于 GRN 的混流装配线生产性能分析问题。

由于 GRN 模型描述了混流装配线中多层次、多约束和多策略驱动的生产过程，$U=f(X)$ 具备了复杂非线性特点。此外，考虑到混流装配线生产计划方式通过生产参数的协同优化提升生产性能，生产性能分析方法需要在生产参数同时变化情况下计算生产参数对生产性能的影响系数。以上特点增加了混流装配线生产性能的分析难度。

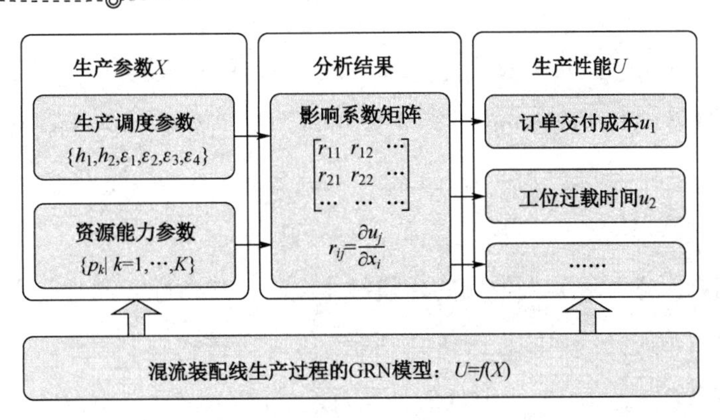

图 5-1　基于 GRN 的混流装配线生产性能分析问题

5.3　混流装配线生产性能分析方法的现状

通过混流装配线生产过程建模方法，可以获取由客户订单参数、生产调度参数、工位能力参数等生产参数决定的混流装配线生产过程，以及订单交付成本、生产均衡性等生产性能。由于生产计划的本质是通过生产参数优化方法提升混流装配线生产性能，合理的生产计划方式应当包括对生产性能有显著影响的生产参数集合。因此，混流装配线生产性能分析方法需要对生产参数与生产性能之间影响关系进行定量分析。根据生产计划过程中生产参数的协同优化特点，以及生产性能的多目标特性，混流装配线生产性能分析方法需要在多个输入参数共同变化情况下量化多输入-多输出复杂数学模型中的影响关系。此外，由于混流装配线生产过程中生产参数与生产性能之间存在复杂非线性关系，无法以解析方程形式描述以上数学模型，增加了生产性能的分析难度。目前针对多输入-多输出复杂非线性数学模型的定量分析方法主要有回归分析方法、析因设计方法、帕累托图方法、决策树方法和敏感性分析方法。

1. 回归分析方法

回归分析法指利用数据统计原理，对大量统计数据进行数学处理，并确定因变量与某些自变量的相关关系，建立一个相关性较好的回归方程（函数表达式），并加以外推，用于预测今后的因变量的变化的分析方法。根据因变量和自变量的个数可分为一元回归分析和多元回归分析；根据因变量和自变量的函数表达式可分为线性回归分析和非线性回归分析。

现有的回归方法主要可以分为线性回归（Linear Regression）、逻辑回归（Logistic Regression）、多项式回归（Polynomial Regression）、逐步回归（Stepwise Regression）、岭回归（Ridge Regression）、套索回归（Lasso Regression）、弹性网络回归（Elastic Net Regression）、人工神经网络回归及深度神经网络回归等。

（1）线性回归。它是最为人熟知的建模技术之一。线性回归通常是人们在学习预测模型时首选的技术之一，其示意图如图 5-2 所示。在这种技术中，因变量是连续的，自变量可以是连续的也可以是离散的，回归线的性质是线性的。线性回归使用最佳的拟合直线（也就是回归线）在因变量（Y）和一个或多个自变量（X）之间建立一种关系。用一个方程式来表示它，即 $Y=a+bX+e$，其中 a 为截距，b 为直线的斜率，e 为误差项。这个方程可以根据给定的预测变量（s）来预测目标变量的值。

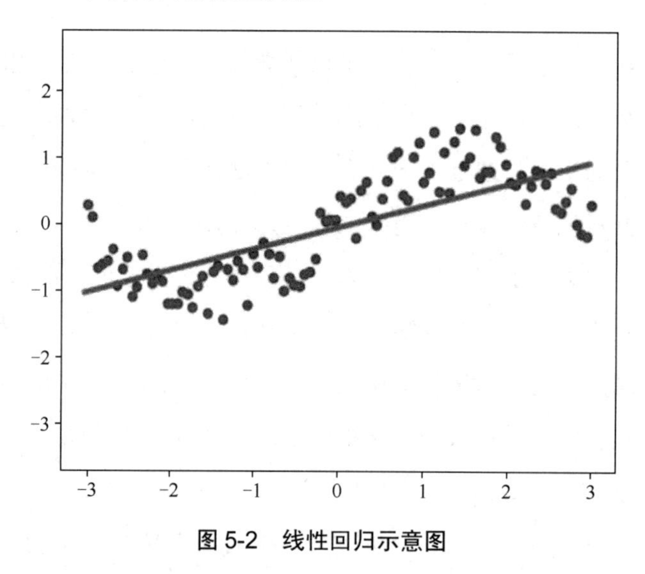

图 5-2　线性回归示意图

其特点在于：自变量与因变量之间必须有线性关系，并且多元回归存在多重共线性、自相关性和异方差性；线性回归对异常值非常敏感，严重影响回归线，最终影响预测值；多重共线性会增加系数估计值的方差，使得在模型轻微变化下，估计非常敏感，导致系数估计值不稳定。

（2）逻辑回归。逻辑回归是用来计算“事件=Success”和“事件=Failure”的概率。当因变量的类型属于二元（1/0、真/假、是/否）变量时，通常使用逻辑回归。对于逻辑回归的分类，如果因变量的值是定序变量，那么称为序逻辑回归；如果因变量是多类，那么称为多元逻辑回归。

线性回归与逻辑回归对比示意图如图 5-3 所示。

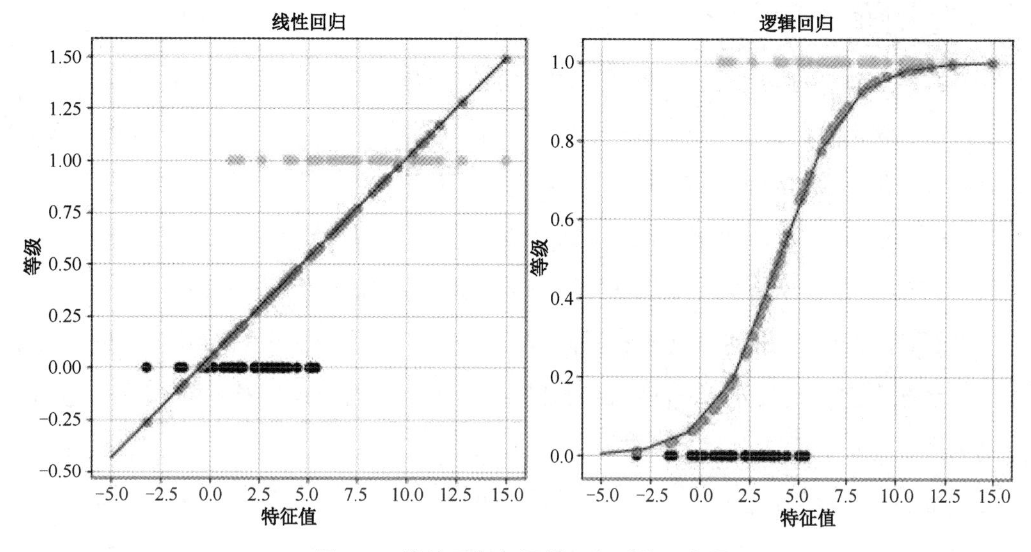

图 5-3　线性回归与逻辑回归对比示意图

其特点在于：它广泛应用于分类问题，并且逻辑回归不要求自变量和因变量是线性关系；为了避免过拟合和欠拟合，在处理问题时应该包括所有重要的变量，并且自变量不应该相互关联，即不应具有多重共线性。

（3）多项式回归。对于一个回归方程，如果其自变量的指数大于 1，那么它就是多项式回归方程，如 $y=a+bx^2$。在这种回归技术中，最佳拟合线不是直线，而是一个用于拟合数据点的曲线。

图 5-4 所示为多项式回归示意图。

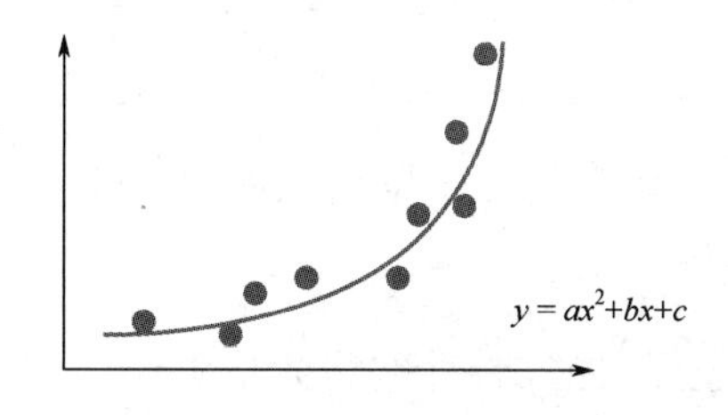

图 5-4　多项式回归示意图

其特点在于：虽然会存在一个诱导可以拟合一个高次多项式并得到较低的错误，但该过程可能会导致过拟合。因而在利用多项式回归分析方法解决实际应用问题时，需要经常画出关系图来查看拟合情况，并且专注于保证拟合合理，既没有过拟合又没有欠拟合。

（4）逐步回归。在处理多个自变量时，通常可以使用这种形式的回归方法。在这种技术中，自变量的选择是在一个自动的过程中完成的，其中包括非人为操作。逐步回归方法主要是通过观察统计的值（如 R-square、t-stats 和 AIC 指标）来识别重要的变量。逐步回归通过同时添加/删除基于指定标准的协变量来拟合模型。常见的逐步回归方法如下。

① 标准逐步回归法：即增加和删除每个步骤所需的预测。

② 向前选择法：从模型中最显著的预测开始，之后为每一步添加变量。

③ 向后剔除法：与模型的所有预测同时开始，之后在每一步消除最小显著性的变量。

其特点在于：该回归分析方法的目的是使用最少的预测变量数来最大化预测能力，也是处理高维数据集的方法之一。

（5）岭回归。岭回归分析是一种用于存在多重共线性（自变量高度相关）数据的技术。在多重共线性情况下，尽管最小二乘法（OLS）对每个变量都很公平，但它们的差异很大，使得观测值偏移且远离真实值。岭回归通过给回归估计上增加一个偏差度，来降低标准误差。

其特点在于：除常数项外，该回归的假设与最小二乘回归类似，且该回归方法虽然收缩了相关系数的值，但没有达到零，表明该方法没有特征选择功能；另外，该方法是一个正则化方法，并且使用的是 L2 正则化。

（6）套索回归。套索回归类似于岭回归，Lasso（Least Absolute Shrinkage and Selection Operator）也会惩罚回归系数的绝对值大小。此外，它能够减少变化程度并提高线性回归模型的精度。

其特点在于：除常数项外，该回归的假设与最小二乘回归类似；该方法的收缩系数接近零（等于零），有助于特征选择；此外，该回归分析方法是一个正则化方法，主要使用的是 L1 正则化；而如果预测的一组变量是高度相关的，Lasso 会选出其中一个变量并且将其他的变量收缩为零。

（7）弹性网络回归。Elastic Net（弹性网络）是 Lasso（套索）和 Ridge（岭）回归技术的混合体。它使用 L1 正则化来训练，并且 L2 优先作为正则化矩阵。当有多个相关的特征时，Elastic Net 将发挥重要作用，即 Lasso 回归方法只会随机挑选两种正则化方法中的一个，而 Elastic Net 则会同时选择两个，而套索回归和岭回归模型之间的实际情况是，它允许弹性网络回归继承循环状态下岭回归的一些稳定性。

其特点在于：在高度相关变量的情况下，它会产生群体效应，并且选择变量的数目没有限制；此外，该方法还能够承受双重收缩。

（8）人工神经网络回归。以 BP（Back Propagation）神经网络为代表的人工神经网络回归方法主要采用误差逆向传播算法训练的多层前馈神经网络的思路，不断修正各层神经元的连接权值，直至网络输出与期望输出的误差平方和最小。神经网络预测模型图如图 5-5 所示。

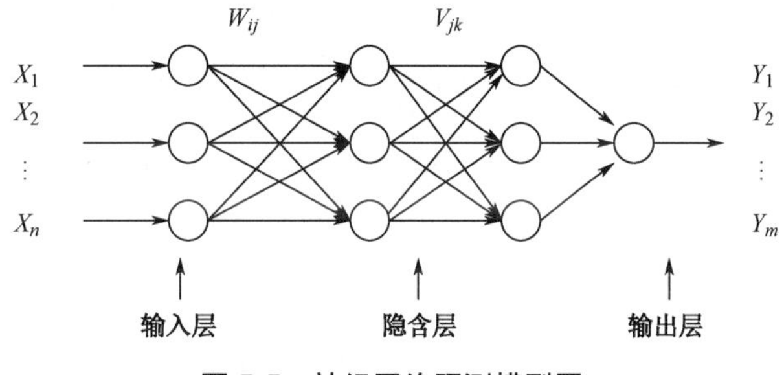

图 5-5　神经网络预测模型图

其特点在于：BP 神经网络具有很强的非线性映射能力和柔性的网络结构。网络的中间层数、各层的神经元数量可根据具体情况任意设定，并且随着结构的差异其性能也有所不同。但是 BP 神经网络也存在以下一些主要缺陷：学习速度慢、易陷入局部最优、网络层数和神经元个数的选择没有相应理论指导等。

（9）深度神经网络回归。深度神经网络（DNN）目前是许多人工智能应用的基础。由于 DNN 在语音识别和图像识别上的突破性应用，使用 DNN 的应用量有了爆炸性的增长。这些 DNN 被部署到了从自动驾驶汽车、癌症检测到复杂游戏等各种应用中。在这许多领域中，DNN 能够超越人类的准确率。而 DNN 的出众表现源于它能使用统计学习方法从原始感官数据中提取高层特征，在大量的数据中获得输入空间的有效表征，与之前使用手动提取特征或专家设计规则的方法不同。它主要包含特征提取与误差微调两部分，是在原先多层感知机的基础上对激活函数进行改进并增加网络结构层数，使得模型能够容纳更多神经元，以增强模型学习能力。

其特点在于：深度学习的实质是通过构建具有很多隐层的机器学习模型和海量的训练数据来学习更有用的特征，从而最终提升分类或预测的准确性，区别于浅层结构算法。

综上所述，回归分析方法通过构建输入参数与输出结果之间的数学模型，以定量评价手段找出影响输出结果的关键输入参数。但是它要求输入参数都呈正态分布，且只能用于分析单个输入参数变化对输出结果的影响，难以在多个输入参数共同变化情况下定量分析它们对输出结果的影响程度。

2．析因设计方法

析因设计（Factorial Design）是指以多因素（两个或两个以上）为研究对象，探求各因素的主效应和因素间的交互效应。它是实验设计的一种，以完全随机化设计、随机化区组设计和拉丁方设计为基础。析因设计的种类有完全随机化析因设计、随机化区组析因设计、裂区析因设计、混杂析因设计、部分析因设计等。它是一种多因素的交叉分组设计，不仅可检验每个因素各水平间的差异，而且可检验各因素间的交互作用。两个或多个因素若存在交互作用，则表示各因素不是各自独立的，而是一个因素的水平有改变时，另一个或几个因素的效应也相应有所改变；反之，若不存在交互作用，则表示各因素具有独立性，一个因素的水平有改变时不影响其他因素的效应。

图 5-6 所示为分式析因设计图。

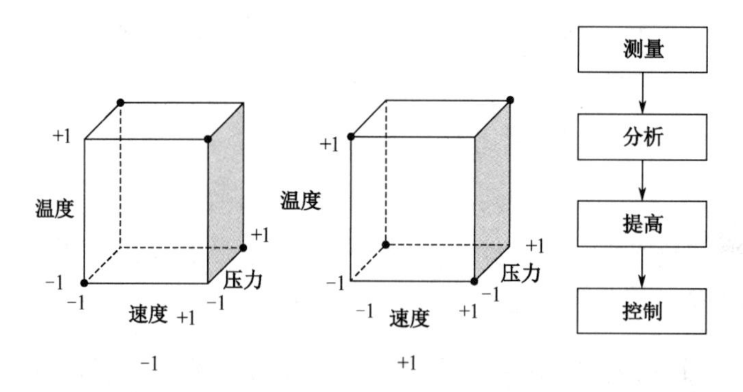

图 5-6　分式析因设计图

此外，析因设计也称为全因子实验设计，就是实验中所涉及的全部实验因素的各水平全面组合形成不同的实验条件，每个实验条件下进行两次或两次以上的独立重复实验。析因设计的最大优点是所获得的信息量很多，可以准确地估计各实验因素的主效应的大小，还可估计因素之间各级交互作用效应的大小；其最大缺点是所需要的实验次数多，因此耗费的人力、物力和时间也较多，当所考察的实验因素和水平较多时，研究者很难承受。析因设计可以提供3个方面的重要信息。

（1）各因素不同水平的效应大小。

（2）各因素之间的交互作用。

（3）通过比较各种组合，找出最佳组合。

其特点主要包括以下几点。

（1）析因设计各处理组之间在均衡性方面的要求与随机设计一致，各处理组样本含量应尽可能相同。

（2）析因设计对各因素不同水平的全部组合进行试验，故具有全面性和均衡性。

（3）它要求实验时全部因素同时施加，即每次做实验都将涉及每个因素的一个特定水平（若实验因素施加时有“先后顺序”之分，一般则被称为“分割或裂区设计”）。

（4）因素对定量观测结果的影响是地位平等的，即在专业上没有充分的证据认为哪些因素对定量观测结果的影响大，而另一些影响小（若实验因素对观测结果的影响在专业上能排出主、次顺序，一般则被称为 “系统分组或嵌套设计”）。

（5）可以准确地估计各因素及其各级交互作用的效应大小（若某些交互作用的效应不能准确估计，则属于非正规的析因设计，如分式析因设计、正交设计、均匀设计等）。

相关研究人员利用析因设计方法分析了环境因素的共同变化对产出量指标的影响，以找出最佳生产环境。析因设计方法可以分析输入参数共同变化对输出结果的影响，但它的计算工作量随着输入参数的增加呈现几何增长趋势，因此只适用于输入参数较少的数学模型。混流装配线的生产过程中包括了较多生产调度参数与资源能力参数，利用析因设计方法进行生产性能分析将面临庞大的计算工作量。

3．帕累托图方法

帕累托图（Pareto Chart）是将出现的质量问题和质量改进项目按照重要程度依次排列而采用的一种图表。帕累托图又称为排列图或主次图，是以意大利经济学家 V.Pareto 的名字命名的。它是按照发生频率大小顺序绘制的直方图，表示有多少结果是由已确认类型或范畴的原因所造成的。

帕累托图可以用来分析质量问题，确定产生质量问题的主要因素。按等级排序的目的是指导如何采取纠正措施：项目班子应首先采取措施纠正造成最多数量缺陷的问题。从概念上说，帕累托图与帕累托法则一脉相承，帕累托法则又称为 80/20 法则，可描述为 80%的问题是由 20%的原因所造成的，即该法则认为相对来说数量较少的原因往往造成绝大多数的问题或缺陷。

图 5-7 中，排列图用双直角坐标系表示，左边纵坐标表示频数，右边纵坐标表示频率。分析线表示累积频率，横坐标表示影响质量的各项因素，按影响程度的大小（出现频数多少）从左到右排列，通过对排列图的观察分析可以抓住影响质量的主要因素。

图 5-7 所示为帕累托图示例。

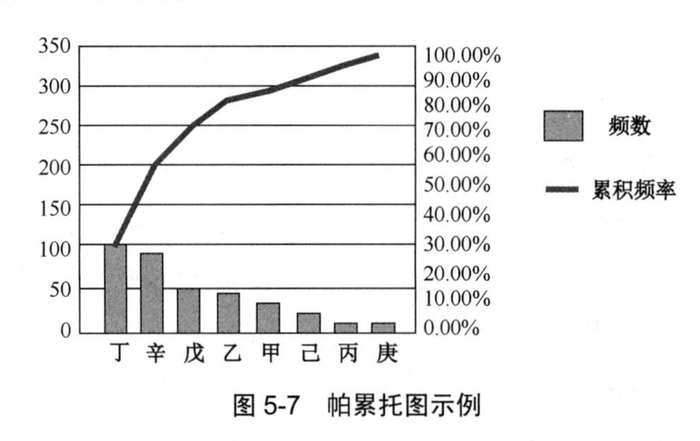

图 5-7　帕累托图示例

帕累托法则往往称为二八原理，即 80%的问题是由 20%的原因所造成的。帕累托图在项目管理中主要用来找出产生大多数问题的关键原因，用来解决大多数问题。

在帕累托图中，不同类别的数据根据其频率降序排列的，并在同一张图中画出累积百分比图。帕累托图可以体现帕累托原则，数据的绝大部分存在于很少类别中，极少剩下的数据分散在大部分类别中。这两组经常被称为“至关重要的极少数”和“微不足道的大多数”。

帕累托图能区分“微不足道的大多数”和“至关重要的极少数”，从而方便人们关注于重要的类别。帕累托图是进行优化和改进的有效工具，尤其应用在质量检测方面。

传统的帕累托图通过简单易懂的条形图格式来进行缺陷代码的显示和原因分析。鉴于它的简便性，帕累托图一直都没有被作为一个高效的 SPC 控制图分析工具来使用。但随着

SPC软件技术的不断扩展，21世纪后也出现了多级帕累托图。可以想象一下，用一张帕累托图来显示缺陷代码，我们同时还可以把这些代码按照班次、客户代码、员工、产品批次，零件或任何与数据关联的描述符来进行分类表示，该是一件多么便捷的事情。

帕累托图分析方法的分析流程主要包含以下8个步骤。

步骤1：数据收集。

对于发现的不良、灾害及错误等问题来收集数据，数据收集期间可以根据问题发生状况及性质来决定数据集计的周期，如以1个月、3个月（一年4次）为周期，也可以根据问题的具体情况每星期来收集。

步骤2：按照原因及内容进行数据分类。

① 原因可按材料、机械、作业者、作业方法分类。

② 内容可按不同项目、场所、时间进行分类。

步骤3：数据整理，做成计算表。

分类项目按数据多少由大到小排列，“其他”项目不论多大都是排在最后。

步骤4：图表纵轴和横轴。

① 纵轴和横轴最好是一样长，并适当地决定刻度的间隔。

② 纵轴：坐标终点应稍大于数据的合计数，并且恰当选择（凑整）。

③ 横轴：按项目的数据多少从左至右依次排列，并在下面记入相应的项目名称。

④ 纵轴是记录件数、金额等特征值；横轴记录分类项目。

步骤5：柱状图。

柱状图中“其他”项放置最右端，各项目之间无间隔。“其他”项不论它有多大，应放在最右端作为最后一个项目，并且作为检讨的对象。

步骤6：累积曲线。

累积的值在各个柱状图的右上部打点，然后用直线连接这些点，画出折线，折线的起始点为0。折线即为帕累托图的累积曲线。

步骤7：累积比率。

在帕累托图的右侧画纵轴，与左侧轴相应的点建立右纵轴的起点（0%）、终点（100%），将0%～100%的长度进行等分，并记录刻度。例如，20%可以五等分，10%可以十等分。而即使数据比率的合计值超过 100%（累积为 100.1%，四舍五入的原因），仍以 100%为准记录纵轴。

终点（100%）的确定：从左侧纵轴的数据合计数点引出横轴平行线（垂直于左侧纵轴），它必与左侧纵轴相交，即其相交点位右纵轴 100%点数据的修约口诀："五下舍五上入，整五偶舍奇入"，即 4 以下舍去，5 以上入 1 的原则，数字是 5 时，要看其前的数字而定。若是偶数则舍去；若是奇数则入 1。

步骤 8：记入必要事项。

① 帕累托图表题在图表的下部记入。

② 记入数据的收集时间。

③ 记入数据的合计值。

④ 记入做成日期。

有研究学者利用帕累托图分析了生产过程中的主要影响参数，在此基础上完成决策优化。帕累托图分析方法易于理解也十分直观，且所需的数据资源少。但是它适用于输入参数很少的数学模型，且要求先验定性认知输入参数是否会对输出结果产生影响，在复杂多变的混流装配线生产过程中并不能提前确定哪些生产参数变化会对生产性能产生影响，因此利用帕累托图进行分析可能会导致错误的分析结果。

4．决策树方法

决策树是一种从无次序、无规则的样本数据集中推理出决策树表示形式的分类规则方法。它采用自顶向下的递归方式，在决策树的内部节点进行属性值的比较，并根据不同的属性值判断从该节点向下的分支，在决策树的叶节点得到结论。因此从根节点到叶节点的一条路径就对应着一条规则，整棵决策树对应着一组表达式规则。

分类决策树模型是一种描述对实例进行分类的树状结构，决策树由节点和有向边组成。节点有两种类型：内部节点和叶节点。内部节点表示一个特征或属性，叶节点表示一个类。用决策树分类，从根节点开始，对实例的某一特征进行测试，根据测试结果，将实例分配到其子节点，这时，每个子节点对应着该特征的一个取值。如此递归地对实例进行测试并分配，直至叶节点。最后将实例分到叶节点的类中。决策树学习算法是以实例为基础的归纳学习算法，本质上是从训练数据集中归纳出一组分类规则，与训练数据集不相矛盾的决策树可能有多个，也可能一个也没有。我们需要的是一个与训练数据集矛盾较小的决策树，同时具有很好的泛化能力。

决策树表示方法主要由方块、圆圈和三角形构成节点，而节点间通过直线段连接，如图 5-8 所示。图 5-8 中，□表示决策节点，从它引出的分支称为方案分支，每支代表一个方案。决策节点上标注的数字是所选方案的期望值。○表示方案节点，从它引出的分支称为概率分支。分支数反映可能的自然状态数。分支上注明的数字为该自然状态的概率。△表示结果节点。它旁边标注的数字为方案在某种自然状态下的收益值。

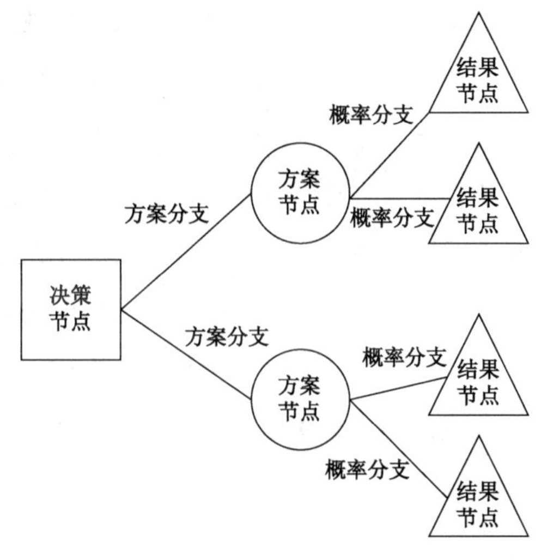

图 5-8　决策树方法示意图

应用树状图进行决策的过程，是由右向左逐步前进的，计算右端的期望收益值或损失值，然后对不同方案的期望收益值的大小进行选择。方案的舍弃称为剪支。最后决策节点只留下一个，就是最优的决策方案。

执行决策树过程的关键步骤主要包括决策树的制作、节点设计及益损期望值的计算 3 个关键步骤。

（1）画出决策树。画决策树的过程也就是对未来可能发生的各种事件进行周密思考、预测的过程，把这些情况用树状图表示出来，先画决策点，再找方案分支和方案点，最后再画出概率分支。

（2）由专家估计法或用试验数据推算出概率值，并把概率写在概率分支的位置上。

（3）计算益损期望值。从树梢开始，按由右向左的顺序进行，用期望值法计算，若决策目标是盈利时，比较各分支，取期望值最大的分支，其他分支进行修剪。

用决策树法可以进行多级决策，多级决策（序贯决策）的决策树至少有两个或以上决策节点。自20世纪60年代以来，决策树方法在分类、预测、规则提取等领域有着广泛的应用，特别是在Quilan提出ID3算法以后，在机器学习、知识发现领域得到了进一步应用及发展。决策树的优点在于它的直观和易理解性，但在许多应用中变量值是连续和渐变的，并且在许多情况下，不要求得到精确的输出预报值，而是能够将输出控制在一定的范围内或做出决策分类。采用传统的决策树进行决策或分类存在局限性，以变量的某一阈值作为决策或分类的判别条件（如 X>正），变量取值在该阈值上下将引起决策或分类的突变（不连续性），决策或分类结果对于阈值取值很敏感，并且决策树的知识可理解性较差。克服上述局限性的改进方法是，对决策或分类的条件和目标变量的取值进行云离散化表达，基于云理论的决策树既增加了知识的可理解性，又确保了决策或分类结果的连续性。

相关研究人员利用决策树方法建立了复杂生产过程模型中输入参数与输出结果之间的影响关系，对生产过程中的主要生产性能进行了预测。决策树能获得输入参数变化后的输出结果，但是它的模型十分复杂，需要大量的数据资源作为基础，且不能以定量形式给出输入参数与输出结果之间的影响关系。

5．敏感性分析方法

敏感性分析方法是指从众多不确定性因素中找出对投资项目经济效益指标有重要影响的敏感性因素，并分析、测算其对项目经济效益指标的影响程度和敏感性程度，进而判断项目承受风险能力的一种不确定性分析方法。它有助于确定哪些风险对项目具有最大的潜在影响。它把所有其他不确定因素保持在基准值的条件下，考察项目的每项要素的不确定性对目标产生多大程度的影响。

图5-9所示为投资敏感性分析图。

根据不确定性因素每次变动数目的多少，敏感性分析方法可以分为单因素敏感性分析法和多因素敏感性分析法。

（1）单因素敏感性分析法。

每次只变动一个因素而其他因素保持不变时所做的敏感性分析，称为单因素敏感性分析法。单因素敏感性分析在计算特定不确定因素对项目经济效益影响时，必须假定其他因素不变，实际上这种假定很难成立。可能会有两个或两个以上的不确定因素在同时变动，此时单因素敏感性分析就很难准确反映项目承担风险的状况，因此必须进行多因素敏感性分析。

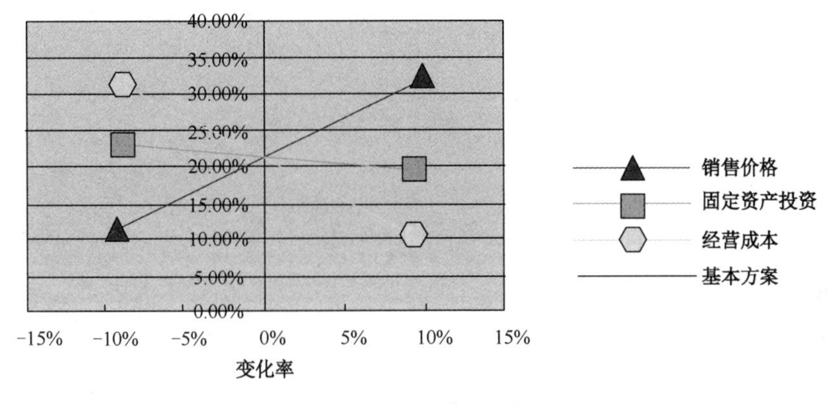

图 5-9 投资敏感性分析图

（2）多因素敏感性分析法。

多因素敏感性分析法是指在假定其他不确定性因素不变的条件下，计算分析两种或两种以上不确定性因素同时发生变动对项目经济效益值的影响程度，确定敏感性因素及其极限值。多因素敏感性分析一般是在单因素敏感性分析基础上进行的，且分析的基本原理与单因素敏感性分析大体相同。但需要注意的是，多因素敏感性分析需进一步假定同时变动的几个因素都是相互独立的，且各因素发生变化的概率相同。

敏感性分析方法是一种动态不确定性分析，是项目评估中不可或缺的组成部分。它用以分析项目经济效益指标对各不确定性因素的敏感程度，找出敏感性因素及其最大变动幅度，据此判断项目承担风险的能力。但是，这种分析尚不能确定各种不确定性因素发生一定幅度的概率，因而其分析结论的准确性就会受到一定的影响。在实际生活中，可能会出现这样的情形：敏感性分析找出的某个敏感性因素在未来发生不利变动的可能性很小，引起的项目风险不大；而另一个因素在敏感性分析时表现出不太敏感，但其在未来发生不利变动的可能性却很大，进而会引起较大的项目风险。为了弥补敏感性分析的不足，在进行项目评估和决策时，尚需进一步做概率分析。

敏感性分析方法主要包括以下 5 个步骤。

步骤 1：确定敏感性分析指标。

敏感性分析的对象是具体的技术方案及其反映的经济效益。因此，技术方案的某些经济效益评价指标，如息税前利润、投资回收期、投资收益率、净现值、内部收益率等，都可以作为敏感性分析指标。

步骤 2：计算该技术方案的目标值。

一般将在正常状态下的经济效益评价指标数值作为目标值。

步骤 3：选取不确定因素。

在进行敏感性分析时，并不需要对所有的不确定因素都考虑和计算，而应视方案的具体情况选取几个变化可能性较大，并对经效益目标值影响作用较大的因素。例如，产品售价变动、产量规模变动、投资额变化等；或者是建设期缩短、达产期延长等，这些都会对方案的经济效益大小产生影响。

步骤 4：计算不确定因素变动时对分析指标的影响程度。

若进行单因素敏感性分析，则要在固定其他因素的条件下，变动其中一个不确定因素；然后，再变动另一个因素（仍然保持其他因素不变），以此求出某个不确定因素本身对方案效益指标目标值的影响程度。

步骤 5：找出敏感因素，进行分析和采取措施，以提高技术方案抗风险的能力。

相关研究人员利用敏感性分析方法量化评价输入参数在引发输出结果变化时的重要程度，计算输出结果对输入参数的敏感性系数。敏感性分析方法可以在多个输入参数共同变化的情况下，分析并量化各项输入参数对输出量的影响程度。但是它需要以较多数据资源为基础，通过线性叠加算法估算影响程度，以上过程对复杂非线性数学模型的分析准确度较差。

综上所述，混流装配线生产性能分析方法需要在多个生产参数共同变化情况下定量分析生产参数对生产性能的影响程度，现有多输入-多输出复杂数学模型的分析方法中，敏感性分析方法能较好地满足以上需求。但是敏感性分析方法对复杂非线性影响关系的分析准确性较差，在混流装配线中可能导致错误的生产性能分析结果，并影响生产计划方式决策的合理性。因此需要改进敏感性分析方法，形成适用于多输入-多输出复杂非线性数学模型的生产性能分析方法，保证混流装配线生产性能分析结果的准确性。

5.4 敏感性分析方法的定量分析能力

根据混流装配线生产性能分析问题对GRN模型的定量分析需求，可以采用具有较好定量分析能力的全局敏感性分析方法计算生产调度参数、资源能力参数等生产参数对订单交付成本、工位过载时间等生产性能的影响系数。

敏感性分析方法通过假设模型表示为$y=f\left(x_1,x_2,\cdots,x_n\right)$（$x_i$为模型的第$i$个输入量），令输入量在可能的取值范围内变动，分析输入量在决定输出量时的重要程度，计算输出量对输入量的敏感性系数，将影响程度的大小表示为输入量的敏感性系数，获得影响关系的定量分析结果。在实际应用中，可以根据经验去除敏感性系数偏小的属性，重点考虑敏感性系数较大的属性，以降低模型复杂度，减少数据分析处理工作量，提高模型精度。由于对环境、农业、制造等多个领域内的复杂模型体现了较好的定量分析能力，敏感性分析方法目前获得了较为广泛的应用，并且包括局部敏感性分析方法和全局敏感性分析方法两种主要方法。

1. 局部敏感性分析方法

局部敏感性分析方法是比较早期的敏感性分析方法，直观地理解是模型响应函数对模型输入变量在名义值点处的偏导数。局部敏感性分析方法是指在不确定性变量空间的某个固定点附近，每次仅对某一个变量进行微小的变化，以模型响应对模型输入的微分，或者以一个变量引起的模型响应的变化来表征敏感性指标。其常用方法主要有参量摄动法、直接法、格林函数法、有限差分法等，该方法的优点是计算效率高、易于执行，当模型输入和输出的函数关系为线性模型时，求得的敏感性指标准确性较高，且可以反映全局敏感性信息。有学者采用局部敏感性分析方法对影响飞机作战效能的关键参数进行了分析，进而将局部敏感性分析应用于心脏离子通道模型中。也有学者运用局部敏感性分析方法对水文水力模块和水质模块的参数进行了分析。然而，对于非线性模型，局部敏感性仅反映了模型函数在局部点的敏感性信息，当遇到高维问题时，其所遍历的空间相对于整个参量空间是可以忽略的，难以准确地识别重要和不重要变量。此外，局部敏感性分析无法评价高阶敏感性，当模型变量处于不同量级时，难以提供有效的敏感性指标排序结果等。

此外，局部敏感性分析方法考虑单个输入量的偏离值对输出量造成的影响，以类似偏导数形式计算输入量对输出量的影响系数，其在制造领域中主要用于单个动态因素的扰动分析问题或智能算法的参数分析问题。局部敏感性分析评价模型输出的局部响应，它的优点在于操作容易，在过去的模型参数敏感性分析中广泛采用，但局部敏感性分析只能评价单个参数对模型输出的影响，不能评价参数间相互作用对模型输出的影响，虽然操作容易，但由于“异参同效”现象的存在，其局限性较大，而混流装配线的生产特点决定了其生产性能参数的复杂性、多样性，因此局部敏感性分析方法不适用于混流装配线生产性能数据的关联分析需求。

2. 全局敏感性分析方法

全局敏感性分析的研究源于 Cukier 等在 1973 年提出的几种不确定重要性测度指标。之后有学者提出理想的重要性测度指标应是易理解、易计算、无条件的和稳定的，并提出了相应的指标和计算方法，然而这 3 种指标均不能单独完全满足上述要求，因此建议在实际应用中将 3 种指标同时使用，综合分析不确定变量的敏感性程度。随后 Sobol 提出了具有里程碑意义的 Sobol 法，相关研究人员对其进行了发展和补充，完善了基于方差敏感性分析体系。相对于局部敏感性分析，全局敏感性分析所涉及的内容更复杂，方法也较多，适用性更强，应用领域更广泛，所以对全局敏感性分析的研究更深入和多元化。全局敏感性分析旨在研究模型输出响应的不确定性向输入不确定性分配的问题，即探究模型输出响应不确定性来源的问题，能为选择更合理和有效减小模型输出响应不确定性的方案提供指导。全局敏感性分析方法一方面考虑了输入变量的概率密度函数（Probability Density Function，PDF）的影响；另一方面在计算分析时，模型变量可同时变化。全局敏感性分析方法的优点在于各输入变量的变动范围可扩展到变量的整个定义域，且不受模型限制。相较于局部敏感性分析方法，全局敏感性分析方法具有更广泛的适用性，能够检验多个模型参量同时变化对模型输出响应的影响，并分析每个模型变量及变量之间的交叉作用对模型输出响应的影响。目前，应用较广泛的全局敏感性分析方法主要有基于方差的方法、基于筛选的方法、基于矩独立的方法、基于回归分析的方法和基于代理模型的方法等。

（1）基于方差的全局敏感性分析方法。

基于方差的全局敏感性分析方法是目前应用十分广泛的一种敏感性分析方法，其理论基础是方差分析（Analysis of Variance，ANOVA）分解，主要采用方差来描述输入变量对模型输出响应不确定性的影响。对于包含 n 个输入变量的模型响应函数，可将其分解为维数递增的 $2n$ 个函数子项，其中一阶函数子项表示单个输入变量对模型输出响应的一阶贡献，二阶函数子项表示输入变量两两之间的交互作用对模型输出响应的二阶贡献，以此类推，n 阶函数子项表示所有输入变量交互作用对模型输出响应的贡献。Homma 和 Saltelli 提出了总敏感性指标的概念，并给出了蒙特卡洛模拟法（Monte Carlo Simulation，MCS）计算公式。随后又有多种 MCS 计算公式被提出。基于方差的全局敏感性分析方法主要有傅里叶幅度灵敏度检验法（Fourier Amplitude Sensitivity Test，FAST）和 Sobol 法。FAST 法被相关研究人员提出来，用以分析复杂结构全局敏感性问题。相关研究人员在改进的 FAST 法上提出了傅里叶幅度灵敏度检验扩展法。国内相关学者将 Sobol 法应用于水库多目标调度模型中，对优化问题进行预处理；有学者将 Sobol 法应用于车身噪声传递函数的分析、TOPMODEL 水文模型、舰艇管路系统中，研究了系统设计变量对冲击位移动响应的影响，为后续优化设计提供了指导；也有学者采用 Sobol 法研究结构动态特性，为结构优化设计和模型检验提供指导。此外，还有学者应用 Sobol 法对复杂的环境模型进行敏感性分析。

（2）基于筛选的全局敏感性分析方法。

筛选的主要思想在于模型输入矩阵的设计，所设计的矩阵要保证相邻两行只有一个模型输入变量的取值不同。通过不同行所对应的模型响应值，来确定输入变量对输出性能统计特征的影响。Morris 法是一种应用广泛的筛选法，其方法简单，特别是对于输入变量较多的模型，可以用于对变量进行初步筛选，忽略敏感性程度很小的模型变量，然后对剩余的模型变量再用定量的全局敏感性分析方法进行研究。由于设计矩阵的随机性，为减小设计矩阵的随机性带来的误差，可以取多次平均值来表征输入变量的敏感性系数。相关学者根据改进的 Morris 法对 BTOPMC 模型参数进行了敏感性分析，识别出影响模拟结果精度的主要参数因子。国内学者采用 Morris 法分析了液压参数对液压互连悬架输出响应的影响；也有学者将改进的 Morris 法应用于参数辨识的仿真试验设计。此外，生物学领域学者采用 Morris 法对细胞信号传导网络进行了全局敏感性分析。地质研究人员运用 Morris 法分析了各参数对单裂隙岩体温度场的影响情况。

（3）基于矩独立的全局敏感性分析方法。

Borgonovo 提出的矩独立的全局敏感性指标能综合分析输入变量对模型响应 PDF 的重要性差异。该方法的难点在于如何高效准确地求解模型输出的条件 PDF 与无条件 PDF。目前，国内外对指标的研究较多，相关学者通过渐进空间积分方法缓解求解精度与效率之间的矛盾，但难以适用于复杂问题。之后有研究人员提出了单层 MCS 和双层 MCS，进而运用基于分数阶矩的最大熵方法求解模型响应的 PDF。针对指标求解存在的难点问题，相关研究人员提出了基于累积分布函数（Cumulative Distribution Function，CDF）的方法，将 PDF 之间的差异转化为特定点处的 CDF 的差值。与 PDF 相比较，CDF 的估计更易实现。但是，有时此方法对计算效率的改善不是很明显。因此，为了解决指标求解困难的问题，有必要进一步发展一种准确而高效地估计模型响应无条件 PDF 和条件 PDF 的方法。对于可靠性分析，计算小失效概率经常涉及功能函数分布的尾部，因此模型输入变量对功能函数响应的分布的影响程度与模型输入变量对模型失效概率的影响程度是不完全等同的。有研究人员利用概率密度演化方法提出了一种基于矩独立的敏感性指标，用来描述输入不确定性对失效概率的影响。

（4）基于回归分析的全局敏感性分析方法。

大多数定量全局敏感性分析方法是基于回归分析发展起来的，可用于描述模型输入变量对模型响应的影响，主要适用于线性模型，而对于复杂的模型，其应用表现出很大的局限性。回归分析的理论基础是数理统计，研究模型输入和输出之间的关系。回归分析的优点是能在多个输入变量同时变化的情况下，单独研究某个变量对模型响应的影响。采用 Logistic 回归与等级变换回归等方法可分析一些非线性模型。其不足之处在于要提前假定模型函数关系，其分析结果与所选函数有关。采用最小二乘回归分析时，残差要服从正态分布，且独立于输入与拟合值。常用的基于回归分析的全局敏感性分析方法主要有标准化回归系数法（Standardized Regression Coefficients，SRC）、标准化秩回归系数法（Standardized Rank Regression Coefficients，SRRC）和 t-value 法等。其中，SRC 和 t-value 法只适用于线性模型，不适用于非线性模型；SRRC 法只适用于单调的非线性模型，对于非单调的模型的敏感性分析具有局限性。

（5）基于代理模型的全局敏感性分析方法。

代理模型也称为近似模型，适用于模型关系未知的问题。工程中经常遇到实际的物理模型，往往十分复杂，表现为高维数、多参数、强非线性，且存在一些输入与目标响应并不具有显式函数关系式的模型。为了提高分析效率，可采用具有很好近似精度且便于分析与解决问题的代理模型来替代实际模型。其基本思想是采用试验设计获取样本信息，并得到样本的响应值，然后通过拟合或插值的方法构造近似模型，接着对代理模型的精度和预测能力进行评价，当满足精度与预测能力要求时，再用构造好的代理模型替代计算耗时的函数或仿真模型，在此基础上进行全局敏感性分析。常用的代理模型根据构造方法可分为插值型代理模型与拟合型代理模型，前者主要有径向基函数模型和 Kriging 代理模型，后者主要有多项式回归模型、支持向量回归模型、人工神经网络模型和多元自适应性回归样条模型。对于复杂的实际工程问题，直接求解敏感性指标往往比较困难，针对此问题，代理模型技术被广泛应用在全局敏感性分析问题中。有研究人员基于 Kriging 近似技术构造计算代理模型，然后通过 Sobol 法研究设计参数对板架强度和稳定性响应指标的影响程度。也有相关研究人员将混沌多项式展开方法应用于全局敏感性指标的求解。国内学者将支持向量机模型应用在区域滑坡敏感性评价中。有学者进一步将径向基函数应用于敏感性指标求解过程中。此外，有研究人员采用多项式响应面来提高全局敏感性分析的求解效率。

代理模型技术在一定程度上有助于研究敏感性分析问题，但其通常采用 MCS 求解，MCS 存在无法忽略的缺陷，即模拟精度是建立在足够大样本基础上的，要想得到满意的模拟精度就需要大量的样本信息对问题进行模拟，当样本总数至少为 10^N+2 时，系统响应期望的概率水平才能达到 10^{-N} 要求。这就造成计算成本大、计算效率低，且在不同抽样批次和不同抽样规模下结果的稳定性难以保证等问题，并且在很多实际工程问题中，由于测试技术、测试成本或环境等因素的限制，有时很难获得足够的样本信息，特别是对于一些功能函数为隐式或高维非线性的复杂结构，这使得基于样本的方法在实际工程中的应用受到很大限制。

总而言之，全局敏感性分析方法是针对局部敏感性分析方法存在的不足而进行的改进，它可以考虑整个参数空间内的响应，适合有“异参同效”现象的模型研究。全局敏感性分析方法考虑所有输入量的共同变化所形成的超立方体，分析输出量在超立方体内的变化方差，以此为依据，计算输入量对输出量的影响系数。全局敏感性分析方法目前在制造领域应用较少，主要在环境领域中用于分析外部环境参数共同变化的情况下对空气质量、河流水质等输出量的影响情况。根据混流装配线生产计划方式对生产参数的协同优化特点，需要利用全局敏感性分析方法计算生产参数对生产性能的影响系数。典型的全局敏感性分析包括多元回归法、区域灵敏度分析（Regionalized Sensitivity Analysis，RSA）法、Morris 参数筛选法、基于方差的 Sobol 法、傅里叶幅度灵敏度检验法（Fourier Amplitude Sensitivity Test，FAST）、扩展傅里叶幅度灵敏度检验法（Extended Fourier Amplitude Sensitivity Test，EFAST）及采用 GLUE（Generalized Likelihood Uncertainty Estimation）法等，如表 5-1 所示。

表 5-1　全局敏感性分析方法的特点

全局敏感性分析方法	特　　点
多元回归	基于拉丁超几何体取样，用采样模拟结果与各输入参数的多元线性回归系数或偏相关系数来表示各参数的敏感性大小
RSA	考虑了参数空间分布的复杂性与相关性，以图形方式显示整个模拟过程中最重要的参数，并量化给出参数的重要程度
Morris 参数筛选	对参数空间相邻参数的输出结果进行对比分析，在确定模型各参数敏感性大小排序时简单而有效，但总体效率低
Sobol	应用 Monte Carlo 方法采样，基于模型分解的思想，可分析参数 1 次、2 次及更高次的敏感度，可区分参数独立及相互作用的敏感性
FAST	应用特殊的抽样方法，并用傅里叶变换计算参数变化引起的响应，计算效率高，是定性全局敏感性分析方法
EFAST	吸收了 Sobol 法优点，是 FAST 法的扩展，是定量的全局敏感性分析方法
GLUE	吸收了 RSA 法和模糊数学方法的优点是一种定量全局敏感性分析，其敏感性以散点图形式给出

Sobol 法是最有代表性的全局敏感性分析方法，其采样方法相对稳定，可以通过参数对输出方差的贡献比例进行敏感性分级，是定量识别不同参数敏感性的一种效率较高的方法。在针对复杂模型使用 Sobol 法进行分析时，Sobol 法由于无法构建模型的解析表达式，通常以仿真手段获取输入量各种随机变化情况下的输出结果，通过输出结果的线性叠加估算输出量变化方差，以此为依据计算敏感性系数。但是当输入量与输出量之间存在非线性关系时，以上过程的估算精度较差，可能导致错误分析结果。因此，针对复杂非线性的 GRN 模型，本章对全局敏感性分析方法进行改进，设计基于改进全局敏感性分析（Improved Global Sensitivity Analysis, IGSA）的混流装配线生产性能分析方法，精确计算生产参数对生产性

能的影响系数。

5.5 基于改进全局敏感性的性能分析方法

混流装配线生产计划通过多个生产参数的协同优化提升生产性能，因此采用全局敏感性分析方法计算混流装配线生产过程模型中生产参数对生产性能的影响系数，并根据混流装配线生产过程模型的复杂非线性特点，通过改进全局敏感性分析方法提高传统方法中生产性能分析结果的精确性，获取生产参数对生产性能的影响系数矩阵，为生产计划方式决策提供科学依据。

5.5.1 生产性能的分量表达式

根据混流装配线生产计划中各项生产参数的不相关和连续值特点，以及基于$X=\left(x_1,x_2,\cdots,x_D\right)\in U^D\equiv\left[0,1\right]^D$的归一化条件，IGSA 方法将 GRN 模型中的 $u=f(X)$分解为如下渐增维度分量的累加形式。

$$f\left(X\right)=f_0+\sum_{d=1}^{D}f_d\left(x_d\right)+\sum_{d=1}^{D-1}\sum_{\tau=d+1}^{D}f_{d,\tau}\left(x_d,x_\tau\right)+\cdots+f_{1,\cdots,D}\left(x_1,\cdots,x_D\right) \tag{5-2}$$

式中，f_0 为一个常数项，表示生产参数变化下的混流装配线生产性能期望值，方程右侧的其他项表示生产参数的不同组合变化导致的混流装配线生产性能分量。

5.5.2 基于生产性能方差的敏感性系数

根据式（5-2），采用相同形式将生产参数组合变化情况下的混流装配线生产性能方差分解成以下形式：

$$V=\sum_{d=1}^{D}V_d+\sum_{d=1}^{D-1}\sum_{\tau=d+1}^{D}V_{d,\tau}+\cdots+V_{1,2,\cdots,D} \tag{5-3}$$

式中，V 为生产性能 u 的方差总量；V_d 为由生产参数 x_d 变化导致的生产性能方差分量；$V_{d,\tau}$ 为由生产参数 x_d 与 x_τ 协同变化导致的性能方差分量。式（5-3）右侧的各项方差分量主要通过如下的积分形式进行计算。

$$V_{d_\alpha,\cdots,d_\beta}=\int_0^1\cdots\int_0^1 f_{d_\alpha,\cdots,d_\beta}^2\left(x_{d_\alpha},\cdots,x_{d_\beta}\right)\mathrm{d}x_{d_\alpha},\cdots,x_{d_\beta}$$

$$\forall \alpha \in \{1,\cdots,D\},\ \beta \in \{\alpha,\cdots,D\} \tag{5-4}$$

式中，$f_{d_\alpha,\cdots,d_\beta}\left(x_{d_\alpha},\cdots,x_{d_\beta}\right)$由分解形式得到。由于当$\beta \geqslant \alpha+2$时，方差分量值$V_{d_\alpha,\cdots,d_\beta}$较小，即$V \approx \sum\limits_{d=1}^{D} V_d + \sum\limits_{d=1}^{D-1}\sum\limits_{\tau=d+1}^{D} V_{d,\tau}$，因此针对 u=f(X)的敏感性系数计算公式采用如下形式。

$$S_d = \frac{\left(V_d + \sum\limits_{\tau=1,\tau\neq d}^{D} V_{d,\tau}\right)}{V},\ \forall d \in \{1,2,\cdots,D\} \tag{5-5}$$

公式中通过计算与生产参数 x_d 相关的生产性能 u 的方差分量占生产性能总方差的比例，即 S_d，定量分析了生产参数 x_d 对生产性能 u 的影响程度。

5.5.3 基于生产参数随机采样的蒙特卡罗算法

由于混流装配线生产过程涉及客户订单、工位节距、生产节拍等众多约束条件，以及需要遵守多层次的生产调度策略，GRN 模型的生产参数与生产性能之间存在复杂非线性关系，因此，在生产性能分析问题中不能给出 U=f(X)的数学解析式，式（5-4）中的性能方差分量难以通过积分形式直接计算。针对以上特点，IGSA 方法利用蒙特卡罗算法对积分形式的生产性能方差分量进行估算，以计算生产性能对生产参数的敏感性系数：

$$V = \int_{x\in U^D} f^2(X)\mathrm{d}X - f_0^2 \approx \frac{1}{N}\sum_{n=1}^{N} f^2(\varepsilon_n) - \left(\frac{1}{N}\sum_{n=1}^{N} f(\varepsilon_n)\right)^2 \tag{5-6}$$

式中，$\varepsilon_n\,(n=1,2,\cdots,N)$为在混流装配线生产参数变化空间$U^D \equiv [0,1]^D$中的一个随机点，即$\varepsilon_n = \left(x_1^n, x_2^n, \cdots, x_n^n\right)$。

$$\begin{aligned} V_{d_\alpha,\cdots,d_\beta} &= \int_0^1 \cdots \int_0^1 f_{d_\alpha,\cdots,d_\beta}^2\left(x_{d_\alpha},\cdots,x_{d_\beta}\right)\mathrm{d}x_{d_\alpha},\cdots,x_{d_\beta} \\ &\approx \frac{1}{N}\sum_{n=1}^{N} f(\varepsilon_n) f(\varepsilon_n') = \frac{1}{N}\sum_{n=1}^{N} f(\eta_n,\xi_n) f(\eta_n,\xi_n') \end{aligned} \tag{5-7}$$

式中，ε_n 和 ε_n' 均为对参数集合$\{x_\alpha, x_{\alpha+1}, \cdots, x_\beta\}$取值不同（$\xi_n \neq \xi_n'$）而对参数集合$\{x_1, x_2, \cdots, x_{\alpha-1}\} \cup \{x_{\beta+1}, x_{\beta+2}, \cdots, x_D\}$取值相同（$\eta_n$）的两个随机点。

在以上公式中，N 表示随机样本点数量，蒙特卡罗估算的精确度随着 N 的增大而不断提高，并且当 $N\to\infty$时随机样本点实现被积函数的真实逼近，即获得真实积分值。但是由于生产参数变化空间内的每个样本点都需要仿真一次 GRN 模型以获得对应的生产性能指标，所以 N 的数量一般需要控制在合理范围内以避免过长的计算时间。目前，学者们已经提出了普通蒙特卡罗（Plain Monte Carlo，PMC）算法和基于 Sobol 序列的蒙特卡罗算法（Monte Carlo Algorithm based on Sobol Method，MCA-SM）等多种方法，在合理的计算时间内提高对生产性能方差的估算精度。

5.5.4 蒙特卡罗算法的估算精度

在现有蒙特卡罗估算法中，MCA-SM 基于 Sobol 伪随机序列，保证了样本点在被积区域内的均匀分布，获得了较高的估算精度，因此在多个领域中得到了较为广泛的应用。在 D=1 情况下的 MCA-SM 生成的样本点如图 5-10 所示，令 $g(x)=f^2(x)$，则有

$$\int_{x\in U^D} g(X)\mathrm{d}X = \int_0^1 g(x)\mathrm{d}x \approx \frac{1}{N}\sum_{n=1}^{N} g(\varepsilon_n) \tag{5-8}$$

式中，ε_n（n=1,2,⋯,N）为区间[0, 1]内的随机样本点。由于样本点均匀分布，相邻样本点之间的距离为 Δx =1/N，因此可以将式（5-8）转换为以下形式。

$$\int_0^1 g(x)\mathrm{d}x \approx \frac{1}{N}\sum_{n=1}^{N} g(\varepsilon_n) = \Delta x\sum_{n=1}^{N} g(\varepsilon_n) = \sum_{n=1}^{N} g(\varepsilon_n)\Delta x \tag{5-9}$$

图 5-10 所示为 MCA-SM 生成的样本点。图 5-11 所示为 MCA-SM 的估算误差。

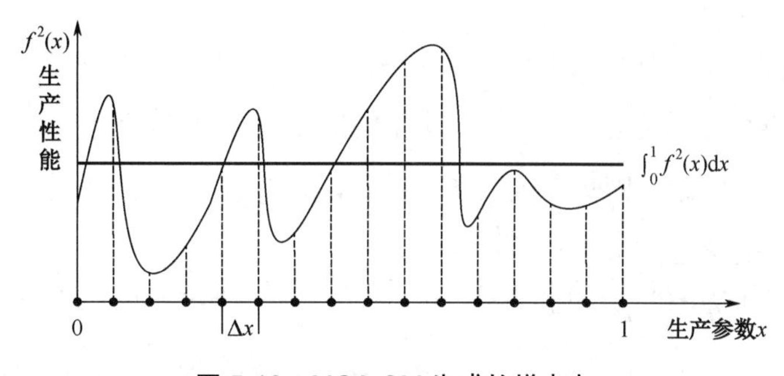

图 5-10 MCA-SM 生成的样本点

根据式（5-8）的转换过程，混流装配线生产性能方差的估算过程如图 5-11 中的折线所示。其中，生产性能方差在生产性能与生产参数呈现出线性相关性的区域（A、B）内估算误差较低，在生产性能出现极值的区域（C、D、E）内估算误差较大。

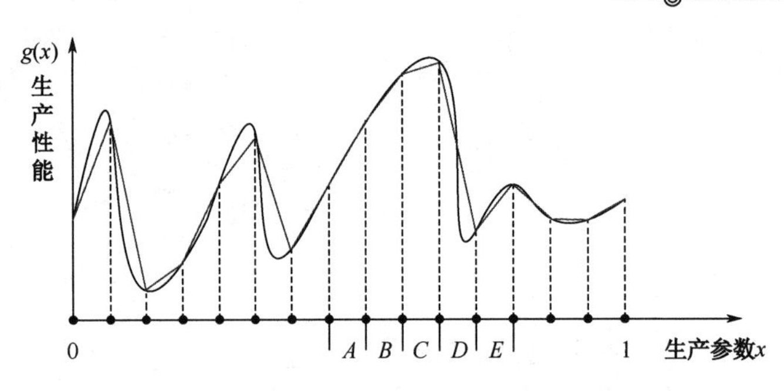

图 5-11　MCA-SM 的估算误差

在混流装配线中，资源能力参数和生产调度参数等生产参数的协同优化过程本质上是工位装配时间可调的投产排序问题，属于典型的 NP 困难问题，因此生产性能随着生产参数变化存在许多局部最优解。这些局部最优解对应生产性能曲线中的极值点，导致出现图 5-11 所示的 *C*、*D*、*E* 等较多极值区域，从而 MCA-SM 方法获得的估算精度较低。针对以上不足，基于 IGSA 的混流装配线生产性能分析方法中提出基于自适应 Sobol 序列的蒙特卡罗算法（Monte Carlo Algorithm based on Adaptive Sobol Method，MCA-ASM），利用生产参数的自适应随机采样过程提高生产性能方差的估算精度。

5.5.5　生产参数的自适应随机采样序列

针对现有 MCA-SM 对复杂非线性影响关系估算精度较低的缺陷，MCA-ASM 的基本流程如图 5-12 所示。首先在多个生产参数构成的积分域内初始化生成 N 个样本点，并将积分域划分为 I 个子区域，则每个区域 G_i 包括 N_i 个随机样本点。每个区域 G_i 利用其在各个维度生产参数的变化区间进行表示：

$$G_i = \left(\left[a_i^1, b_i^1\right], \left[a_i^2, b_i^2\right], \cdots, \left[a_i^D, b_i^D\right]\right),\ \ \forall i \in \{1, 2, \cdots, I\} \tag{5-10}$$

首先对区域 G_i 内的随机样本点进行判断，若 $N_i<2D$，则基于 Sobol 序列在区域内重新生成随机样本点，以满足 $N_i \geqslant 2D$。然后在这些随机样本点中，利用每组 $D+1$ 个随机样本点决定一个超平面，并根据式（5-11）计算超平面的法向量，即

$$\begin{aligned} F_{im} &= \left(h_{im1}, h_{im2}, \cdots, h_{imD}, 1\right) \\ &= NV\left\{\left(x_{ir1}, x_{ir2}, \cdots, x_{irD}, g\left(x_{ir1}, x_{ir2}, \cdots, x_{irD}\right)\right) \mid r = 1, 2, \cdots, D+1\right\} \\ &\qquad \forall M \in \{1, 2, \cdots, M\} \end{aligned} \tag{5-11}$$

式中，$\left(x_{r1},x_{r2},\cdots,x_{rD},g\left(x_{r1},x_{r2},\cdots,x_{rD}\right)\right)$为一个随机样本点；$NV(*)$为法向量的计算方程。

在获得M个方向量的基础上，根据式（5-12）计算区域G_i内的法向量在各个生产参数维度的变化标准差。

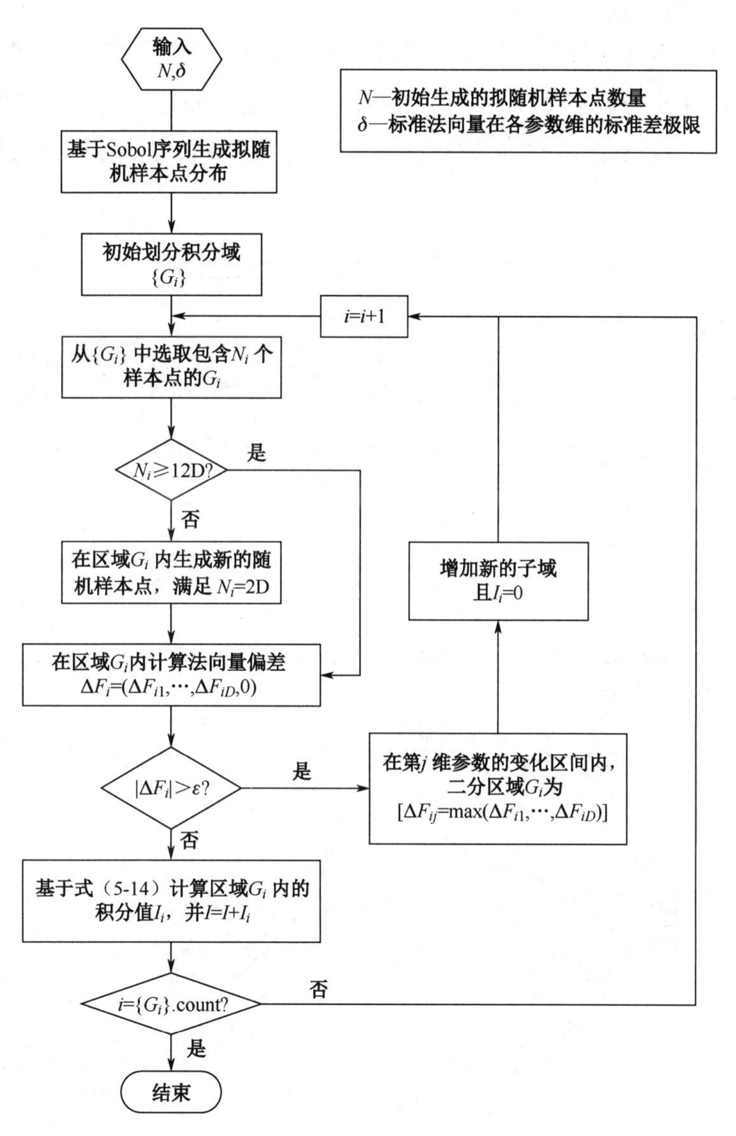

图 5-12　MCA-ASM 的基本流程

$$\Delta F_{id}=\frac{1}{M}\sqrt{\sum_{m=1}^{M}\left(h_{imd}-\frac{\sum_{\tau=1}^{M}h_{i\tau d}}{M}\right)^2}\text{，}\forall d\in\{1,2,\cdots,D\} \tag{5-12}$$

根据式（5-12）中的$\Delta F_{id}(d=1,2,\cdots,D)$进一步计算区域 G_i 内的法向量变化总方差ΔF_i。当$\Delta F_i\geqslant\delta$时，区域 G_i 判定为极值区域。令$VF_{iT}=\max\{VF_{i1},VF_{i2},\cdots,VF_{iD}\}$，则通过在法向量变化方差最大的生产参数维度进行变化区间的二分操作，将区域 G_i 进一步划分为两个新的子区域 G_{I+1} 与 G_{I+2}，且 I_i=0。

$$G_{I+1}\rightarrow\begin{cases}G_{I+1}=\left(\left[a_i^1,b_i^1\right],\left[a_i^2,b_i^2\right],\cdots,\left[a_i^j\ \frac{a_i^j+b_i^j}{2}\right],\cdots,\left[a_i^D,b_i^D\right]\right)\\ G_{I+2}=\left(\left[a_i^1,b_i^1\right],\left[a_i^2,b_i^2\right],\cdots,\left[\frac{a_i^j+b_i^j}{2},b_i^j\right],\cdots,\left[a_i^D,b_i^D\right]\right)\end{cases} \tag{5-13}$$

当$\Delta F_i<\delta$时，区域 G_i 判定为非极值区域。根据区域内的随机样本点，利用式（5-14）计算混流装配线生产性能在该区域内的积分估算值 I_i。

$$I_i=\frac{1}{N_i}\sum_{r=1}^{N_i}g(x_{r1},x_{r2},\cdots,x_{rD})\prod_{d=1}^{D}\left|b_i^d-a_i^d\right|\text{，}\forall i\in\{1,2,\cdots,I\} \tag{5-14}$$

当积分域内所有区域 G_i 都判定完成后，通过计算公式 I=I+I_i 获得对生产性能方差的积分估算值。

在 D=1 情况下的 MCA-ASM 的计算过程如图 5-13 所示。

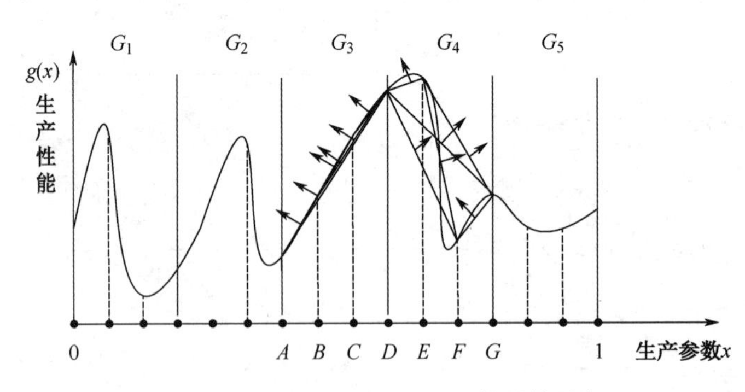

图 5-13　MCA-ASM（D=1）的计算过程

首先，在积分域初始化生成 16 个随机样本点，并将积分域划分为 5 个子区域，每个区域包括 4 个初始样本点。

其次，在每个区域内，计算每对样本点间直线的标准法向量，如在区域 G_3 中计算线 L_{AB}、L_{AC}、L_{AD}、L_{BC}、L_{BD}、L_{CD} 的标准法向量 $F_{3m}=(h_m,1)$ $(m=1,\cdots,6)$。

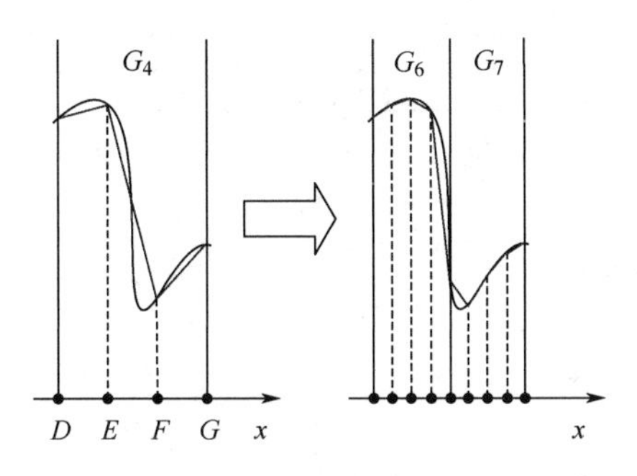

图 5-14 区域 G_4 中的 MCA-ASM

再次，根据式（5-12）计算这些法向量在生产参数维 X 的标准差 ΔF_{31}。在区域 G_3 中，由于所有法向量几乎在同一方向，因此 $\Delta F_{31}\approx 0$，表明该区域为非极值区域，可以利用式（5-14）进行估算。而在区域 G_4 中，法向量间的方向变化较大，因此 ΔF_{32} 呈现出较大值，该区域判断为极值区域。如图 5-14 所示，需要根据式（5-13）将区域 G_4 划分为两个新的区域 G_6 与 G_7，并在新的区域内生成更多随机样本点，以提高估算精度。

以图 5-15 所示的积分函数为例，MCA-SM 在积分域内生成如图 5-16（a）所示的 1000 个随机样本点，通过样本点的均匀分布对函数积分进行估算，而 MCA-ASM 在积分域内生成如图 5-16（b）所示的 1000 个随机样本点，通过自适应增加极值区域内的随机样本点数量估算积分值。由于 MCA-ASM 在极值区域内利用较多的随机样本点实现了更准确的积分估算，而在非极值区域内随机样本点数量减少不会对估算精度产生明显影响，所以 MCA-ASM 通过更加合理的积分估算过程，提高了估算精度。

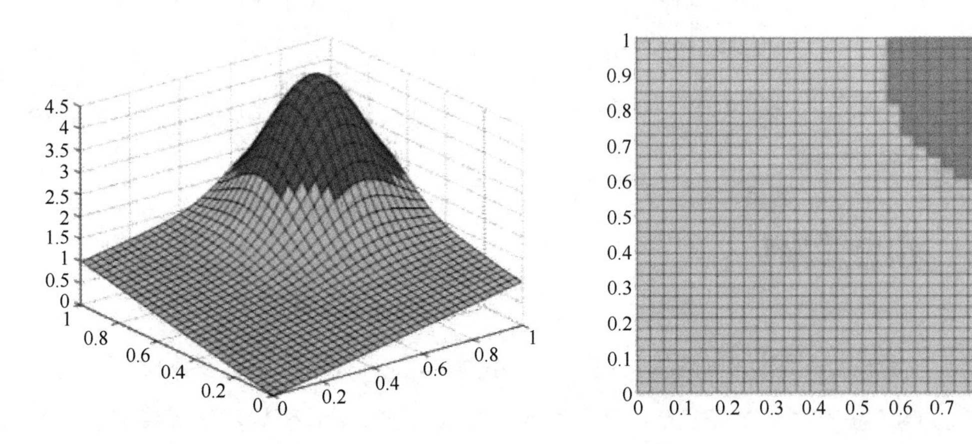

图 5-15 积分函数示例（D=2）

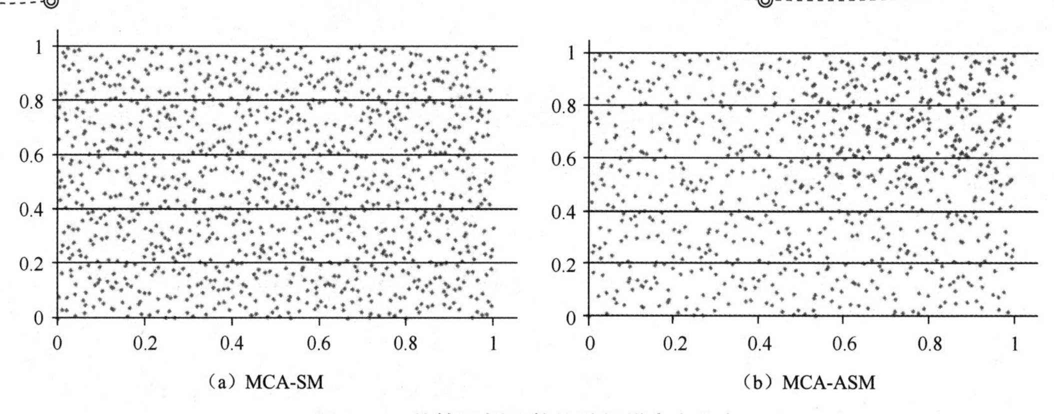

图 5-16　估算示例函数的随机样本点分布

5.5.6　混流装配线生产过程的影响系数矩阵

基于 IGSA 方法，可以计算混流装配线生产计划中由生产调度参数集合$\{h_1, h_2, \varepsilon_1, \varepsilon_2, \varepsilon_3, \varepsilon_4\}$与资源能力参数集合$\{p_1, p_2, \cdots, p_k, \cdots, p_K\}$构成的生产参数集合$\{x_1, x_2,\cdots,x_D\}$对各项生产性能$u_i \in \left\{ u_1 = \sum_{n=1}^{N} q_n \left| \sum_{j=1}^{J} j y_{nj} - d_n \right| / P_0; u_2 = \sum_{j=1}^{J}\sum_{k=1}^{K}\sum_{i=1}^{I} w_{jki} / W_0; \cdots \right\}$ 的影响系数$[r_{i1}, r_{i2}, \cdots, r_{iD}]$，以此为基础构建混流装配线生产过程的影响系数矩阵：

$$
\boldsymbol{R} = \begin{bmatrix} r_{11} & r_{12} & \cdots & r_{1d} & \cdots & r_{1D} \\ r_{21} & r_{22} & \cdots & r_{2d} & \cdots & r_{2D} \\ \vdots & \vdots & \vdots & \vdots & \vdots & \vdots \\ r_{i1} & r_{i2} & \cdots & r_{id} & \cdots & r_{iD} \\ \vdots & \vdots & \vdots & \vdots & \vdots & \vdots \\ r_{I1} & r_{I2} & \cdots & r_{Id} & \cdots & r_{ID} \end{bmatrix} \tag{5-15}
$$

式中，r_{id}为生产参数x_d对生产性能u_i的影响系数。$\boldsymbol{R}$作为混流装配线生产计划方式决策模型输入量，提供决策依据。

5.6　企业案例

以某柴油发动机装配线为例，随机生成客户订单集合，将所有生产调度参数$\{h_1, h_2, \varepsilon_1, \varepsilon_2, \varepsilon_3, \varepsilon_4\}$都预设为 0.5 获得生产调度信息，基于表 5-2 所示工位装配时间构建混流装配线生产过程的 GRN 模型，获得生产参数与生产性能之间的影响关系$u=f(X)$。然后基于 IGSA 方法分析生产参数对生产性能的影响系数，获得生产性能分析结果，对基于 IGSA 的生产性能分析方法进行实例验证。

表 5-2 柴油发动机装配线工位装配时间

工位	发动机				工位	发动机			
	A	B	C	D		A	B	C	D
1	128s	133s	135s	143s	10	110s	138s	135s	135s
2	117s	133s	137s	143s	11	120s	138s	135s	135s
3	125s	137s	128s	135s	12	125s	133s	132s	140s
4	125s	137s	128s	135s	13	130s	135s	135s	140s
5	133s	142s	144s	145s	14	132s	132s	130s	134s
6	133s	140s	142s	140s	15	132s	132s	130s	134s
7	139s	142s	139s	140s	16	130s	139s	132s	132s
8	139s	140s	139s	140s	17	130s	132s	132s	132s
9	128s	138s	139s	140s					

实例验证以投产排序阶段每个生产周期所需完成的生产计划作为分析对象，分析生产参数中的资源能力参数对生产性能中的工位过载时间的影响系数。用$[n_{\mathrm{A}}, n_{\mathrm{B}}, n_{\mathrm{C}}, n_{\mathrm{D}}]$表示生产周期需要完成的生产计划，其中 n_{A} 表示对 A 类发动机需要完成的数量。所有工位的资源能力参数$\{p_1, p_2, \cdots, p_{17}\}$的变化整区为$[(100-\alpha)\%, (100+\alpha)\%]$，以 S_i（i=1,2,⋯,17）表示各个工位的资源能力参数对工位过载时间的影响系数。

5.6.1 敏感性分析方法对比实验

为对比 IGSA 方法与传统全局敏感性分析方法的估算精度，首先在给定生产计划与样本点数量相同情况下，分别利用 MCA-ASM 和 MCA-SM 估算生产性能方差 $\int_{X\in U^D} f^2(X)\mathrm{d}X$，并且在以样本点数量 $N=10^5$ 的情况下 MCA-SM 对生产性能方差 $\int_{X\in U^D} f^2(X)\mathrm{d}X$ 的估算结果作为生产性能方差的真实值，分别计算两种方法的估算值相对真实值的误差大小。以生产计划[81,26,36,17]为例，表 5-3 列出了 MCA-SM 与 MCA-ASM 在 N 取值为 600、700、800、900、1000、1100、1200 情况下对混流装配线生产性能方差的估算误差。

表 5-3　MCA-SM 和 MCA-ASM 对混流装配线生产性能方差的估算误差

估 算 方 法	N							
	600	700	800	900	1000	1100	1200	平均值
MCA-ASM	0.0035	0.0034	0.0030	0.0027	0.0016	0.0010	0.0009	0.0023
MCA-SM	0.0076	0.0069	0.0058	0.0056	0.0033	0.0024	0.0022	0.0048

如图 5-17 所示，随着样本点数量 N 的增加，两种方法对混流装配线生产性能方差的估算误差都呈现下降趋势。由于 MCA-ASM 针对混流装配线生产性能随生产参数变化存在的较多局部最优点，所以采用了更为合理的生产参数自适应随机采样序列，在样本点数量相同的情况下获得了比 MCA-SM 更加精确的估算结果。

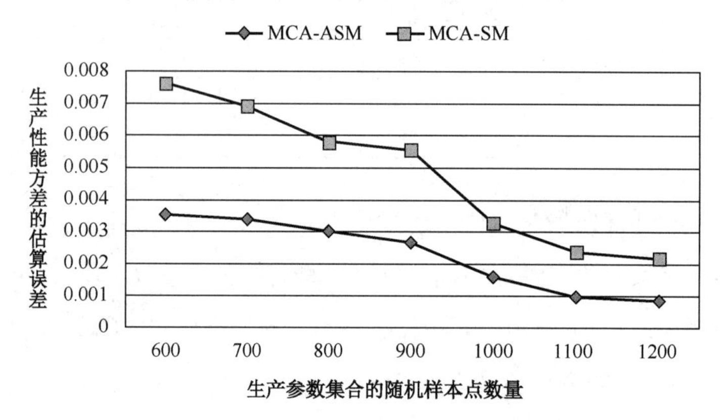

图 5-17　MCA-SM 和 MCA-ASM 对混流装配线生产性能方差的估算误差图

基于以上分析过程，对比实验随机生成 10 组生产计划，在每组生产计划中分别利用 MCA-SM 和 MCA-ASM 估算混流装配线的生产性能方差 $\int_{X\in U^D} f^2(X)\mathrm{d}X$。在样本点数量 N 为 600、700、800、900、1000、1100、1200 情况下分别计算混流装配线生产性能方差的估算误差，并统计在这些样本点数量下的平均估算误差，获得表 5-4 所示的对比实验结果。

如图 5-18 所示，随着生产计划变化，MCA-SM 和 MCA-ASM 对混流装配线生产性能方差进行了不同的平均估算误差。由于 MCA-ASM 对混流装配线生产性能方差的估算过程更为合理，在各组生产计划中 MCA-ASM 都减少了估算误差，获得了比 MCA-SM 更高的估算精度。

表 5-4 不同生产计划下 MCA-ASM 和 MCA-SM 对混流装配线生产性能方差的估算误差

编号	生产计划	生产性能方差的估算误差（MCA-ASM）	生产性能方差的估算误差（MCA-SM）
1	[48,114,80,64]	0.00417	0.00492
2	[48,72,72,80]	0.00197	0.00487
3	[88,64,80,40]	0.00332	0.00545
4	[56,96,48,72]	0.00476	0.00485
5	[48, 72,48 ,96]	0.00122	0.00136
6	[48,114,80,64]	0.00226	0.00261
7	[48,72,72,80]	0.00513	0.00529
8	[88,64,80,40]	0.00468	0.00508
9	[56,96,48,72]	0.00413	0.00551
10	[48,48,72,96]	0.00080	0.00103

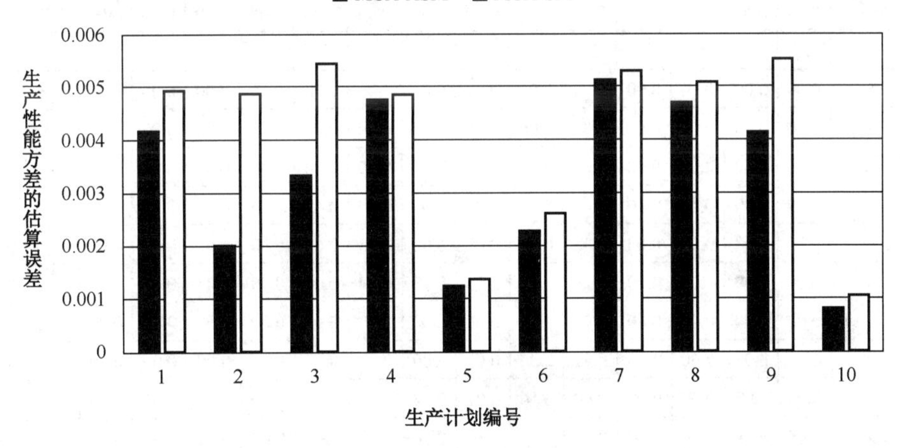

图 5-18 不同生产计划下 MCA-SM 和 MCA-ASM 对混流装配线生产性能方差的估算误差图

综上所述，对比实验结果证明改进全局敏感性分析方法通过采用 MCA-ASM 估算混流装配线生产性能方差，获得了比传统敏感性分析方法更为精确的分析结果。

5.6.2 柴油发动机装配线生产性能分析实例

基于对比试验结果，利用随机样本点数量 N=1100 的 MCA-ASM 分析不同生产计划时工位过载时间对工位能力参数的敏感性系数，如表 5-5 所示。

表 5-5　不同生产计划下的 IGSA 结果

生产计划	α/%	工位																
		1	2	3	4	5	6	7	8	9	10	11	12	13	14	15	16	17
	5	0.00	0.00	0.00	0.00	0.00	0.00	0.00	0.00	0.00	0.00	0.00	0.00	0.00	0.00	0.00	0.00	0.00
[29,	8	0.00	0.00	0.00	0.00	0.00	0.00	0.00	0.00	0.00	0.00	0.00	0.00	0.00	0.00	0.00	0.00	0.00
61,	11	0.00	0.00	0.00	0.00	0.00	0.00	0.00	0.00	0.00	0.00	0.00	0.00	0.00	0.00	0.00	0.00	0.00
57,	14	0.00	0.00	0.00	0.00	0.00	0.00	0.00	0.00	0.00	0.00	0.00	0.00	0.00	0.00	0.00	0.00	0.00
18]	17	0.00	0.00	0.00	0.00	0.00	0.00	0.00	0.00	0.00	0.00	0.00	0.00	0.00	0.00	0.00	0.00	0.00
	20	0.00	0.00	0.00	0.00	0.00	0.00	0.00	0.00	0.00	0.00	0.00	0.00	0.00	0.00	0.00	0.00	0.00
	5	0.00	0.00	0.00	0.00	0.00	0.00	0.00	0.00	0.00	0.00	0.00	0.00	0.00	0.00	0.00	0.00	0.00
[106,	8	0.00	0.00	0.00	0.00	0.00	0.00	0.00	0.00	0.00	0.00	0.00	0.00	0.00	0.00	0.00	0.00	0.00
32,	11	0.00	0.00	0.00	0.00	0.00	0.00	0.00	0.00	0.00	0.00	0.00	0.00	0.00	0.00	0.00	0.00	0.00
23,	14	0.00	0.00	0.00	0.00	0.00	0.00	0.00	0.00	0.00	0.00	0.00	0.00	0.00	0.00	0.00	0.00	0.00
5]	17	0.00	0.00	0.00	0.00	0.00	0.00	0.00	0.00	0.00	0.00	0.00	0.00	0.00	0.00	0.00	0.00	0.00
	20	0.00	0.00	0.00	0.00	0.00	0.00	0.00	0.00	0.00	0.00	0.00	0.00	0.00	0.00	0.00	0.00	0.00
⋮	⋮	⋮	⋮	⋮	⋮	⋮	⋮	⋮	⋮	⋮	⋮	⋮	⋮	⋮	⋮	⋮	⋮	⋮
	5	0.00	0.00	0.00	0.00	0.00	0.00	0.00	0.00	0.00	0.00	0.00	0.00	0.00	0.00	0.00	0.00	0.00
[40,	8	0.00	0.00	0.00	0.00	0.00	0.00	0.00	0.00	0.00	0.00	0.00	0.00	0.00	0.00	0.00	0.00	0.00
4,	11	0.00	0.00	0.00	0.00	0.00	0.00	0.00	0.00	0.00	0.00	0.00	0.00	0.00	0.00	0.00	0.00	0.00
84,	14	0.09	0.09	0.00	0.00	0.82	0.00	0.00	0.00	0.00	0.00	0.00	0.00	0.00	0.00	0.00	0.00	0.00
49]	17	0.08	0.08	0.00	0.00	0.43	0.20	0.06	0.06	0.05	0.00	0.00	0.02	0.02	0.00	0.00	0.00	0.00
	20	0.06	0.09	0.00	0.00	0.29	0.18	0.14	0.13	0.10	0.00	0.00	0.03	0.03	0.00	0.00	0.00	0.00
	5	0.00	0.00	0.00	0.00	0.00	0.00	0.00	0.00	0.00	0.00	0.00	0.00	0.00	0.00	0.00	0.00	0.00
[15,	8	0.04	0.04	0.00	0.00	0.91	0.00	0.00	0.00	0.00	0.00	0.00	0.00	0.00	0.00	0.00	0.00	0.00
45,	11	0.08	0.07	0.00	0.00	0.60	0.16	0.02	0.02	0.02	0.00	0.00	0.01	0.01	0.00	0.00	0.00	0.00
37,	14	0.05	0.08	0.00	0.00	0.42	0.17	0.10	0.10	0.07	0.00	0.00	0.02	0.02	0.00	0.00	0.00	0.00
87]	17	0.06	0.08	0.00	0.00	0.29	0.15	0.13	0.13	0.09	0.01	0.01	0.02	0.04	0.00	0.00	0.00	0.00
	20	0.06	0.08	0.01	0.00	0.22	0.14	0.14	0.14	0.09	0.03	0.03	0.03	0.04	0.01	0.01	0.01	0.00
	5	0.00	0.00	0.00	0.00	0.37	0.19	0.25	0.19	0.01	0.00	0.00	0.00	0.00	0.00	0.00	0.00	0.00
[47,	8	0.01	0.01	0.00	0.00	0.29	0.19	0.22	0.19	0.06	0.01	0.01	0.00	0.01	0.00	0.01	0.00	0.00
56,	11	0.02	0.02	0.00	0.00	0.22	0.17	0.19	0.17	0.08	0.02	0.02	0.01	0.04	0.01	0.03	0.01	0.00
95,	14	0.04	0.02	0.01	0.01	0.18	0.14	0.16	0.14	0.08	0.03	0.03	0.02	0.05	0.02	0.04	0.02	0.00
5]	17	0.04	0.03	0.02	0.02	0.15	0.13	0.14	0.12	0.08	0.03	0.04	0.03	0.05	0.03	0.05	0.03	0.01
	20	0.05	0.04	0.03	0.03	0.13	0.11	0.12	0.11	0.08	0.03	0.04	0.03	0.06	0.03	0.05	0.04	0.02
⋮	⋮	⋮	⋮	⋮	⋮	⋮	⋮	⋮	⋮	⋮	⋮	⋮	⋮	⋮	⋮	⋮	⋮	⋮

续表

生产计划	α/%	工位																
		1	2	3	4	5	6	7	8	9	10	11	12	13	14	15	16	17
[87,21,62,69]	5	0.06	0.06	0.06	0.06	0.07	0.06	0.07	0.07	0.06	0.04	0.06	0.06	0.06	0.06	0.06	0.06	0.05
	8	0.06	0.06	0.06	0.06	0.07	0.06	0.07	0.07	0.06	0.04	0.06	0.06	0.06	0.06	0.06	0.06	0.05
	11	0.06	0.05	0.05	0.05	0.07	0.07	0.07	0.07	0.07	0.04	0.05	0.06	0.06	0.06	0.06	0.06	0.04
	14	0.07	0.05	0.05	0.05	0.08	0.07	0.08	0.08	0.07	0.04	0.05	0.06	0.07	0.06	0.06	0.06	0.04
	17	0.06	0.05	0.05	0.05	0.08	0.07	0.08	0.08	0.07	0.04	0.05	0.06	0.06	0.06	0.06	0.05	0.04
	20	0.06	0.05	0.05	0.05	0.08	0.08	0.08	0.08	0.07	0.04	0.05	0.06	0.06	0.06	0.06	0.05	0.04
[68,62,67,54]	5	0.06	0.06	0.06	0.06	0.07	0.06	0.06	0.06	0.06	0.06	0.06	0.06	0.06	0.06	0.06	0.06	0.05
	8	0.06	0.06	0.06	0.06	0.07	0.06	0.06	0.06	0.06	0.06	0.06	0.06	0.06	0.06	0.06	0.06	0.05
	11	0.06	0.06	0.06	0.06	0.07	0.06	0.06	0.06	0.06	0.06	0.06	0.06	0.06	0.06	0.06	0.06	0.05
	14	0.06	0.06	0.06	0.06	0.07	0.06	0.06	0.06	0.06	0.06	0.06	0.06	0.06	0.06	0.06	0.06	0.05
	17	0.06	0.06	0.06	0.06	0.07	0.06	0.06	0.06	0.06	0.06	0.06	0.06	0.06	0.06	0.05	0.05	0.05
	20	0.07	0.06	0.05	0.05	0.07	0.06	0.07	0.06	0.06	0.05	0.05	0.06	0.06	0.05	0.05	0.05	0.05

由分析结果可知，在不同生产计划和不同工位能力变化区间下，各工位的敏感性系数呈现出以下3种主要分布情况。

（1）当需要完成[29,61,57,18]和[106,32,23,5]等需求总量较小的生产计划时，所有工位的敏感性系数为零。

（2）当需要完成[40,4,84,49]和[15,45,37,87]等需求总量适中的生产计划时，部分工位的敏感性系数较大，且这类工位的数量随 α 的增大而增加。

（3）当需要完成[87,21,62,69]和[68,62,67,54]等需求总量较大的生产计划时，所有工位的敏感性系数为近似相等的常量。

具体针对生产计划[48,32,16,96]的敏感性分析结果如图5-19所示。当 α=5%时，工位能力参数变化对工位过载时间产生的影响十分有限。当 α=8%时，工位5与工位7的能力参数变化对工位过载时间产生显著影响。当 α>8%时，工位5、6、7、8、9的能力参数变化对工位过载时间产生显著影响。

根据工位装配时间可知，这类工位的主要特点是对生产计划中需求比例较高的发动机大类有着较长的装配时间。这是由于生产计划[48,32,16,96]所需完成的发动机数量较少，各工位中在完成装配任务之余还存在一定空闲时间，因此工位过载情况发生较少，并且装配线的生产性能变化主要呈现为工位装配时间延长导致的工位过载时间增加。当 α 较小时，工位装配时间延长在大部分情况下可以通过工位空闲时间有效抵消，即工位能力参数变化对工位过载时间不产生影响。而当工位能力的变化幅度过大时，在对需求比例较高的发动机大类有着较长的装配时间的工位中，由于工位中的空闲时间较短，逐渐不足以抵消工位装配时间的增长，所以导致了这些工位的能力参数变化对工位过载时间产生一定影响。

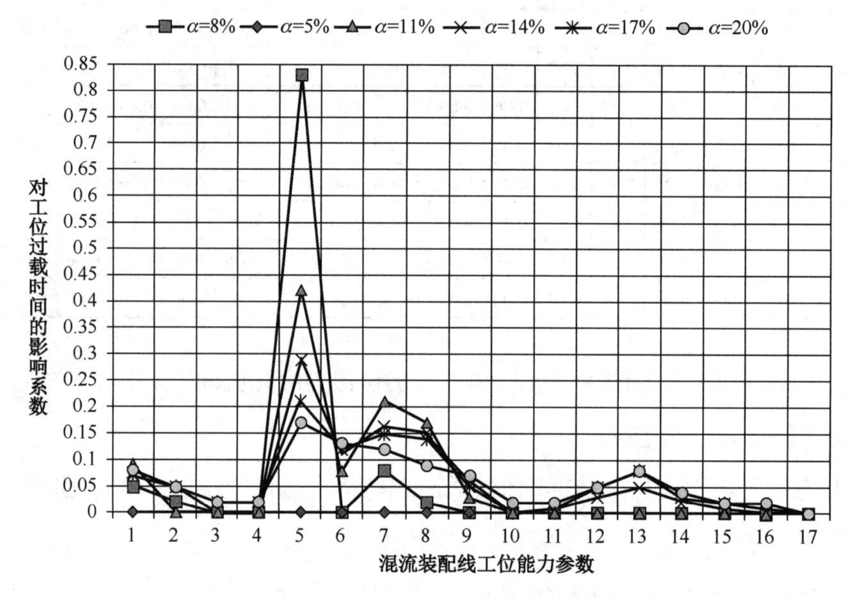

图 5-19　生产计划[48,32,16,96]的敏感性分析结果

生产计划[68,44,44,44]的发动机需求总量在所有生产计划中相对适中，其敏感性分析结果如图 5-20 所示。当 α=5%时，工位 5、6、7、8、9、13 和工位 15 的能力参数变化对工位过载时间产生显著影响。此外，随着 α 的增加，这类工位数量也逐步增多。

在这类需求总量适中的生产计划中，各工位的装配时间与生产节拍比较接近，即装配线工位中同时存在空闲情况与过载情况，并且过载情况多发生在对生产计划中需求比例较高的发动机大类有着较长的装配时间。当 α 较小时，工位能力参数的变化主要在过载情况较多的工位中对工位过载时间产生影响，而空闲情况较多的工位则通过空闲时间抵消装配时间增长，不对工位过载时间产生影响。随着 α 的增加，空闲情况较多的工位也逐渐出现过载情况，导致工位能力参数变化在更多工位中对工位过载时间产生影响。

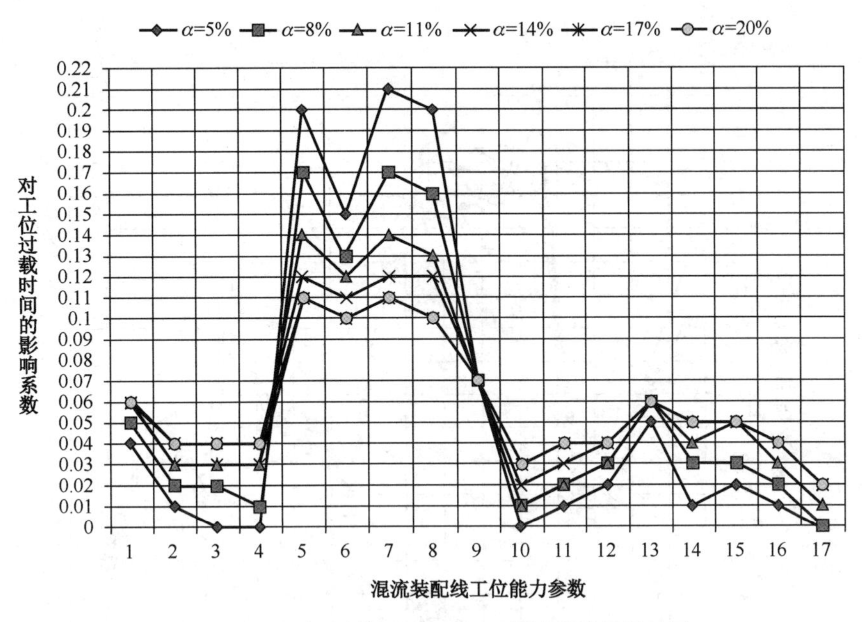

图 5-20 生产计划[68,44,44,44]的敏感性分析结果

生产计划[36,55,55,64]中的发动机需求总量进一步增加，其敏感性分析结果如图 5-21 所示。随着 α 的变化，各工位的能力参数对工位过载时间产生了近似相同的影响系数，且变化较小。在这类需求总量较大的生产计划中，生产节拍较为紧迫，各工位忙于完成繁重的装配任务，过载情况较多。因此，工位装配时间的增长或缩短会对工位过载时间产生较为明显的影响，并且各工位的能力参数变化导致的装配线性能方差分量比较接近，即各工位的敏感性系数近似。

基于以上讨论可知，柴油发动机装配线在不同生产计划下的敏感性分析结果正确反映了装配线生产过程中工位能力参数对工位过载时间的影响系数，实现了定量分析生产参数对生产性能影响程度的目标。综上所述，针对混流装配线生产过程中 GRN 模型具备的复杂非线性特点与生产参数的协同优化需求，IGSA 方法相对于传统方法更为高效地估算了生产参数随机变化下的生产性能方差，提高了敏感性系数的估算精度，并且 IGSA 方法在不同生产计划情况下的分析结果，正确反映了混流装配线中工位能力参数对工位过载时间的影响程度，体现了 IGSA 方法对混流装配线生产性能分析的有效性，能够为混流装配线生产计划方式决策提供科学依据。

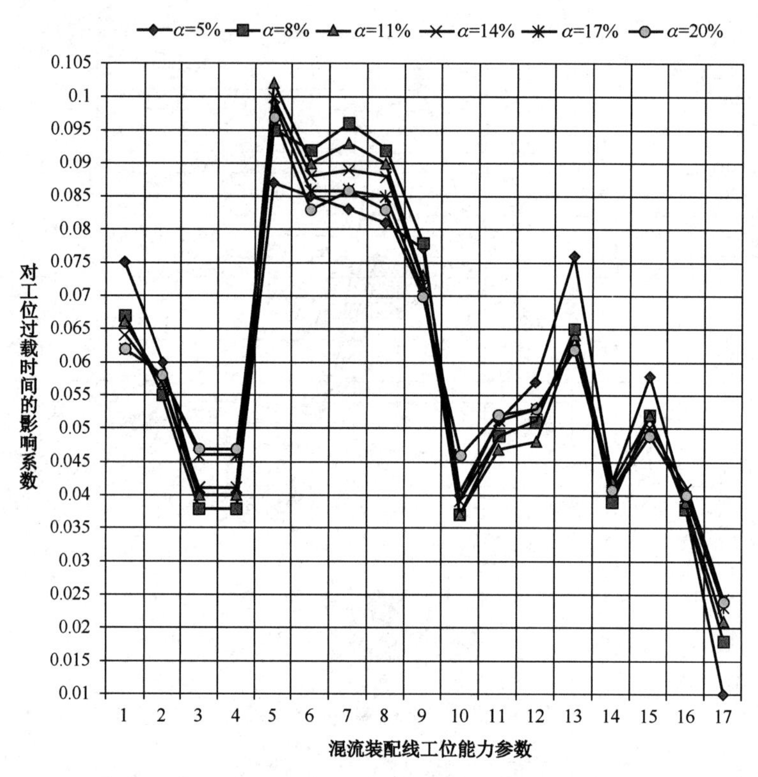

图 5-21　生产计划[36,55,55,64]的敏感性分析结果

5.7　本章小结

针对 GRN 模型中生产参数对生产性能的影响关系，本章介绍了基于 IGSA 方法的混流装配线生产性能数据关联分析方法，利用某柴油发动机装配线实例数据，对比展示了 IGSA 方法与现有方法的计算精度，以计算得到的混流装配线生产过程的影响系数，为生产计划方式决策提供科学依据。

本章参考文献

[1] Nossent J, Elsen P, Bauwens W. Sobol'sensitivity analysis of a complex environmental model [J]. Environmental Modelling & Software, 2011, 26(12): 1515-1525.

[2] Azadeh A, Nazari-Shirkouhi S, Hatami-Shirkouhi L, et al. A unique fuzzy multi-criteria decision making: computer simulation approach for productive operators' assignment in cellular manufacturing systems with uncertainty and vagueness[J]. The International Journal of Advanced Manufacturing Technology, 2011, 56(1-4): 329-343.

[3] Andijani A A, Anwarul M. Manufacturing blocking discipline: A multi-criterion approach for buffer allocations[J]. International Journal of Production Economics, 1997, 51(3): 155-163.

[4] Dimov I, Georgieva R, Ostromsky T, et al. Advanced algorithms for multidimensional sensitivity studies of large-scale air pollution models based on Sobol sequences [J]. Computers & Mathematics with Applications, 2013, 65(3): 338-351.

[5] Sobol IM. Global sensitivity indices for nonlinear mathematical models and their Monte Carlo estimates [J]. Mathematics and Computers in Simulation, 2001, 55(1-3): 271－280.

[6] Petrovic S, Fayad C, Petrovic D. Sensitivity analysis of a fuzzy multiobjective scheduling problem [J]. International Journal of Production Research, 2008, 46(12): 3327－3344.

[7] Seleim A, ElMaraghy H. Parametric analysis of Mixed-Model Assembly Lines using max-plus algebra [J]. CIRP Journal of Manufacturing Science and Technology, 2014, 7(4): 305-314.

[8] Moradi H, Zandieh M. An imperialist competitive algorithm for a mixed-model assembly line sequencing problem [J]. Journal of Manufacturing Systems, 2013, 32(1): 46-54.

[9] Dimov I, Georgieva R, Ostromsky T. Monte Carlo sensitivity analysis of an Eulerian large-scale air pollution model [J]. Reliability Engineering & System Safety, 2012, 107: 23-28.

[10] Kucherenko S, Rodriguez-Fernandez M, Pantelides C, et al. Monte Carlo evaluation of derivative-based global sensitivity measures [J]. Reliability Engineering & System Safety, 2009, 94(7): 1135-1148.

[11] Rubinstein RY, Kroese DP. Simulation and the Monte Carlo method [M]. John Wiley & Sons, 2016.

[12] Sobol IM, Kucherenko SS. On global sensitivity analysis of quasi-Monte Carlo algorithms [J]. Monte Carlo Methods and Applications, 2005, 11(1):1-9.

[13] Dimov I, Georgieva R. Adaptive Monte Carlo approach for sensitivity analysis [J]. Procedia - Social and Behavioral Sciences, 2010, 2(6): 7644 - 7645.

[14] Kucherenko S, Feil B, Shah N, et al. The identification of model effective dimensions using global sensitivity analysis [J]. Reliability Engineering & System Safety, 2011, 96(4): 440-449.

[15] Boysen N, Fliedner M, Scholl A. Sequencing mixed-model assembly lines: Survey, classification and model critique [J]. European Journal of Operational Research, 2009, 192(2): 349-373.

[16] Brucker P, Shakhlevich NV. Inverse scheduling: two-machine flow-shop problem [J]. Journal of Scheduling, 2011, 14(3): 239-256.

第6章

混流装配线生产计划方式智能决策方法

混流装配线生产计划方式智能决策方法需要以生产性能分析过程中获得的大量影响系数为决策依据，在利用历史数据训练决策模型的基础上，决策输出适合订单变化情况的合理生产计划方式。本章首先分析混流装配线生产计划方式的实际决策需求、现阶段面向生产计划方式的多分类方法现状；然后详细阐述支持向量机的小样本、多分类功能，以及基于证据理论的生产计划方式决策体系；最后列举混流装配线生产计划方式智能决策方法在典型企业中的应用案例。

6.1 混流装配线生产计划方式的决策需求

混流装配线生产计划方式决策问题以生产参数对生产性能的影响系数矩阵为决策依据，基于历史数据训练生产计划方式决策模型，为混流装配线生产过程选择能够有效提升性能的合理生产计划方式。由于混流装配线生产计划需要避免过于频繁的调整频次，生产计划方式决策过程只能积累少量的历史数据样本，即决策问题是一个小样本问题。同时，不同生产计划方式适用的客户订单变化情况一般难以形成明显区分准则，生产计划方式决策问题还属于具有模糊分类边界的多分类问题。

由于需要基于小规模的历史数据样本在 3 种生产计划方式中进行选择决策，所以混流装配线生产计划方式决策问题具有小样本和多分类的特点。此外，针对客户订单变化情况，3 种生产计划方式对生产性能都可能达到一定提升效果，并且难以绝对区分提升效果之间的优劣势，因此混流装配线的生产计划方式之间缺乏清晰的区分准则或分类边界。在现有决策方法中，支持向量机（Support Vector Machine，SVM）是针对小样本分类问题提出的一种人工智能方法，相对于其他方法能够比较好地满足混流装配线的生产计划方式决策需求。但是 SVM 方法在解决没有明显分类边界的生产计划方式决策问题时，容易因为 SVM 之间的分类冲突性和分类不确定性导致生产计划方式的分类准确度较低。针对具备小样本、多分类和模糊分类边界的混流装配线生产计划方式决策问题，如何提出一种基于历史数据的生产计划方式决策方法，根据生产过程中生产参数对生产性能的影响系数决策输出合理生产计划方式，成为需要解决的重点问题。

6.2 面向生产计划方式的多分类方法的现状

目前已有的面向生产计划的多分类方法主要包括多属性效用理论、层次分析法、模糊多属性决策、粗糙集理论和基于人工智能的决策方法。

1. 多属性效用理论

多属性效用理论是指每个目标层问题都用一种函数表示以代表其效用程度，先求得每层问题的权重值，再构造总效用函数，并结合效用函数通过对各目标进行加权来确定方案的优劣。它是在多个不同的准则限制下进行多方式决策的一种综合评价方法。多属性效用理论如图 6-1 所示。

图 6-1　多属性效用理论

从图 6-1 中可以看出，多准则决策理论的主要组成就是多属性判决和多目标判决。这两种判决因为所选对象的不同而不同，一般多属性判决是针对离散的选择方案，而多目标判决研究的才是可连续对象的选择方案。此外，有研究人员基于多属性决策问题中的多种备选方案，利用效用概念来对备选方案的属性值进行描述，并基于效用合成理论实现备选方案的综合评价，形成决策结果。但是在以上过程中，实现备选方案综合评价的效用合成理论缺乏可靠的数学依据，并且当考虑的属性数量较多时，多属性效用函数需要依赖较为庞大的计算工作量。

2. 层次分析法

层次分析的原理就是按层次来对问题进行求解。首先比较各层问题的重要程度，将其按重要程度大小进行排序，先求得最重要问题的解，在求次要问题的解，最后求出最次的那一层问题的解。运用层次分析法有很多优点，其中最重要的一点就是简单明了。层次分析法不仅适用于存在不确定性和主观信息的情况，还允许以合乎逻辑的方式运用经验、洞察力和直觉。也许层次分析法最大的优点是提出了层次本身，使得买方能够认真地考虑和衡量指标的相对重要性。

图 6-2 所示为层次分析图。

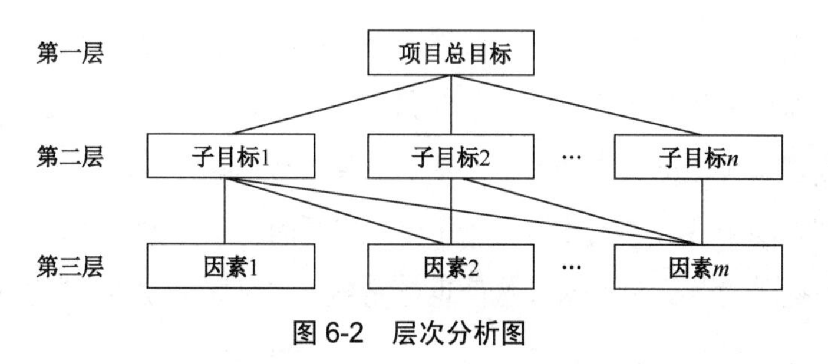

图 6-2 层次分析图

建立层次分析方法的一般步骤如下。

步骤 1：建立层次结构模型。

在深入分析实际问题的基础上，将有关的各因素按照不同属性自上而下地分解成若干层次，同一层的诸因素从属于上一层的因素或对上层因素有影响，同时又支配下一层的因素或受到下层因素的作用。最上层为目标层，通常只有一个因素，最下层通常为方案或对象层，中间可以有一个或几个层次，通常为准则或指标层。当准则过多时（如多于 9 个）应进一步分解出子准则层。

步骤 2：构造成对比较阵。

从层次结构模型的第 2 层开始，对于从属于（或影响）上一层每个因素的同一层诸因素，用成对比较法和 1～9 比较尺度构造成对比较阵，直到最下层。

步骤 3：计算权向量并做一致性检验。

对于每一个成对比较阵计算最大特征根及对应特征向量，利用一致性指标、随机一致性指标和一致性比率做一致性检验。若检验通过，则特征向量（归一化后）即为权向量；若不通过，则需重新构造成对比较阵。

步骤 4：计算组合权向量并做组合一致性检验。

计算最下层对目标的组合权向量，并根据公式做组合一致性检验。若检验通过，则可按照组合权向量表示的结果进行决策；否则需要重新考虑模型或重新构造那些一致性比率较大的成对比较阵。

层次分析法是一种定性和定量相结合的、系统化、层次化的分析方法。由于它在处理复杂的决策问题上的实用性和有效性，很快就在世界范围得到重视。它的应用已遍及经济计划和管理、能源政策和分配、行为科学、军事指挥、运输、农业、教育、人才、医疗和环境等领域。在现有相关文献中，主要利用层次分析法，考虑选择过程中的定量因素和定性因素，以两两对比方式构建判断矩阵，并利用矩阵运算综合评价备选方案的权重值，以此为依据实现合理决策输出。层次分析法基于人类惯常思维方式，通过备选方案的相互比较提供决策依据，易于理解和实施，得到了较为广泛的应用。不过，该方法在备选方案需要考虑较多属性数量时，计算效率较低，也可能导致错误的比较结果，影响最终决策输出的合理性。

3．模糊多属性决策

根据决策空间的不同，一般经典的多准则决策可以划分为两个重要的领域，即多目标决策和多属性决策，目前对它们的应用也非常广泛。两者的区别在于：前者备选方案的个数是无限的，其决策空间为连续的；后者备选方案个数是有限的，其决策空间是离散的。实际上，可以认为，多目标决策是对未知方案的规划设计问题进行研究，而多属性决策是对已知方案的评价选择问题进行研究。

多属性决策可以表述为利用已知的决策信息，通过一定的算法对一组有限个备选方案的属性值信息进行集结并排序和择优。经典多属性决策问题的基本模型描述为：给定一组方案 $X=\{x_1,x_2,\cdots,x_n\}$，伴随每个方案的属性集 $U=\{u_1,u_2,\cdots,u_m\}$，设 $w=(w_1,w_2,\cdots,w_n)$ 为属性的加权向量，$w_j \geqslant 0(j=1,2,\cdots,m)$，且 $\sum_{j=1}^{m} w_j = 1$，在这里，决策问题中的属性值信息和权重信息可以用数字或语言短语表示。属性矩阵 $\boldsymbol{A}$ 表示为

$$\boldsymbol{A}=\begin{bmatrix} a_{11} & a_{12} & \dots & a_{1m} \\ a_{21} & a_{22} & \dots & a_{2m} \\ \vdots & \vdots & \vdots & \vdots \\ a_{11} & a_{12} & \dots & a_{mn} \end{bmatrix} \tag{6-1}$$

决策的目的是通过对权重信息和属性值矩阵实行变换，找出 $x_i(i=1,2,\cdots,n)$ 中的最优方案。一般情况下，它主要由两部分组成：首先是获取决策信息，决策信息通常包含属性权重和属性值两个方面的内容；其次是通过一定的方法（构造相应的算子）对决策信息进行集结，再根据集结结果对所有备选方案进行排序并选择最优方案。

多属性决策是决策方法的一个重要分支，被广泛应用于经济、管理、社会科学等多个领域，因而对多属性决策问题的研究具有重要的理论与现实意义。语言评价环境下的决策问题已经引起了诸多学者的研究兴趣。其中，语言术语集都转化成了对称的模糊集，相关研究人员提出了一种多属性运算性能评价方法。有研究人员进一步给出了一种使用精确权重估计进行多属性评价的决策助手。同时，由于决策目标的复杂性及决策者自身思想的模糊性，所以多属性决策问题中的属性值往往是不确定的。正因如此，模糊集理论与模糊逻辑系统被广泛应用于诸多的群决策与多属性决策问题中，从而有效地刻画其中的不确定性。在这方面，已经有许多学者做出了贡献。基于现有研究工作基础上，模糊多属性决策方法以模糊数学为基础，利用模糊数计算备选方案的属性值与属性权值，以此为依据通过模糊运算公式计算备选方案的效用值，通过模糊排序方法选取效用值最大的方案作为决策。尽管模糊多属性决策方法在一些领域中实现了成功应用，但是模糊算子和模糊排序方法主要通过人为主观设定，缺乏相关理论基础，无法保证最终决策结果的可靠性。

4．粗糙集理论

粗糙集是一种处理不精确、不确定和不完全数据的新的数学方法。它可以通过对数据的分析和推理来发现隐含的知识、揭示潜在的规律。在粗糙集理论中，知识被认为是一种分类能力。其核心是利用等价关系来对对象集合进行划分。粗糙集理论提出了知识的约简方法，是在保留基本知识（信息），同时保证对象的分类能力不变的基础上，消除重复、冗

余的属性和属性值，实现对知识的压缩和再提炼。其操作步骤是：① 通过对条件属性的约简，即从决策表中消去某些列；② 消去重复的行和属性的冗余值。粗糙集最主要的特点是：它无须提供对知识或数据的主观评价，仅根据观测数据就能达到删除冗余信息，比较不完备知识的程度——粗糙度，界定属性间的依赖性和重要性的目的。

图 6-3 所示为粗糙集模型示意图。

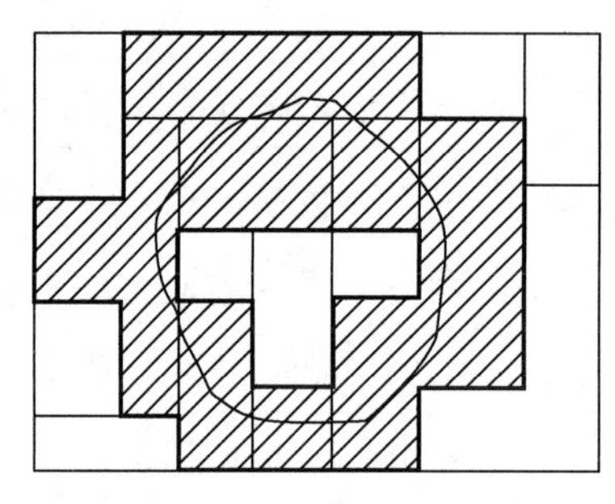

图 6-3　粗糙集模型示意图

粗糙集与模糊集都能处理不完备（Imperfect）数据，但方法不同，模糊集注重描述信息的含糊（Vagueness）程度，粗糙集则强调数据的不可辨别（Indiscernibility），不精确（Imprecision）和模棱两可（Ambiguity）。使用图像处理中的语言来进行比喻，当论述图像的清晰程度时，粗糙集强调组成图像像素的大小，而模糊集则强调像素存在不同的灰度。粗糙集研究的是不同类中对象组成的集合之间的关系，重在分类；模糊集研究的是属于同一类的不同对象的隶属关系，重在隶属的程度。因此粗糙集和模糊集是两种不同的理论，但又不是相互对立的，它们在处理不完善数据方面可以互为补充。

粗糙集理论在数据挖掘中的应用相当广泛，涉及的领域有医疗研究、市场分析、商业风险预测、气象学、语音识别、工程设计等。在众多的数据挖掘系统中，粗糙集理论的作用主要集中在以下几个方面。

（1）数据约简。粗糙集理论可提供有效方法用于对信息系统中的数据进行约简。在数据挖掘系统的预处理阶段，通过粗糙集理论删除数据中的冗余信息（属性、对象及属性值等），可大大提高系统的运算速度。

（2）规则抽取。与其他方法（如神经网络）相比，使用粗糙集理论生成规则是相对简单和直接的。信息系统中的每一个对象对应一条规则，粗集方法生成规则的一般步骤如下。

① 得到条件属性的一个约简，删去冗余属性。

② 删去每条规则的冗余属性值。

③ 对剩余规则进行合并。

（3）增量算法。面对数据挖掘中的大规模、高维数据，寻找有效的增量算法是一个研究热点。

（4）与其他方法的融合。粗糙集理论与其他方法如神经网络、遗传算法、模糊数学、决策树等相结合可以发挥各自的优势，大大增强数据挖掘的效率。相关研究人员利用粗糙集理论，基于决策先例数据去除冗余的决策属性，在约简后的决策属性与决策输出之间提取出决策规则，根据决策依据与决策规则输入量的相似性分析，基于决策规则集合推理出合适的决策输出结果。粗糙集理论对规则知识有较好的归纳能力，并且决策规则能够以直观易理解的形式存在，但是它需要建立在较多的先例数据的基础之上，解决决策推理过程的不确定性，对小样本先例数据的处理能力不强。

5. 基于人工智能的决策方法

随着社会节奏的持续加快，来自各领域行业的决策活动在频度、广度及复杂性上较以往都有着本质的提高。决策问题的不确定性程度随着决策环境的开放程度及决策资源的变化程度而越来越大。传统的基于人工经验、直觉及少量数据分析的决策方式已经远不能满足日益个性化、多样化、复杂化的决策需求。在这个过程中，大数据正扮演着越来越重要的角色。大数据作为一种重要的信息资产，可望为人们提供全面的、精准的、实时的商业洞察和决策指导。大数据的价值在于其“决策有用性”，通过分析、挖掘来发现其中蕴藏的知识，可以为各种实际应用提供其他资源难以提供的决策支持。

基于大数据的科学决策，是公共管理、工业制造、医疗健康、金融服务等众多行业领域未来发展的方向和目标，如何进行大数据的智能分析与科学决策，实现由数据优势向决策优势的转化，仍然是当前大数据应用研究中的关键问题。然而，对大数据的分析和处理在不同行业和领域中均存在着巨大的挑战，大数据的大体量、高通量、多源异构性和不确定性等对传统的数据处理硬件设备和软件处理方法均构成前所未有的挑战。目前，机器学习、数据挖掘及统计理论等传统理论方法已经广泛应用于大数据分析，但多数方法是建立在“独立同分布”的假设之下，难以应对大数据的不确定性显著、关联复杂、动态增长、来源和分布广泛等问题，多数只能挖掘到底层的数据特征，而对于挖掘高层次的符合人类认知的知识依然无法取得较好的效果，难以高效地将大数据转化为决策价值。基于大数据的智能决策是一门集应用性和科研性于一体的学科领域，目前还存在众多待研究的问题，大数据智能决策在内涵外延、模型理论、技术方法及实施策略等方面还需要人们继续投入更多的研究与实践。

相关研究人员将人工智能、规则推理、机器学习、证据理论、神经网络、遗传算法、专家系统等应用于多属性决策问题中，形成了多种基于人工智能的决策方法。这些决策方法各有特点，并且与模糊逻辑结合后，对不确定性多属性决策问题也有较好的解决能力。但是这些方法大多数基于大量的样本数据，对不确定性属性值进行聚类划分及对不确定推理过程进行归纳总结，以保证在模糊语言下得到较精确的结果，只有支持向量机等分类方法在面对基于小样本数据的多属性决策问题时较为有效。

6.3 支持向量机的小样本、多分类能力

本节提出基于支持向量数据描述（Support Vector Data Description，SVDD）与证据理论的混流装配线生产计划方式决策方法，并采用柴油发动机企业生产数据对提出方法的有效性进行验证。下面进行具体介绍。

6.3.1 敏感性系数驱动的生产计划方式决策问题

如图 6-4 所示，混流装配线生产计划方式决策问题基于混流装配线生产过程中产生的历史数据集合$\{x_n, y_n | n=1,2,\cdots,N\}$，根据生产性能分析结果 x_0 决策输出提升生产性能的合理生产计划方式。其中，$x_n=\{r_{id}^n | i=1,2,\cdots,I; d=1,2,\cdots,D\}$由混流装配线生产性能对生产参数的敏感性系数矩阵转换得到，$y_n \in \{b_1$:生产调度优化方式；b_2:生产资源优化方式；b_3:整线协同优化方式$\}$表示输入量为 x_n 情况下的生产计划方式决策结果。以上过程的核心是基于历史数据训练混流装配线生产计划方式决策模型。

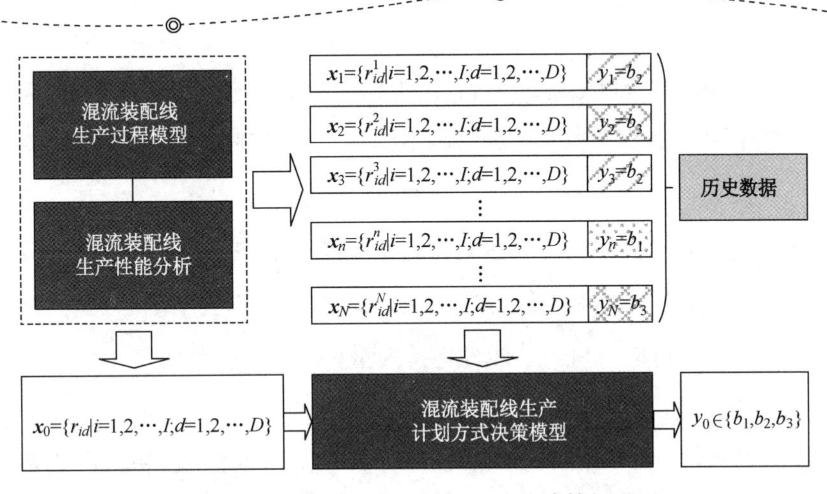

图 6-4　混流装配线生产计划方式决策问题

由于混流装配线生产过程中涉及了生产调度参数和资源能力参数等众多生产参数，以及订单交付成本、工位过载时间等多项生产性能，作为决策依据的混流装配线生产过程的影响系数矩阵包含了大量敏感性系数，增加了以上决策模型的复杂性。同时，由于混流装配线的每周生产计划特点，在时间跨度为一年的生产期内最多只能积累 50 条历史数据样本。因此，混流装配线生产计划方式决策需要基本小规模历史数据在 3 种生产计划方式之间做出多分类决策输出，即混流装配线生产计划方式决策问题具备了小样本、多分类的特点。最后，虽然 3 种生产计划方式协同优化不同范围内的生产参数，但是它们最终调整的生产参数集合可能存在一定比例的共同子集，即生产计划方式之间没有明显的区分准则或分类边界。以上小样本、多分类和模糊分类边界等特点，增加了对混流装配线生产计划方式的决策难度。

6.3.2　面向多分类问题的支持向量机方法

支持向量机（Support Vector Machine，SVM）是统计学习理论的一种实现方法，它较好地实现了结构风险最小化思想，具有完备的理论基础、简洁的数学形式、直观的几何解释和良好的推广性。

支持向量机的训练算法归根到底就是求解一个约束下的凸二次规划问题。内点法、牛顿法等成熟的经典最优化算法均可以比较好地求解小规模的二次优化问题，然而，对于刚刚提到的这几种算法，整个 Hessian 矩阵都需要被利用，会占用不必要的内存，结果出现训练时间过长的情况，影响求解的效果。由于存在上述问题，在求解训练样本数量很多，尤其是在支持向量数目也很大的二次优化问题时，无法继续沿用经典算法。近年来，为了应对经典算法在支持向量机中应用所面临的困境，提出了许多发展和改进的算法，主要有顺序最小优化算法、分解算法和在线与增量训练算法等。支持向量机依据其样本处理能力的不同可以分为线性支持向量机与非线性支持向量机。

1．线性支持向量机

支持向量机是以线性可分情况下的最优分类面（Optimal Hyper Plane）为基础发展而来的，其示意图如图 6-5 所示。

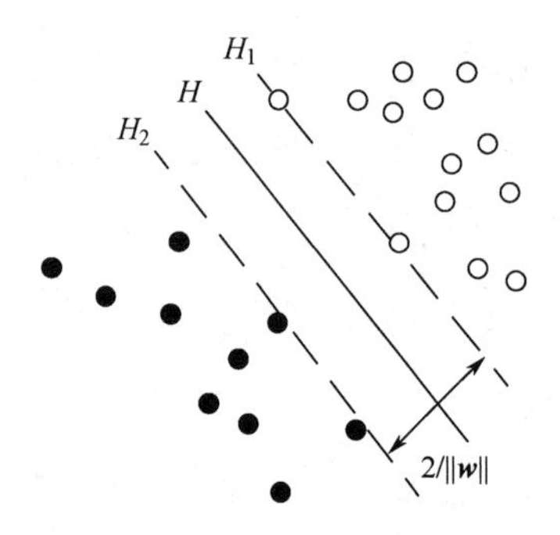

图 6-5　最优分类面示意图

图 6-5 中，实心点和空心点分别表示两类训练样本；H 为能将两类样本准确分开的分类面；H_1、H_2 分别为过两类样本中离分类面最近的点且平行于分类面的平面；H_1 和 H_2 之间的距离称为两类样本的分类间隔（Margin），此处的分类间隔等于 $2/\|\boldsymbol{w}\|$。所谓最优分类面，就是要求分类面不但能将两类准确无误地分开，而且要使两类样本的分类间隔最大。

分类面可以表示为 $\boldsymbol{w}^{\mathrm{T}}\boldsymbol{x}+\boldsymbol{b}=0$，对它进行归一化，使得对线性可分的样本集 (x_i, y_i)，$i=1,2,\cdots,n$，$x_i \in R^n$，$y_i \in \{+1,-1\}$，满足约束条件：

$$y_i(\boldsymbol{w}^{\mathrm{T}}x_i+\boldsymbol{b})-1 \geqslant 0\text{，}\quad i=1,2,\cdots,n \tag{6-2}$$

式中，使等号成立的那些样本称为支持向量（Suppot Vectors）。两类样本的分类间隔为

$$\text{Margin}=\frac{2}{\|\boldsymbol{w}\|} \tag{6-3}$$

因此，最优分类面问题可以表示成如下的约束优化问题，即在约束条件的束下，

求函数

$$f(\boldsymbol{w})=\frac{1}{2}\|\boldsymbol{w}\|^2=\frac{1}{2}(\boldsymbol{w}^{\mathrm{T}}\boldsymbol{w}) \tag{6-4}$$

的最小值，因此可以定义如下的拉格朗日函数。

$$L(\boldsymbol{w},\boldsymbol{b},\boldsymbol{a})=\frac{1}{2}\boldsymbol{w}^{\mathrm{T}}\boldsymbol{w}-\sum_{i=1}^{n}\alpha_i[y_i(\boldsymbol{w}^{\mathrm{T}}x_i+\boldsymbol{b})-1] \tag{6-5}$$

式中，$\alpha_i \geqslant 0$ 为拉格朗日系数。问题转化为对 $\boldsymbol{w}$ 和 $\boldsymbol{b}$ 求拉格朗日函数的最小值，将拉格朗日函数式分别对 $\boldsymbol{w}$、$\boldsymbol{b}$、α_i 求偏微分并令其等于 0，得

$$\begin{cases}\left|\dfrac{\partial L\left(\boldsymbol{w},\boldsymbol{b},\boldsymbol{\alpha}\right)}{\partial w}=0 \quad /\Rightarrow w=\sum_{i=1}^{n}\alpha_i y_i x_i\right.\\ \left|\dfrac{\partial L\left(\boldsymbol{w},\boldsymbol{b},\boldsymbol{a}\right)}{\partial \boldsymbol{b}}=0 \quad /\Rightarrow \sum_{i=1}^{n}\alpha_i y_i=0\right.\\ \left|\dfrac{\partial L\left(\boldsymbol{w},\boldsymbol{b},\boldsymbol{\alpha}\right)}{\partial \alpha_i}=0 \quad /\Rightarrow \alpha_i[y_i(\boldsymbol{w}^{\mathrm{T}}x_i+\boldsymbol{b})-1]=0\right.\end{cases} \tag{6-6}$$

再将偏微分值为 0 的公式代入拉格朗日函数中，可以得到拉格朗日函数的对偶形式。如此，将原问题转化为以下对偶二次规划问题。

$$\begin{cases}\max_a\left[\sum_{i=1}^{n}a_i-\frac{1}{2}\sum_{i=1}^{n}\sum_{j=1}^{n}a_i a_j y_i y_j(\boldsymbol{X}_i^{\mathrm{T}}X_j)\right]\\ \text{s.t. } \alpha\geqslant 0, i=1,2,\cdots,n\\ \sum_{i=1}^{n}\alpha_i y_i=0\end{cases} \tag{6-7}$$

根据 Karush-Kuhn-Tucker（KKT）条件，α_i^* 不为零的样本即为支持向量。因此，最优分类面的权系数向量是支持向量的线性组合。$\boldsymbol{b}^*$ 可由约束条件 $\alpha_i^*[y_i(\boldsymbol{w}^{*\mathrm{T}}x_i+b^*)-1]=0$ 求解，由此求得的最优分类函数为

$$f(x)=\mathrm{sgn}[(\boldsymbol{w}^*)^{\mathrm{T}}x+\boldsymbol{b}^*]=\mathrm{sgn}\left(\sum_{i=1}^{n}\alpha_i^* y_i x_i^* x+\boldsymbol{b}^*\right) \tag{6-8}$$

式中，$\mathrm{sgn}(\cdot)$ 为激活函数。

2. 非线性支持向量机

对于样本线性不可分的情况，可将输入向量映射到一个高维数的特征空间，并在该特征空间中构造最优分类面。理论证明：当选用合适的映射函数时，大多数输入空间线性不

可分的问题在特征空间可以转化为线性可分问题来解决。对于非线性情况，支持向量机通过定义核函数，巧妙地利用了原空间的核函数取代高维数特征空间中的内积运算，即$K(x_i,x_j)=\phi(x_i)\cdot\phi(x_j)$，从而避免了维数灾难。图 6-6 所示为输入空间与高维特征空间之间的映射关系。

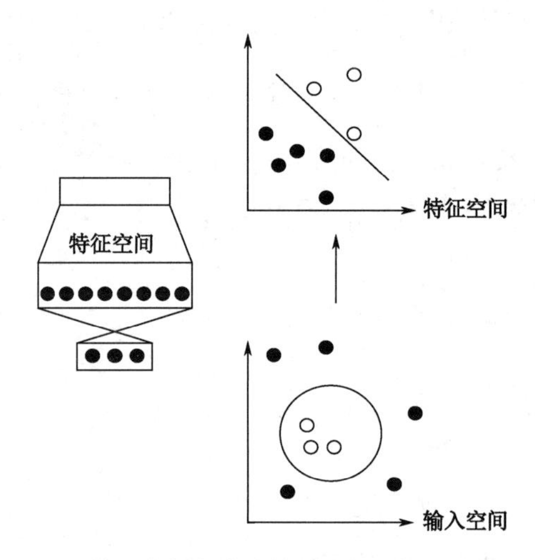

图 6-6　输入空间与高维特征空间之间的映射关系

根据泛函的有关理论，只要一种对称函数尺$K(x_i,x_j)$满足 Mercer 条件，它就对应某特征空间的内积。当用一个最优分类超平面不能把两类点完全分开（存在少量错分点）时，可以引入松弛变量$\xi_i(\xi_i\geqslant 0,\ \ i=1,2,\cdots,n)$，此时寻找最优分类面的问题可以归结为如下公式所示的二次规划问题：

$$\min\psi(\boldsymbol{w},\xi)=\frac{1}{2}\boldsymbol{w}^{\mathrm{T}}\boldsymbol{w}+C\sum_{i=1}^{n}\xi_i \tag{6-9}$$

最优分类面$\boldsymbol{w}^{\mathrm{T}}\boldsymbol{x}+\boldsymbol{b}=0$要满足约束条件：

$$y_i(\boldsymbol{w}^{\mathrm{T}}x_i+\boldsymbol{b})\geqslant 1-\xi_i\text{，}\ \ i=1,2,\cdots,n \tag{6-10}$$

式（6-9）中的常数C是惩罚参数，决定了支持向量机推广能力和错分样本数目之间的权衡。将上述问题转化为对偶问题，即求下列函数的最大值。

$$\boldsymbol{w}(\boldsymbol{\alpha})=\sum_{i=1}^{n}\alpha_i-\frac{1}{2}\sum_{i=1}^{n}\sum_{j=1}^{n}\alpha_i\alpha_j y_i y_j K(x_i,x_j) \tag{6-11}$$

约束条件为

$$\begin{cases} \sum_{i=1}^{n} \alpha_i y_i = 0 \\ 0 \leqslant \alpha_i \leqslant C \quad (i = 1, 2, \cdots, n) \end{cases} \tag{6-12}$$

式中，$K(\cdot)$为核函数。此时最优分类面的系数向量为

$$f(\boldsymbol{x}) = \text{sgn}\left[(\boldsymbol{w}^{\mathrm{T}}\boldsymbol{x}) + \boldsymbol{b}\right] = \text{sgn}\left[\sum_{i=1}^{n} \alpha_i y_i K(x_i, \boldsymbol{x}) + \boldsymbol{b}\right] \tag{6-13}$$

容易证明，式（6-13）中只有一部分α_i不为零，其相应的样本即为支持向量。

针对混流装配线生产计划方式决策问题的小样本历史数据特点，本节采用对小样本决策问题有较好分类能力的 SVM 构建生产计划方式之间的分类边界。SVM 最初为解决两分类问题而提出，并且由于在多个领域的决策问题中展现出相对传统学习机器更为出色的分类性能，已经在短时间内成为模式识别的一项标准工具。具体来说，它是基于结构风险最小化理念，通过平衡经验风险和模型复杂性，达到最小化期望误差上界的目标，采取的主要手段是构建一个最佳分类平面来最大化两类数据的分隔间距。

但是在大量实际情况中，决策过程往往面临着多分类问题，因此一些学者利用组合类方法将二分类 SVM 方法扩展到多分类 SVM 方法。这些方法采取的主要手段是将多分类问题拆分为一系列的二分类子问题，针对每个二分类问题训练基于 SVM 的分类平面，通过组合这些分类平面的输出结果，获得正确分类。基于 SVM 的多分类方法目前主要包括图 6-7 所示的 1-against-all 方法和图 6-8 所示的 1-against-1 方法。

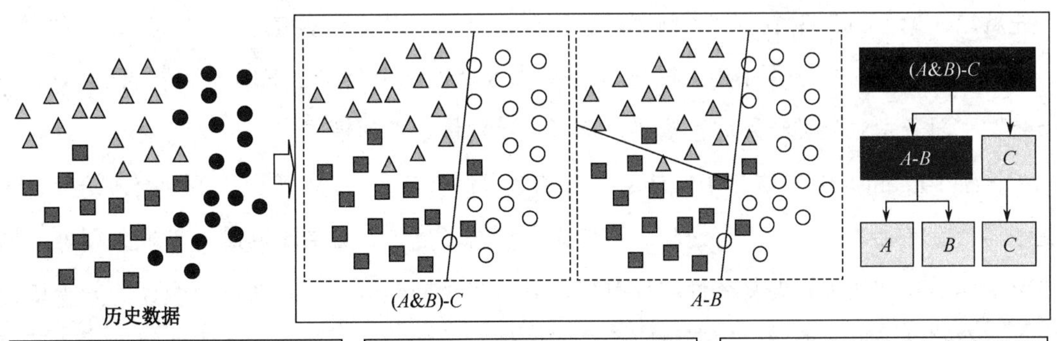

图 6-7　基于 SVM 的 1-against-all 方法

如图 6-7 所示，1-against-all 方法针对包括 3 种生产计划方式（模式 *A*—生产调度优化方式、模式 *B*—生产资源优化方式、模式 *C*—整线协同优化方式）的决策问题，在训练阶段首先构建模式（*A*&*B*）与模式 *C* 之间的分类平面 HP_1，然后构建模式 *A* 与模式 *C* 之间的分类平面 HP_2。在分类阶段，首先根据分类平面 HP_1 判断测试数据属于模式（*A*&*B*）或属于模式 *C*。若测试数据属于模式 *C*，则输出生产计划方式决策结果。若测试数据属于模式（*A*&*B*），则进一步利用分类平面 HP_2 判断测试数据属于模式 *A* 或模式 *B*，并根据分类平面 HP_2 的分类结果输出生产计划方式决策结果。

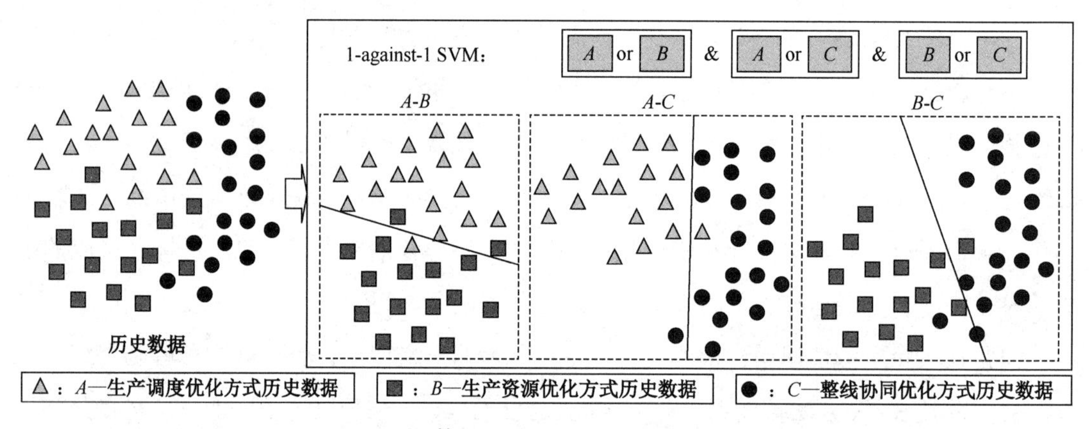

图 6-8 基于 SVM 的 1-against-1 方法

如图 6-8 所示，1-against-1 方法针对包括 3 种生产计划方式（模式 A—生产调度优化方式、模式 B—生产资源优化方式、模式 C—整线协同优化方式）的决策问题，在训练阶段首先解决 $3\times(3-1)/2=3$ 个二分类问题，获得模式 *A* 与模式 *B* 之间的分类平面 HP_1、模式 *A* 与模式 *C* 之间的分类平面 HP_2、模式 *A* 与模式 *B* 之间的分类平面 HP_3。在分类阶段，由 3 个分类平面分别对分类结果进行投票，选择得票数量最多的模式作为决策结果。

尽管 1-against-all 方法与 1-against-1 方法通过组合多个 SVM 实现了多分类方法，但是这些组合方法存在着一些固有缺陷。首先由于训练了多个二分类子问题，导致了训练数据的重复使用，增加了问题复杂性与计算量；其次当不同模式之间存在比较模糊的分类边界时，存在测试数据不能明确属于哪一个分类的情况，如测试点位于分类界面附件或两种模式的得票数相等，这类情况会导致最后决策结果的分类准确率较低。

SVDD 是在 SVM 基础上提出的一种单分类方法，它的基本原理是通过非线性变换将训练数据映射到高维特征空间，并利用最小球体尽可能包裹所有训练数据，构建分类边界。一些学者通过组合多个 SVDD，形成了图 6-9 所示的基于 SVDD 多分类方法。基于 SVDD 的多分类方法针对包括 3 种模式（模式 A—生产调度优化方式、模式 B—生产资源优化方式、模式 C—整线协同优化方式）的决策问题，在训练阶段根据每类生产计划方式对应的历史数据子集，分别训练 3 种生产计划方式的支持向量作为分类边界，即 SVDD_1、SVDD_2、SVDD_3，并以此为基础构建各种计划方式的后验概率分布函数 $p_1(A|x)$、$p_2(B|x)$、$p_3(C|x)$。在分类阶段，根据测试数据 x_0 在 3 个 SVDD 中的后验概率值 $p_1(A|x_0)$、$p_2(B|x_0)$、$p_3(C|x_0)$，选择后验概率值最大的生产计划方式作为决策结果。

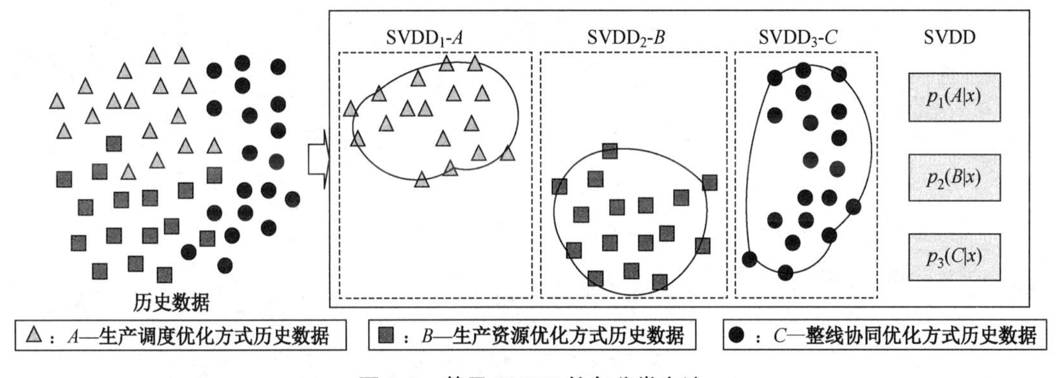

图 6-9 基于 SVDD 的多分类方法

不同于 SVM 方法需要利用不同模式的训练数据来构建分类边界，SVDD 只需要利用单个分类的训练数据就可以得到分类边界，在训练过程中对训练数据只进行了单次使用，这就降低了问题复杂性与计算规模。但是，由于基于 SVDD 的多分类方法对每个 SVDD 单独训练，所以混流装配线生产计划方式之间的模糊分类边界可能导致不同 SVDD 之间的分类不确定性和分类冲突性。例如，基于 SVDD_1 虽然获得了测试数据属于生产调度优化方式的后验概率值 $p_1(A|x_0)$，但是测试数据 x_0 属于生产资源优化方式和整线协同优化方式的后验概率值，$p_1(B|x_0)$和 $p_1(C|x_0)$却无法准确得到，只能知道两者的总和为 $1-p_1(A|x_0)$。此外，在 SVDD_2 中获得的后验概率值 $p_2(B|x_0)$可能满足 $p_1(A|x_0)+p_2(B|x_0)>1$，从而 $p_1(B|x_0)\leqslant 1-p_1(A|x_0)<p_2(B|x_0)$，即 SVDD_1 与 SVDD_2 之间存在分类冲突性。在这种情况下，简单根据 $p_1(A|x_0)$、

$p_2(B|x_0)$、$p_3(C|x_0)$的大小进行生产计划方式分类无法保证决策结果的正确性。针对现有 SVDD 方法的以上不足，本章提出基于 SVDD 与证据理论的混流装配线生产计划方式决策方法，如图 6-10 所示。

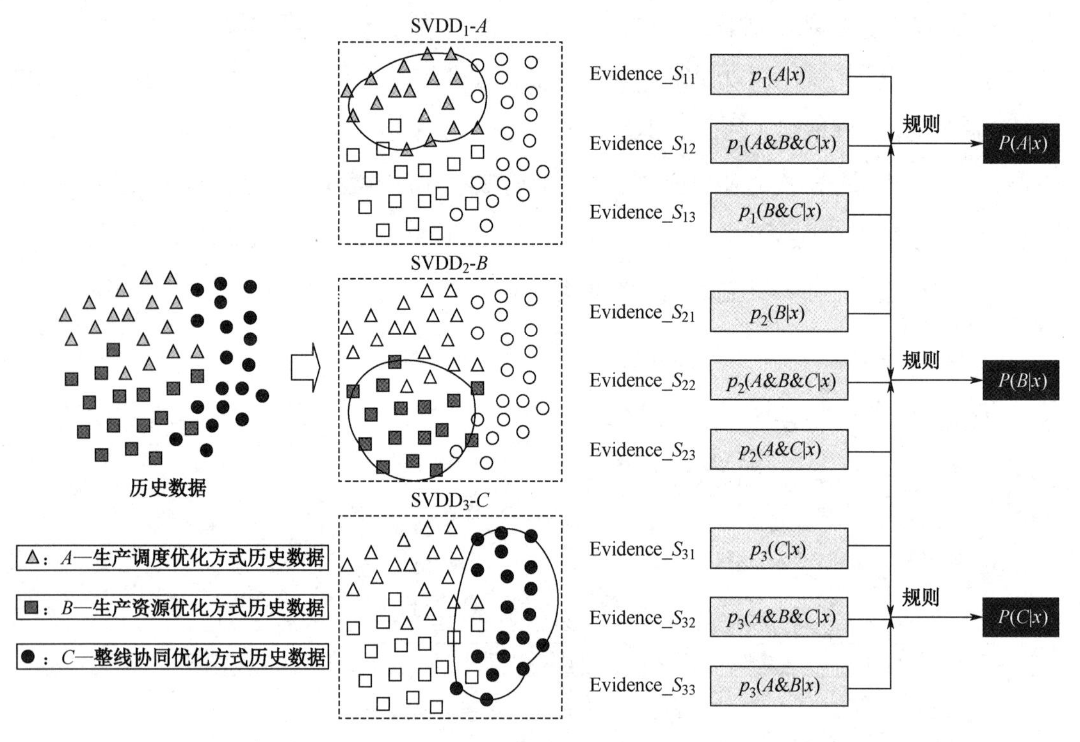

图 6-10　基于 SVDD 与证据理论的混流装配线生产计划方式决策方法

本节方法的基本思想是在基于小样本历史数据构建生产计划方式多分类边界基础上，利用证据理论从模糊分类边界中准确选择分类结果，决策输出合理生产计划方式。首先基于各类生产计划方式对应的历史数据子集，训练多个 SVDD，并根据每个 SVDD 构建生产计划方式分类的后验概率分布；其次将每个 SVDD 提供的后验概率分布视为生产计划方式决策的基本证据，利用证据理论中的 Dempster-Shafer（DS）合成规则处理这些证据之间的不确定性和冲突性，获得作为生产计划方式最终决策依据的合成概率值 $P(A|x)$、$P(B|x)$、$P(C|x)$；最后，基于合成概率值决策输出混流装配线的合理生产计划方式。

6.3.3 生产计划方式的支持向量数据描述

对于包含 c 个分类的决策问题，首先根据所属的生产计划方式将训练阶段的历史数据划分为 c 个不相交的数据子集 $\{U_k\}_{k=1}^{c}$。其中，生产计划方式 b_k 的训练数据集 U_k 包括数量为 N_k 的样本数据。

$$U_k = \left\{\left(x_{I_{k1}}, b_k\right), \left(x_{I_{k2}}, b_k\right), \cdots, \left(x_{I_{kN_k}}, b_k\right)\right\} \tag{6-14}$$

式中，$I_{k1}, I_{k2}, \cdots, I_{kN_k}$ 表示属于生产计划方式 b_k 的样本数据在历史数据集合中的下标值，满足 $I_{k1} < I_{k2} < \cdots < I_{kN_k}$ 与 $I_{k1}, I_{k2}, \cdots, I_{kN_k} \in \{1, 2, \cdots, N\}$。然后 SVDD 方法基于数据子集 U_k 训练生产计划方式 b_k 的分类界面，并构建测试数据属于生产计划方式 b_k 的后验概率分布函数。

1．支持向量数据描述的训练算法

SVDD 方法的基本思路是针对数据空间 $\psi \subset \Re^T$ 中的数据子集 U_k，通过非线性变换 ϕ 将训练数据从数据空间 ψ 映射到高维特征空间，并在高维特征空间中搜索尽可能包裹数据子集的最小封闭球体。其中，T 表示训练数据输入量 $x_{I_{kl}}, \forall l \in \{1, 2, \cdots, N_k\}$ 的参数数量，在混流装配线生产计划方式决策问题中，满足 $T=I\times D$。根据以上思路，搜索最小封闭球体的数学模型为

$$\begin{gathered} \min R_k^2 + P\sum_{l=1}^{N_k}\xi_l \\ \text{s.t.} \left\|\phi\left(x_{I_{kl}} - a_k\right)\right\|^2 \leqslant R_k^2 + \xi_l \\ \xi_l \geqslant 0, \forall l = 1, 2, \cdots, N_k \end{gathered} \tag{6-15}$$

式中，R_k 为封闭球体的半径；a_k 为封闭球体的球心；ξ_l 为允许球体软边界的松弛变量。针对式（6-15）中数学模型，进一步构造如下的拉格朗日变换。

$$L = R_k^2 - \sum_{l=1}^{N_k}\left(R_k^2 + \xi_l - \phi\left\|\left(x_{I_{kl}} - a_k\right)\right\|^2\right)\beta_l - \sum_{l=1}^{N_k}\xi_l u_l + P\sum_{l=1}^{N_k}\xi_l \tag{6-16}$$

式中，β_l 和 u_l 均为与约束条件相关的拉格朗日乘数。令 $\partial L / \partial R_k = 0$ 与 $\partial L / \partial a_k = 0$，获得以下关系式。

$$\begin{cases} \sum_{l=1}^{N_k}\beta_l = 1 \\ \sum_{l=1}^{N_k}\beta_l\phi\left(x_l\right) = a_k \end{cases} \tag{6-17}$$

将式（6-17）中的关系式代入式（6-15）中，将式（6-15）中数学模型转换为基于变量$\beta_l\left(l=1,2,\cdots,N_k\right)$的对偶问题，即

$$\max W=\sum_{l=1}^{N_k}K\left(x_{I_{kl}},x_{I_{kl}}\right)\beta_l-\sum_{l=1}^{N_k}\sum_{m=1}^{N_k}\beta_l\beta_m K\left(x_{I_{kl}},x_{I_{km}}\right)$$
$$\text{s.t. } 0\leqslant\beta_l\leqslant P,\forall l=1,2,\cdots,N_k$$
$$\sum_{l=1}^{N_k}\beta_l=1 \tag{6-18}$$

式中，$K\left(x_{I_{kl}},x_{I_{km}}\right)$是宽度指数为$q$的高斯核函数，满足：

$$K\left(x_{I_{kl}},x_{I_{km}}\right)=\phi\left(x_{I_{kl}}\right)\phi\left(x_{I_{km}}\right)=e^{-q\left\|x_{I_{kl}}-x_{I_{km}}\right\|^2} \tag{6-19}$$

通过求解式(6-18)中的对偶问题，可以获得变量值集合$\{\overline{\beta}_l\}_{l=1}^{N_k}$。对任意$l\in\{1,2,\cdots,N_k\}$，当$0<\overline{\beta}_l<P$时，数据样本$\boldsymbol{x}_{I_{kl}}$位于封闭球体的边界上，相关数据称为生产计划方式$b_k$的支持向量，是区分生产计划方式$b_k$与其他生产计划方式的分类边界。从而，通过以上训练过程实现了对生产计划方式b_k的SVDD，获得了SVDD$_k$。

2．生产计划方式分类的后验概率分布函数

根据求解式（6-18）中对偶问题得到的变量值集合$\{\overline{\beta}_l\}_{l=1}^{N_k}$，可以获得针对生产计划方式$b_k$的高斯核支持函数：

$$f_k\left(x\right)=r_k^2\left(x\right)=1-2\sum_{l\in G_k}\overline{\beta}_l\mathrm{e}^{-q\left\|x-x_{I_{kl}}\right\|^2}+\sum_{l,m\in G_k}\overline{\beta}_l\overline{\beta}_m\mathrm{e}^{-q\left\|x_{I_{kl}}-x_{I_{km}}\right\|^2} \tag{6-20}$$

式中，$G_k\subset\left\{1,2,\ldots,N_k\right\}$为变量值集合$\{\overline{\beta}_l\}_{l=1}^{N_k}$中非零$\overline{\beta}_l$的下标集合。$r_k(x)$为任意输入量$x$到生产计划方式$b_k$的封闭球体球心的距离，即满足$f_k\left(x_{I_{kl}}\right)=R_k^2,\forall l\in A_k$。基于式（6-20），进一步构建针对各类生产计划方式$\{b_k\}_{k=1}^{c}$的后验概率分布函数。

$$p_k(b_k\mid x)=\frac{R_k^2}{R_k^2+f_k^2\left(x\right)}\frac{N_k}{N_k+N_k^{\#}},\forall k\in\left\{1,2,\cdots,c\right\} \tag{6-21}$$

式中，$p_k(b_k\mid x)$为基于SVDD$_k$将输入量x分类到生产计划方式b_k的后验概率值；$N_k^{\#}$为位于生产计划方式b_k的包裹球体内，但是决策结果不属于输出计划方式b_k的数据样本数量，即令$\{J_{kn}\}_{n=1}^{N_k^{\#}}$表示满足条件的数据样本在训练数据中的下标集合，则对$\forall n\in\left\{1,2,\cdots,N_k^{\#}\right\}$有$f_k\left(x_{J_{kn}}\right)<R_k^2$且$y_{J_{kn}}\neq b_k$。

6.4 基于证据理论的生产计划方式决策输出

虽然基于 SVDD 的传统多分类方法通过训练生产计划方式分类边界构建了后验概率分布，为混流装配线生产计划方式提供了决策依据，但是在混流装配线生产计划方式决策问题中，由于各类生产计划方式之间没有明显的区分准则或分类边界，并且每个 SVDD 都是基于一类生产计划方式的训练数据子集单独训练，在利用 SVDD 方法构建各类生产计划方式的封闭球体时很可能出现球体之间的重叠情况，以及单独依靠 $p_k\left(b_k|X\right)$，$\forall k \in \{1,2,\cdots,c\}$ 难以对生产计划方式之间的复杂分类边界进行描述的情况。以上情况造成基于 SVDD 的传统多分类方法在构建式（6-21）所示的生产计划方式分类后验概率分布时，可能面临分类不确定性和分类冲突性的情况，造成生产计划方式决策结果的准确率较低。具体来说，混流装配线生产计划方式的分类冲突性主要体现在测试数据 x 可能位于多个封闭球体之内或位于所有球体之外（见图 6-11），从而出现 $p_1(b_1|x)+p_2(b_2|x)+p_3(b_3|x)>1$ 或 $p_1(b_1|x)+p_2(b_2|x)+p_3(b_3|x)<1$ 的情况。

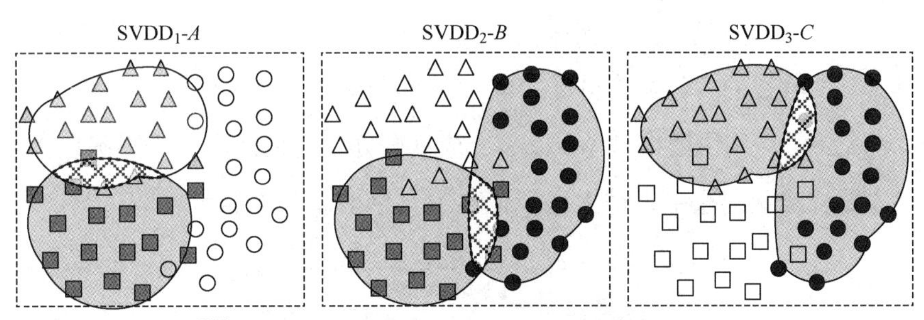

图 6-11 基于 SVDD 的后验概率分布冲突性示意图

混流装配线生产计划方式的分类不确定性主要体现在仅基于 SVDD_k 无法计算将测试数据 x 分类到除 b_k 之外的生产计划方式的后验概率值。例如，根据生产调度优化模式的 SVDD_1 只能获得测试数据属于生产调度优化模式的后验概率值 $p_1(b_1|x)$，而测试数据属于生产资源优化模式、整线协同优化模式的后验概率值只能以 $p_1(b_2|x)+p_1(b_3|x)=1-p_1(b_1|x)$形式存在，而无法获得 $p_1(b_2|x)$与 $p_1(b_3|x)$的准确值，如图 6-12 所示。

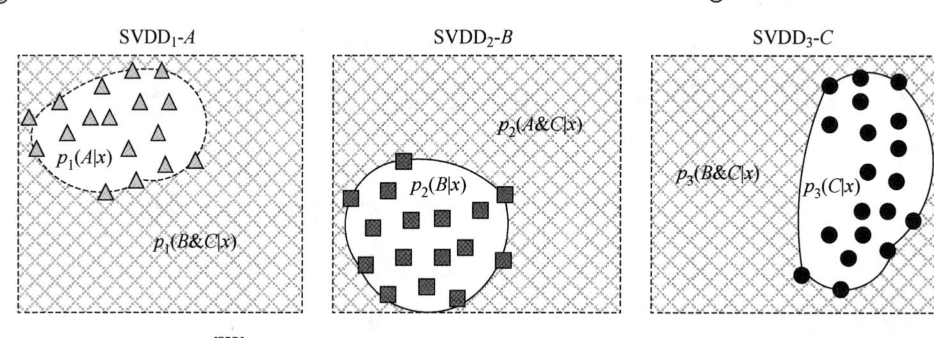

图 6-12　基于 SVDD 的后验概率分布不确定性示意图

以上情况增加了混流装配线生产计划方式决策问题的难度，导致了基于 SVDD 的传统多分类方法有可能获得错误的决策结果。针对以上特点，本节进一步利用证据理论的 DS 合成规则处理生产计划方式分类后验概率分布之间的冲突性与不确定性，为混流装配线提供更为合理生产计划方式决策依据。

6.4.1　决策问题的基本证据框架

针对生产计划方式分类的后验概率分布中存在的分类冲突性与分类不确定性的情况，本节首先以式（6-21）的后验概率分布公式为基础构建混流装配线生产计划方式决策问题的基本证据框架；然后利用证据理论的 DS 合成规则处理证据冲突性与不确定性。在包括 c 类生产计划方式的决策问题中，基本证据框架主要包括以下内容。

$$p_k(A_1 \mid x) = \frac{R_k^2}{R_k^2 + f_k^2(x)} \frac{N_k}{N_k + N_k^\#}, \forall k \in \{1,2,\cdots,c\} \tag{6-22}$$

$$p_k(A_2 \mid x) = \frac{R_k^2}{R_k^2 + f_k^2(x)} \frac{N_k^\#}{N_k + N_k^\#}, \forall k \in \{1,2,\cdots,c\} \tag{6-23}$$

$$p_k(A_3 \mid x) = \frac{f_k^2(x)}{R_k^2 + f_k^2(x)}, \forall k \in \{1,2,\cdots,c\} \tag{6-24}$$

式中，A_1 为 SVDD$_k$ 的封闭球体中仅包含生产计划方式 b_k 的数据样本空间；A_2 为 SVDD$_k$ 的封闭球体中包含其他生产计划方式的数据样本空间；A_3 为 SVDD$_k$ 的封闭球体之外的数据样本空间。根据式（6-22）～式（6-24）提供的生产计划方式决策基本证据，可以得到生产计划方式分类的后验概率区间。

$$p_k(b_k \mid x) \in [p_k(A_1), p_k(A_1)+p_k(A_2)] = \left[\frac{R_k^2}{R_k^2+f_k^2(x)}\frac{N_k}{N_k+N_k^{\#}}, \frac{R_k^2}{R_k^2+f_k^2(x)}\right],$$
$$\forall k \in \{1,2,\cdots,c\} \tag{6-25}$$

$$p_k(\{b_m\}_{m=1,m\neq k}^{c} \mid X) \in [p_k(A_3), p_k(A_3)+p_k(A_2)] = \left[\frac{f_k^2(x)}{R_k^2+f_k^2(x)}, \frac{f_k^2(x)+\dfrac{N_k^{\#}R_k^2}{N_k+N_k^{\#}}}{R_k^2+f_k^2(x)}\right],$$
$$\forall k \in \{1,2,\cdots,c\} \tag{6-26}$$

式中，以后验概率的区间形式描述了生产计划方式的分类不确定性，而分类冲突性则由后验概率之间的关系式 $\max[p_k(\{b_m\}_{m=1,m\neq k}^{c} \mid X)] + \max[p_k(b_k \mid X)] > 1$ 体现。

1. 证据冲突性和不确定性合成公式

基于式（6-22）～式（6-24）提供的生产计划方式决策基本证据，首先定义 c 类生产计划方式的以下组合形式。

$$\begin{cases} F_{k1} = \{b_k\} \\ F_{k2} = \{b_n\}_{n=1}^{c} \\ F_{k3} = \{b_k\}_{n=1,n\neq k}^{c} \end{cases} \quad \forall k \in \{1,2,\cdots,c\} \tag{6-27}$$

然后定义针对以上生产计划方式组合的判定函数，有

$$w(k,z_1,z_2,\cdots,z_c) = \begin{cases} 0 & \text{if } \{b_k\} \not\subset F_{kz_1} \cap F_{kz_2} \cap \cdots \cap F_{kz_c} \\ 1 & \text{if } \{b_k\} \subset F_{kz_1} \cap F_{kz_2} \cap \cdots \cap F_{kz_c} \end{cases}$$
$$\forall k \in \{1,2,\cdots,c\}; \forall z_1,z_2,\cdots,z_c \in \{1,2,3\} \tag{6-28}$$

$$v(k,z_1,z_2,\cdots,z_c) = \begin{cases} 0 & \text{if } F_{kz_1} \cap F_{kz_2} \cap \cdots \cap F_{kz_c} \neq \phi \\ 1 & \text{if } F_{kz_1} \cap F_{kz_2} \cap \cdots \cap F_{kz_c} = \phi \end{cases}$$
$$\forall k \in \{1,2,\cdots,c\}; \forall z_1,z_2,\cdots,z_c \in \{1,2,3\} \tag{6-29}$$

基于证据理论的 DS 合成规则，提出混流装配线生产计划方式决策输出的合成概率计算公式：

$$P_k(b_k \mid X) = \frac{\sum_{z_1=1}^{3}\sum_{z_2=1}^{3}\cdots\sum_{z_c=1}^{3} p_1(A_{z_1})p_2(A_{z_2})\cdots p_c(A_{z_c})w(k,z_1,z_2,\cdots,z_c)}{1-\sum_{z_1=1}^{3}\sum_{z_2=1}^{3}\cdots\sum_{z_c=1}^{3} p_1(A_{z_1})p_2(A_{z_2})\cdots p_c(A_{z_c})v(k,z_1,z_2,\cdots,z_c)}$$
$$\forall k \in \{1,2,\cdots,c\} \tag{6-30}$$

式中，$P_k(b_k|X)$为将输入量 x 分类为生产计划方式 b_k 的合成概率，作为混流装配线生产计划

方式的最终决策依据。

2．贝叶斯决策规则

通过式（6-30）可以将多个 SVDD 的后验概率分布合成混流装配线生产计划方式决策的最终后验概率集合 $\{P_k(b_k \mid X)\}_{k=1}^{c}$。在此基础上，根据贝叶斯决策风险最小化规则，选择最终后验概率最大的输出计划方式作为决策输出，即

$$y = \arg\max_{k=1,2,\cdots,c} P_k(b_k \mid X) \tag{6-31}$$

6.4.2 基于基因调控网络优化的生产计划自适应调整方法

基于生产计划方式决策结果，可以获得提升混流装配线生产性能的合理生产计划方式。由于 3 种生产计划方式实际上对 GRN 模型中不同范围内的生产参数集合进行协同优化，以提升生产性能，可以构建图 6-13 所示的基于 GRN 优化的混流装配线生产计划自适应调整方法。具体来说，当决策结果为生产调度优化方式时，对 GRN 中的生产调度参数集合$\{h_1, h_2, \varepsilon_1, \varepsilon_2, \varepsilon_3, \varepsilon_4\}$进行调整优化；当决策结果为生产资源优化方式时，对 GRN 中的资源能力参数集合$\{p_1, p_2,\cdots, p_k,\cdots, p_K\}$进行调整优化；当决策结果为整线协同优化方式时，对 GRN 中的生产调度参数集合与资源能力参数集合$\{p_1, p_2,\cdots, p_k,\cdots, p_K, h_1, h_2, \varepsilon_1, \varepsilon_2, \varepsilon_3, \varepsilon_4\}$进行协同调整优化。通过在 GRN 中优化相关范围内的生产参数集合，最终提升订单交付成本、工位过载时间等生产性能。

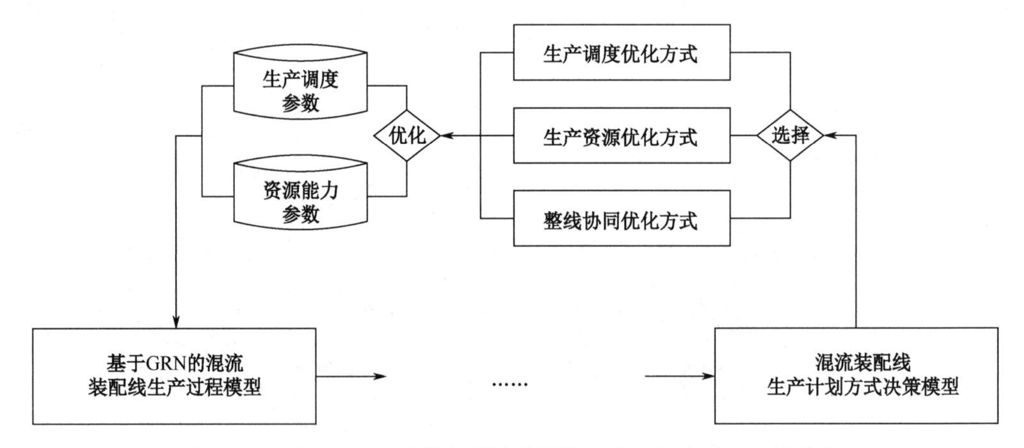

图 6-13　基于 GRN 优化的混流装配线生产计划自适应调整方法

针对混流装配线生产参数与生产性能之间的复杂非线性关系，可以利用智能算法搜索生产参数的赋值方案，基于GRN计算各个赋值方案对应的生产性能值，对生产参数赋值方案进行评价，最后输出能够最小化订单交付成本与工位负荷时间的生产参数最佳赋值方案。以生产调度优化模式为例，之前介绍了利用遗传算法优化GRN中生产调度参数，提升混流装配线生产性能的基本流程。但是在混流装配线实际生产过程中，资源能力参数的调整过程由于要考虑辅助设备位置、工人装配技能和生产班次轮换等约束条件，其在连续区间内获得的赋值方案并不完全可行，而是需要搜索以离散值形式存在的赋值结果。因此，针对生产资源优化方式和整线协同优化方式，需要基于混流装配线平衡问题构建资源能力参数的调整约束。在此基础上，利用智能算法或启发式方法生成工位资源能力平衡方案，得到可行的生产计划。而在此过程中，基于GRN优化的生产计划自适应调整方法可以获得生产资源优化方式和整线协同优化方式中生产性能目标的下界值，帮助评价工位资源能力平衡方案的最优性。

6.5 企业案例

本节将基于SVDD与DS合成规则（SVDD-DS）的混流装配线生产计划方式决策方法在小样本、多分类特点的多个决策问题实例中与3种基于SVM的传统方法进行对比实验，以验证所提方法的有效性。3种对比方法分别为采用1-against-1算法的SVM方法（SVM_1）、采用1-against-all算法的SVM方法（SVM_2）和传统SVDD方法（oSVDD）。其中，在oSVDD方法中，在训练得到式（6-20）所示的高斯核支持函数后，以如下形式计算测试数据x分类为各类生产计划方式的后验概率值。

$$p_k(b_k \mid X) = \frac{R_k^2}{R_k^2 + f_k^2(X)}, \forall k \in \{1,2,\cdots,c\} \tag{6-32}$$

在此基础上，基于贝叶斯最优决策理论选择后验概率值最大的生产计划方式作为决策输出：

$$y = \arg\max_{k=1,2,\cdots,c} p_k(b_k \mid X) \tag{6-33}$$

6.5.1 基于机器学习数据库的标准算例实验

本节首先利用 UCI 机器学习数据库中具有小样本、多分类特点的决策问题标准算例进行对比试验。针对数据库中的 Balance、Heart_c、Heart_s、Vowel、Wine、Glass、Image、Iris 和 Urban 共计 9 个数据集合，选择 30%的数据样本作为训练数据，剩余数据样本用于测试决策结果的分类准确率。表 6-1 列出了以上数据集合的样本规模、输入参数数量、模式数量、输入参数类型等基本信息。本节所提方法与 3 种传统方法对这些数据集合的分类准确率如表 6-2 所示。

表 6-1 小样本、多分类特点的决策问题标准算例

数 据 集 合	样 本 规 模	输入参数数量	模 式 数 量	输入参数类型
Balance	191	4	3	整数
Heart_c	93	13	5	整数
Heart_s	39	11	5	整数
Vowel	297	13	11	整数&实数
Wine	59	13	3	整数&实数
Glass	67	9	6	实数
Image	63	19	7	实数
Iris	45	4	3	实数
Urban	157	147	9	实数

表 6-2 不同方法的分类准确率

数 据 集 合	SVM_1	SVM_2	oSVDD	SVDD-DS
Balance	8.29%	36.41%	59.91%	58.06%
Heart_c	37.62%	36.19%	51.90%	39.52%
Heart_s	28.57%	33.33%	40.48%	40.48%
Vowel	20.92%	21.93%	32.90%	29.09%
Wine	78.99%	78.15%	48.74%	72.27%
Glass	32.65%	40.82%	42.86%	54.42%
Image	72.11%	70.75%	29.93%	73.43%
Iris	87.62%	87.62%	92.38%	94.29%
Urban	16.29%	16.29%	16.29%	25.43%

如图 6-14 所示，本章方法在基于 Glass、Image、Iris 与 Urban 等数据集合的决策问题中获得了相对于 3 种传统方法更高的分类准确率，但是对其他决策问题实例的分类准确率较低。

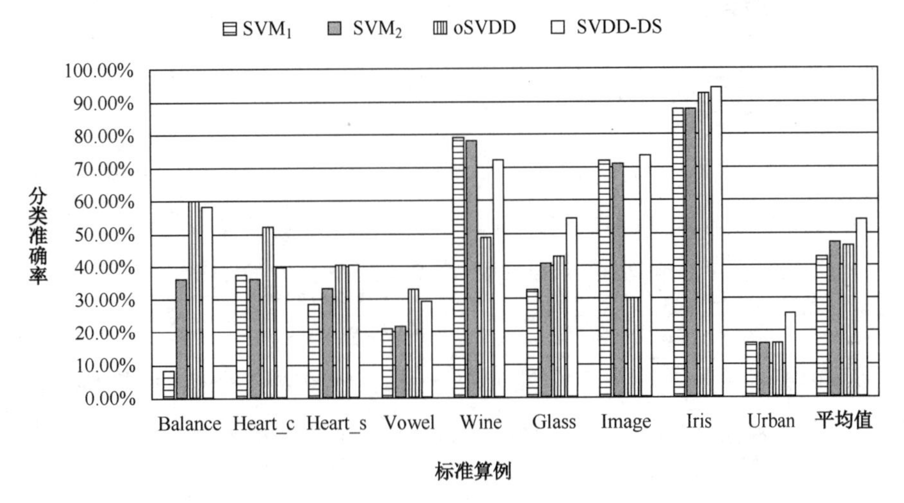

图 6-14　多种方法对不同决策问题实例的分类准确度

以上结果显示，通过结合 SVDD 算法与证据理论，本章方法针对决策依据为连续实数的决策问题实例构建了更为合理的分类方法；反之，当决策依据为离散整数时，SVDD 方法构建的单分类边界准确率较低，获得的决策基本证据精度不高，在证据合成规则中可能输出有较大误差的最终判定依据，降低了决策结果的分类准确率。在整体水平上，本章方法获得了相对于传统方法更高的平均分类准确率，如图 6-14 所示。综上所述，基于机器学习数据库的标准算例实验验证了本章方法对输入量为连续实数值的决策问题的有效性。

6.5.2　柴油发动机装配线生产计划方式决策问题实例

本节以实际柴油发动机装配线为例，进一步验证混流装配线生产计划方式决策方法的有效性。在柴油发动机装配线的实际生产过程中，可用于生产计划方式决策问题的历史数据样本数量有限，特别是企业一般没有相关数据的保存机制，主要基于柴油发动机装配线的客户订单数据与资源能力配置进行生产过程仿真优化，获取生产计划方式决策问题的历史数据。在柴油发动机装配线生产数据中，以此为基础构建混流装配线生产过程的 GRN 模型，并在 GRN 模型中考虑包括 17 项工位能力参数、6 项生产调度参数的生产参数集合，以及订单交付成本、工位过载时间两项生产性能，利用 IGSA 方法分析生产性能对生产参数的敏感性系数，即

$$u = f\left(X\right) = f\left(x_1, x_2, \cdots, x_{23}\right) = f\left(p_1, p_2, \cdots, p_{17}, h_1, h_2, h_3, \varepsilon_1, \varepsilon_2, \varepsilon_3\right)$$

$$u \in \left\{ f_1 = \sum_{n=1}^{N} q_n \left| \sum_{j=1}^{J} j y_{nj} - d_n \right| / P_0 ; f_2 = \sum_{j=1}^{J}\sum_{k=1}^{K}\sum_{i=1}^{I} w_{jki} / W_0 \right\} \tag{6-34}$$

根据敏感性分析结果，构建混流装配线生产过程影响系数矩阵，作为生产计划方式决策问题的输入量 x。此外，利用遗传算法在 GRN 模型中分别优化生产调度优化方式（b_1）、生产资源优化方式（b_2）和整线协同优化方式（b_3）对应的混流装配线生产参数集合 $\{h_1,h_2,h_3,\varepsilon_1,\varepsilon_2,\varepsilon_3\}$、$\{p_1,p_2,\cdots,p_{17}\}$ 与 $\{p_1,p_2,\cdots,p_{17},h_1,h_2,h_3,\varepsilon_1,\varepsilon_2,\varepsilon_3\}$，实现最小化订单交付成本和工位过载时间目标，并从 3 种生产计划方式中选择目标函数值最小与调整参数数量最少的生产计划方式作为决策结果 y，即 $y\in\{b_1,b_2,b_3\}$。通过不断重复客户订单信息的随机生成过程、生产计划的分析过程及生产计划方式的仿真比较过程，共获得 130 条历史数据。其中，α 的历史数据用于训练混流装配线生产计划方式决策模型，剩余历史数据用于测试决策模型的分类准确度。表 6-3 列出了 SVM_1 方法、SVM_2 方法、oSVDD 方法与 SVDD-DS 方法在 α 不同取值时的分类准确度。

表 6-3　SVM_1 方法、SVM_2 方法、oSVDD 方法与 SVDD-DS 方法在 α 不同取值时的分类准确度

α	SVM_1	SVM_2	oSVDD	SVDD-DS
10%	75.90%	76.75%	78.77%	78.92%
20%	65.64%	70.77%	81.03%	82.31%
30%	70.77%	75.38%	84.62%	86.15%
40%	77.50%	84.23%	85.19%	87.12%
50%	81.76%	86.15%	89.45%	90.74%
60%	70.77%	76.54%	80.38%	83.31%
70%	81.03%	81.15%	80.28%	81.72%
80%	59.23%	72.31%	78.46%	78.46%
90%	63.08%	63.08%	70.77%	70.77%
平均准确度	71.74%	76.48%	80.99%	82.17%

由表 6-3 可知，本章方法与传统方法的分类准确度随着 α 的不同取值而变化。当 10%

≤α≤50%时，由于缺乏足够的历史数据来构建敏感性系数矩阵与生产计划方式决策结果之间的映射关系，SVDD 方法能够构建的分类边界范围较小，生产计划方式决策问题的分类不确定性较为明显。在这种情况下，本章所提方法利用证据理论提高传统 SVDD 方法对后验概率分布不确定性的处理能力，获得了比其他 3 种传统方法更高的分类准确度。当 α>50%时，SVDD 方法能够构建的分类边界范围增大，生产计划方式决策问题的分类冲突性较为明显，本章所提方法的分类准确度存在下降趋势，表明了基于证据理论的后验概率合成规则对多个 SVDD 之间的冲突性处理能力还有待增强。由于其他传统方法的分类准确度随着 α 增大也呈现下降趋势，所以也需要对支持向量类方法的内在机制进行进一步改善，增强决策问题中对分类冲突性情况的处理能力。从整体来说，本章提出的生产计划方式决策方法比 3 种传统方法获得了分类准确度（见图 6-15），证明了集成 SVDD 与证据理论的决策方法对混流装配线生产计划方式决策问题的有效性。

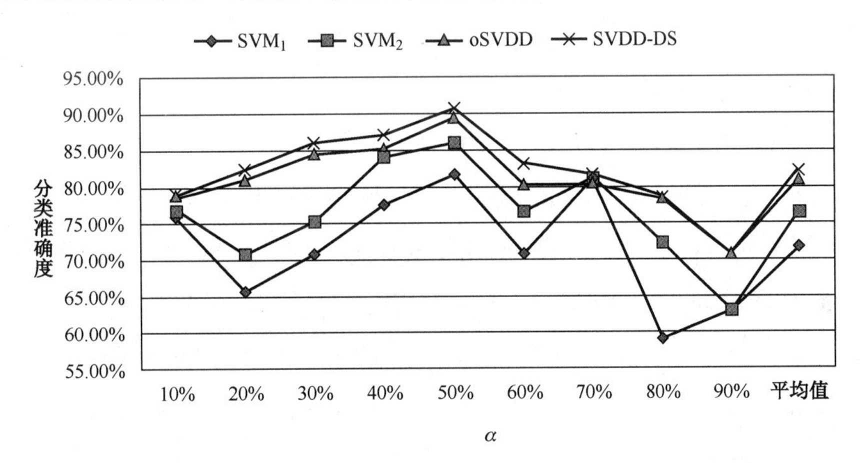

图 6-15　多种方法的计划方式分类准确度随 α 的变化情况

6.6　本章小结

本章以混流装配线生产性能的敏感性系数矩阵作为决策输入量，根据历史数据训练了基于 SVDD 与证据理论的生产计划方式决策模型，在考虑分类不确定性与分类冲突性的前提下，决策输出了混流装配线的合理生产计划方式，并在柴油发动机装配线实例中，对比了本章方法与现有 SVM 方法、SVDD 方法的分类准确率。

本章参考文献

[1] 孙宝凤，申琇秀，龙书玲，等. 混流装配线的双目标投产排序决策模型[J]. 计算机集成制造系统，2017，23(07): 1481-1491.

[2] 周娜. 某断路器生产企业车间物流的精益化改善研究[D]. 武汉：华中科技大学，2015.

[3] 朱琳. 混合装配车间的配料区物流过程建模与优化[D]. 上海：上海交通大学，2012.

[4] 朱术名. 基于仿真技术的汽车装配生产系统平衡性研究[D]. 上海：上海交通大学，2012.

[5] 徐天. 装配生产线平衡分析与研究[D]. 上海：上海交通大学，2011.

[6] Chou PH, Wu MJ, Chen KK. Integrating support vector machine and genetic algorithm to implement dynamic wafer quality prediction system [J]. Expert Systems with Applications, 2010, 37(6): 4413-4424.

[7] Kang B, Kim D, Kang SH. Periodic performance prediction for real-time business process monitoring [J]. Industrial Management & Data Systems, 2012, 112(1): 4-23.

[8] Kumar MA, Gopal M. Reduced one-against-all method for multiclass SVM classification [J]. Expert Systems with Applications, 2011, 38(11): 14238-14248.

[9] Khazai S, Homayouni S, Safari A, et al. Anomaly detection in hyperspectral images based on an adaptive support vector method [J]. IEEE Geoscience and Remote Sensing Letters, 2011, 8(4): 646-650.

[10] Huang G, Chen H, Zhou Z, et al. Two-class support vector data description [J]. Pattern Recognition, 2011, 44(2): 320-329.

[11] Luo H, Wang Y, Cui J. A SVDD approach of fuzzy classification for analog circuit fault diagnosis with FWT as preprocessor [J]. Expert Systems with Applications, 2011, 38(8): 10554-10561.

[12] Taskin S, Lodree, EJ A Bayesian decision model with hurricane forecast updates for emergency supplies inventory management [J]. Journal of the Operational Research

Society, 2011, 62(6): 1098-1108.

[13] Li D, Zhang C, Shao X, et al. A multi-objective TLBO algorithm for balancing two-sided assembly line with multiple constraints[J]. Journal of Intelligent Manufacturing, 2016, 27(4): 725-739.

[14] Qiong L, Zheng-Wei F, Chao-Yong Z, et al. Mixed model assembly line sequencing problem based on multi-objective cat swarm optimization[J]. Computer Integrated Manufacturing Systems, 2014, 20(2): 333-342.

[15] Manavizadeh N, Rabbani M, Radmehr F. A new multi-objective approach in order to balancing and sequencing U-shaped mixed model assembly line problem: a proposed heuristic algorithm[J]. International Journal of Advanced Manufacturing Technology, 2015, 79(1-4): 415-425.

[16] Yang Z, Zhang G, Zhu H. Multi-neighborhood based path relinking for two-sided assembly line balancing problem[J]. Journal of Combinatorial Optimization, 2016, 32(2): 396-415.

[17] Zahari T, Farzad T, Siti Zawiah MD. Fuzzy Mixed Assembly Line Sequencing and Scheduling Optimization Model Using Multiobjective Dynamic Fuzzy GA[J]. The Scientific World Journal, 2014, (2014-3-27), 2014, 2014(1): 505207.

[18] UC Irvine Machine Learning Repository. http://archive.ics.uci.edu/ml/.

第7章

面向工位能力重平衡需求的生产计划自进化方式

工位能力重平衡的生产计划自进化方式以生产资源优化配置为主要内容，通过调整各工位的装配时间，在一定产能需求的前提下，减少工作站的闲置时间和超载时间，提高人员和设备的利用率。本章在分析工位能力重平衡需求的基础上，介绍面向工位能力重平衡问题的生产计划自进化方式，以及基于蚁群算法的具体实现方法，并以企业案例对该方法进行详细展示。

7.1 工位能力重平衡的需求分析

目前，随着快速多变的市场需求，一些先进的生产模式在制造业得到了广泛的应用，如何提高装配生产线的整体效率、减少工序间的在制品，以及追求同步化生产越来越受到人们的重视。制造业的生产多半是在进行细分化之后的多工序流水化连续作业生产线，此时由于分工作业，各工序的作业时间在理论上、实际操作上都不能完全相同，这就势必存在工序间作业负荷不均衡的现象。除了造成无谓的工时损失，还造成大量的工序堆积，严重时会造成生产线的中止。在欧美先进工业国家的装配生产企业中，有5%～10%的时间浪费由工位间负荷不平衡现象导致。装配线平衡就是为了解决上述问题而提出的一种手段与方法，它对各工序的作业时间进行平均化，同时对作业进行研究、对时间进行测定，使装配生产线顺畅连动。装配过程一般是产品生产的最后一个环节，装配过程主要是以零部件的安装、紧固为主；其次是连接、压装和加注各种工作介质及质量检测的工序，有时还要根据用户意向选装。整个装配作业繁杂，属于劳动密集型工程。因此，提高装配线的平衡对于提高汽车装配线的生产效率有着重要的现实意义。

以汽车发动机装配为例，装配车间一般包括多条分装线和最后的总装线。一般来说，总装线包含的工位区域最多、生产周期最长、生产过程最为复杂，它既根据生产计划完成产品的装配与交付，也对各条分装线提出物料需求，拉动分装线的生产计划。

混流装配线平衡问题（Mixed-model Assembly Line Balancing Problem）是指在满足给定约束条件（如装配作业任务优先关系的约束，工作地个数的约束等）下，将所有产品全部作业任务合理地分配到各工作地上，使各工作地作业时间尽可能接近，生产效率达到最高，实现均衡化生产。混流装配线平衡问题是一类典型的离散型组合优化问题，尤其是对于随机的、多目标的装配线平衡问题，在某种程度上较难得到满意解。装配线平衡问题与装配线一同面世，但是当时并没有引起足够的重视。20 世纪 70 年代，通过调查 95 家使用流水装配线的制造厂家，仅有 5%的制造商采用公开发表的装配线平衡技术，这种情况一直延续到 20 世纪 90 年代。多数的流水线平衡设计是通过“感觉”或以往的经验，以不断尝试来获取流水线的平衡，常常导致大量的无效劳动。据美国有关资料统计，即使在美国这样工业发达的国家，平均有 5%～10%的装配时间浪费在平衡延迟中。所以，装配线平衡问题在制造业和其他流水生产行业有很高的实用价值。目前，对于装配线平衡问题的研究主要分为以下 3 个方面。

（1）给定装配线的节拍，求最小工作站数，通常在装配线的设计与安装阶段进行。

（2）给定装配线的最小工作站数，使装配线的节拍最小，对已有生产线进行调整优化。

（3）在装配线的工作站数和节拍得到优化确定的条件下，均匀分配工作站的负荷。

由于装配线的平衡总是离散型组合优化问题，寻求最优解比较困难，因此采取合适的方法解决装配线平衡问题引起了各企业界和学术界的广泛关注。在混流装配线平衡问题中，往往会涉及以下基本概念。

（1）作业任务（Processing Task）又称为工序、作业元素，是指不能再分的最小生产作业要素。一个产品可以包含一个或多个作业任务，各作业任务之间存在装配优先顺序的约束。

（2）工作地（Work Station）又称为工位、工作站，是指装配线上工人进行工作的指定位置。工人需要在这个指定位置完成对某一产品或不同产品的一个或多个作业任务的装配。根据企业的实际需要，可以安排一个工人或多个工人在同一工作地内进行装配。

（3）节拍（Take Time）又称为生产节拍，即流水线上连续投入或产出两个制品的时间间隔。生产节拍又分为理论生产节拍和实际生产节拍。理论生产节拍是指企业根据当前总有效生产时间与客户需求数量的比值，是客户需求一件产品的市场必要时间，是基于理论公式计算出来的；而混流装配线的实际生产节拍则不同，实际生产节拍是根据所有作业任务在各工作地上的实际分配情况计算得出的。

（4）产品生产周期（Production Cycle）又称为产品制造周期，是指完成产品整个装配过程所用的总时间。从产品开始投放到产品装配完成所用的时间之和。产品生产周期等于工作地数与生产节拍的乘积。需要注意的是，产品生产周期与产品作业任务总时间的区别。产品作业任务总时间是指产品所包含的所有作业任务所需要的装配时间总和。

（5）工作地装配时间（Work Station Time）是指某一工作地完成工作地内所有装配任务的总作业时间。单一品种装配线和混流装配线工作地装配时间的计算方式略有不同。单一品种装配线工作地装配时间为工作地内所有作业任务的时间之和。而在混流装配线中，由于各产品在同一工作地内装配时间的差异，只能根据每个产品占总体的需求比例与每个产品在工作地内装配时间总和的加权值进行计算，这种求解结果只能反映各工作地装配时间的加权值，不能反映出混流装配线各工作地真实装配时间。

（6）生产瓶颈（Bottleneck）是指在装配线上装配时间最长的工作地。生产瓶颈容易造成装配线上在制品的大量堆积，此工作地内的工人十分劳累，而其余工作地的工人比较清闲。这种装配时间的不均衡会造成工人的不平衡感，影响工作积极性。

（7）人工装配成本（Cost）是指工人装配作业任务的价格。由于不同工人的工作经验及文化程度不同，导致不同工人装配相同作业任务的价格不同。根据每个工人的能力，将工人合理地分配到各工作地上能够减少企业人工总装配成本。

装配线平衡问题是组合优化中的 NP 困难问题，Salveson（1955 年）在 20 世纪 50 年代首次提出并建立了单流装配线平衡问题的数学模型，该学术研究主要侧重于解决装配线平衡的核心问题，即将工序分配给不同的工位。因为这些研究中对现实条件的大量简化，所以有关研究人员将这类型问题称为简单装配线平衡问题（Simple Assembly Line Balancing）。早期的研究对于混流装配线问题主要是通过平均作业时间和综合顺序图方法将其转化为简单装配线问题，被称为纵向平衡（Vertical Balancing），目标是尽量确保每个不同型号的产品在每个工位的平均加工时间尽可能接近。而在汽车行业中，由于产品的型号众多，各型号的产量随需求变化无法预测，因此只能预测每个配置被使用的概率，有学者通过基于选项配置的综合顺序图研究了多品种条件下的混流装配线平衡问题。与纵向平衡相对应的平衡方式被称为水平平衡（Horizontal Balancing），通过最小化每个工位装配不同产品所需要作业时间的差异，以简化混流装配线排序问题。此前在水平平衡问题的研究中也提出了多种目标函数，也有学者为了达到在后期不需要排序的目的，通过设定较大的节拍时间以保证负荷不过载，但也降低了装配线生产的效率；相关学者将各型号产品预计的产量作为权重，目标是保证一定概率的产品型号满足节拍要求，从而在效率与工位的负荷超载之间实现一定程度上的平衡。

7.2 工位能力重平衡问题的特点

一般来讲，混流装配线平衡问题具有如下特点。

（1）随着客户需求的变化，要求装配线根据实际情况进行定期平衡。

（2）混流装配线具有一定扩展柔性，可根据实际产量启用工位。

（3）混流装配线中装配多种近似的产品。

（4）混流装配线中有部分自动或半自动工位可以完成与其工具对应的自动化或半自动基本作业元素。

（5）随着客户需求的增加或减少，企业需要进行节拍调整，并在要求节拍下，使用工位量越少越好，其目的是有效控制成本。

在混流装配线中，不同型号产品往往需要接受部分相同的基本作业元素，并且相同的基本作业元素在不同产品型号中也可能存在类似优先顺序，利用复杂网络模型及活动-活动关系模型可以对混流装配线平衡问题进行转换和求解。在采用复杂网络模型进行表达的过程中，通过设置网络中节点关系，进行运算可以支持平衡优化过程。

将型号 m 的装配工艺活动关系网络模型用 G_m 表示，G_m 中具有节点集合 A_m 和连接弧集合 E_m。其中

$$A_m = \{a_{m1}, a_{m2}, \cdots\} \tag{7-1}$$

$$E_m = \{e_{m1}, e_{m2}, \cdots\} \tag{7-2}$$

节点表示活动元素，连接弧代表连接关系。假设 M 个型号产品的集合中每个型号产品的装配工艺活动关系可由工艺活动关系网络表示为 G_M，$G_{\dot{M}}$ 包含的节点集合和连接弧集合为

$$A_{\dot{M}} = \{A_1 \cup A_2 \cup \cdots A_M\} \tag{7-3}$$

$$E_{\dot{M}} = \{E_1 \cup E_2 \cup \cdots E_M\} \tag{7-4}$$

对于不同型号的产品，可能包含了部分相同基本作业元素，定义决策变量 ω_{jm}，当型号 m 包含所有基本作业元素 j 时等于 1；否则等于 0。

令 t_{jm} 表示型号 m 个型号产品的第 j 个作业元素的装配时间，且型号 m 个型号产品的需求量为 d_m，则在复杂网络模型中，对应的基本作业元素的操作时间可以由下式计算。

$$\bar{t_i} = \frac{t_{jm} \times d_m}{\sum_{m=1}^{M} d_m} \tag{7-5}$$

通过式（7-5），即可将多品种混流装配过程中的活动图进行统一表达，并基于活动关系图进行平衡问题的目标函数设计与求解。

图 7-1 所示为混流装配线不同型号产品装配工序活动时间计算实例。

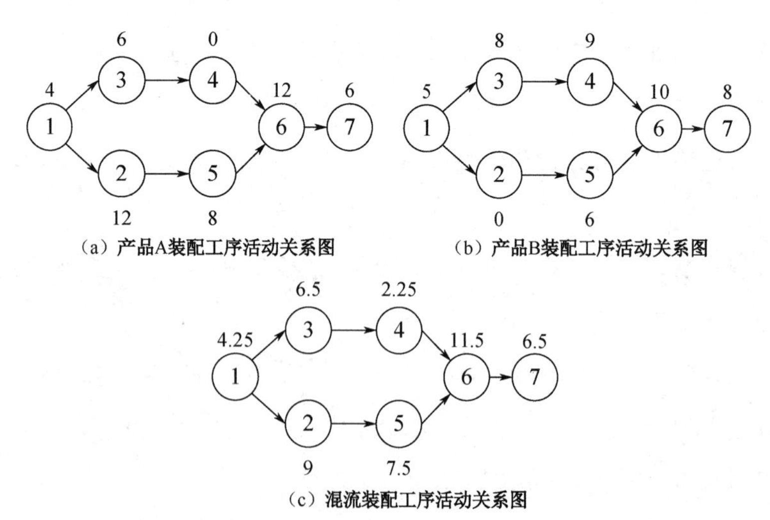

图 7-1　混流装配线不同型号产品装配工序活动时间计算实例

如图 7-1 所示，表示将两个在同一混流装配线中进行装配的产品，考虑产品最小生产循环（Minimum Productions Set，MPS）中的数量比例 3 : 1，按照式（7-5）可以计算每个节点装配工艺活动的计算实例。在此基础上，通过复杂网络模型进行多品种混流装配线中的数据转化，可将多产品工艺活动复杂网络集成为单一复杂网络图模型，便于进行平衡优化。但基本作业元素的平均作业时间并不能代表作业元素的实际作业时间，当不同型号产品的实际投产比例与设计投产比例相差较大时，某些工位在装配过程中容易变成瞬时负荷瓶颈。因此，在混流装配线平衡优化过程中，不同的基本作业元素对求解结果有着十分显著的影响，基本作业元素的划分及生产节拍的确定应考虑不同作业元素对工位负荷平衡的差异影响，减少或避免装配工位中负荷瞬时超载现象的发生。

通过上述分析，基于给定的最大工位数量约束及生产节拍要求，在满足基本作业元素的工艺顺序约束的前提下建立工位能力重平衡问题的数学模型，将所有作业元素分配到混流装配线各工位，并确定合理生产节拍，缩小工位装配时间波动，平滑工位负荷。

建模参数定义如下。

k：工位编号，$k=1,2,\cdots K$。

m：可装配产品的型号，$m=1,2,\cdots,M$。

j：产品的基本作业元素编号，$j=1,2,\cdots,J$。

C：生产节拍。

t_{jm}：型号 m 产品的基本作业元素 j 的操作时间。

T_{mk}：型号 m 产品在工位 k 的作业元素的操作时间。

S_k：工位 k 的基本作业元素求解集合。

1．节拍内部平滑指数最小化

在工位数量已确定的前提下，由于不同型号产品基本作业元素的操作时间存在差异，确定的生产节拍必须减少各型号产品之间的实际“生产节拍”偏差，即在工位内减少装配不同型号产品时的实际装配时间波动。因此，本文使用节拍间平滑指数来描述确定的生产节拍 C 与各型号产品的实际装配时间之间的偏差。

$$\min F_1=\sqrt{\sum_{m=1}^{M}\left(C-\max\left(\sum_{k=1}^{K}\omega_{jk}t_{jm}\right)\right)^2/M} \tag{7-6}$$

$$\sum_{k=1}^{K}\omega_{jk}=1 \quad j=1,2,\cdots,J \tag{7-7}$$

$$\sum_{k=1}^{K}(\omega_{jk}-\omega_{lk})\geqslant 0 \quad j,l=1,2,\cdots,J,j>l \tag{7-8}$$

$$\sum_{k=1}^{K}\omega_{jk}t_{jm}\leqslant C \quad j=1,2,\cdots,J \tag{7-9}$$

式（7-6）中，ω_{jk} 为决策变量，若基本作业元素 j 被分配到工位 k 则等于 1，否则等于 0。式（7-7）中，ω_{jk} 表示每个基本作业元素只能被分配到唯一工位。式（7-8）中，ω_{jk} 表示所有的基本作业元素只能被分配到唯一工位。式（7-9）中，ω_{jk} 表示各工位中分配的基本作业元素不能超过装配线节拍 C。

2．混流装配线负荷平滑指数最小化

$$\min F_2=\sqrt{\sum_{k\in S_k}\left(\left\lceil\frac{\sum_{m=1}^{M}\sum_{j=1}^{J}\omega_{jk}t_{jm}}{C}\right\rceil-\frac{\sum_{m=1}^{M}\sum_{j=1}^{J}\omega_{jk}t_{jm}}{C}\right)^2} \tag{7-10}$$

$$P\left(\left\lceil\frac{\sum_{m=1}^{M}\sum_{j=1}^{J}\omega_{jk}t_{jm}}{C}\right\rceil\times C<\sum_{m=1}^{M}\sum_{j=1}^{J}\omega_{jk}t_{jm}\right)\leqslant a \tag{7-11}$$

式中，$\lceil\cdot\rceil$ 表示取整函数，约束旨在保障每个不同型号产品的基本作业元素均值超过工位装配能力的概率不大于 a，此外取 $a=0.05$。

3．工位内装配负荷平滑指数最小化

为避免工位装配不同型号产品时，工位内工人出现忙闲不均现象，定义工位装配负荷平滑指数。

$$\min F_3=\sqrt{\sum_{k\in S_k}\sum_{l,k=1,l\neq k}^{M}\left(T_{lk}-T_{nk}\right)^2/M} \tag{7-12}$$

式中，T_{lk} 为型号 l 产品在工位 k 内的装配作业时间；T_{nk} 为型号 n 产品在工位 k 内的装配作业时间。

7.3　工位能力重平衡的生产计划自进化方式

混流装配线平衡问题中的关键概念包括任务、任务工时、作业顺序约束关系、节拍时间、工位（工作站）和优化目标等。目前，求解此类问题的自进化方法可归结为 3 种：最优化方法、启发式方法和以工业工程为基础的应用型方法。

1．最优化方法

最优化方法一般是指通过建立数学模型来寻找问题的最优解。尽管数学模型法能找到最优解，但实际应用时十分烦琐，往往一个很小的问题需要构造的模型非常大，计算机耗时也较多。下面分别就常用的线性规划法和动态规划法进行简要分析。线性规划（Linear Programming，LP）问题是目标函数和约束条件都是线性的最优化问题，线性规划法是最优化问题中研究最为广泛的领域之一。利用线性规划法求解装配线平衡问题早在 20 世纪 60 年代就已被提出，其约束条件和目标函数建立容易，但运算量很大，与实际情况相差比较远。之后一些学者将此算法加以改进，由于运用线性规划模型方法求解运算量很大，只能求解作业元素个数较少的装配线平衡问题，与实际情况相差甚大，因此此方法在实际应用中所取得的效果不是很理想。

早期学者利用解析法对装配线平衡问题进行了解析，对装配线每个工位的操作内容、时间、人员动作进行了分析，同时分析了工作间的协调关系，为装配线平衡提供了思路。之后相关人员用整数线性规划方法解决此问题，但只适合较小规模的混流装配线平衡问题。此外，也有学者利用分支定界法解决并实现多任务并行执行，取得了一定效果，但在时间效率及全局把控能力等方面却存在着不足。因此，对于操作工位及生产规模小，约束比较简单的装配线平衡问题，采用数学解析法的最优化方法能够快速、很好地得到问题的最优解。但随着问题规模变大，约束因素不断增多，数学解析法因为计算量剧增，所得解的质量急剧下降等缺点不能适用于这类平衡问题的解决。

2．动态规划法

动态规划（Dynamic Programming，DP）法是解决多阶段决策过程最优化问题的一种常用方法，算法求解难度较大，技巧性也很强。动态规划法设计过程较为简单，适用于许多问题，长时间以来都被认为是简单组合优化问题的首选方法之一。但是，动态规划的数学模型的建立较为复杂，其中最困难也最重要的是状态表示。动态规划的状态表示描述的子问题必须满足最优子结构性质，否则无法建立正确的动态规划模型。在应用动态规划法解决问题时，应先估计问题的时间、空间，如果问题存在维数障碍，那么动态规划的状态表示很难满足较大规模问题的空间要求，必须另寻其他方法。当动态规划法运用于解决装配线平衡问题时，其状态的表示与各工作站作业元素的加工时间有关，往往在确定动态上界时需对系统影响较小的状态进行删除，从而达到降低运算量的目的。

相关研究人员对混流装配线平衡问题进行了多次研究，在研究过程中，引入了权重系数，对每种产品赋予一定的权重，将混流生产整合为单一品种的生产模式。在权重系数下，考虑装配线平衡问题，鉴于权重系数的主观性，有关研究人员开发了一个二进制目标规划方法解决混合品种装配线平衡问题。此方法同时考虑了几个相冲突的目标，在求解过程中，多个目标之间进行动态权衡，决策者可以根据个人偏好或现实状况进行选择。

3. 启发式方法

近年来，各种类型的启发式方法以其简便、易懂、快速等特点颇受欢迎，并被广泛应用于各个领域中。启发式方法的产生主要是为了克服现实建模的困难，提供一种更有效的决策工具。与最优化方法相比较，启发式方法的优点主要有：逻辑模型接近于现实，流程图建立在决策者经验的基础上，因此启发式方法隐含着多目标方案；它的主要局限是它的静态性，即在平衡过程中，固定的准则是预先确定的优先准则，而从产品加工过程、市场需求和公司战略来看，环境是动态变化的。不过，近年来面向动态生产环境的启发式方法的研究越来越深入，方法的适用性也变得越来越强。有学者通过启发式方法研究装配线平衡问题，并得到较好的结果。下面简单介绍 3 种常用的启发式方法：禁忌搜索算法、遗传算法、蚁群算法。

（1）禁忌搜索（Tabu Search，TS）的思想最早是由 Glover 于 1986 年提出的，它是对局部邻域搜索的一种扩展，是一种全局逐步寻优算法，是对人类智力过程的一种模拟。该算法通过引入一个灵活的存储结构和相应的禁忌准则来避免迂回搜索，并通过藐视准则来赦免一些被禁忌的优良状态，进而保证多样化的有效探索以最终实现全局优化。迄今为止，禁忌搜索（TS）算法在各类函数优化、组合优化问题中都表现出优异的性能，因此近年来该方法也被广泛应用于生产调度、装配线平衡领域中。与传统的优化算法相比，TS 算法具有灵活的记忆能力和藐视准则，并且在搜索过程中可以接受劣解，搜索时能跳出局部最优解，转向解空间的其他区域，从而增强获得更好的全局最优解的概率。但 TS 也有明显的不足，即对初始解有较强的依赖性；迭代搜索过程是串行的，仅是单一状态的移动，因此搜索空间有限。

禁忌搜索算法是一个用来跳脱局部最优解的搜索方法，算法是基于局部搜索算法改进而来的，通过引入禁忌表来克服局部搜索算法容易陷入局部最优的缺点，具有全局寻优能力，因而有学者建立了其混流装配线的多目标模型，借鉴了禁忌搜索算法良好的收敛性，运用多标的优先权原则、决策法及优化后的自适应惩罚法的结合作为混合算法的适应度函数，并在平衡工作站负荷后采用匈牙利算法对瓶颈工位的诸多因素进行了优化。

（2）遗传算法（Genetic Algorithm，GA）是 J. Holland 于 1975 年受生物进化论的启发而提出的。遗传算法（GA）是基于“适者生存”的一种高度并行、随机和自适应的优化算法，该法将问题的求解表示成“染色体”的适者生存过程，通过“染色体”群的一代代不断进化，包括复制、交叉和变异等操作，最终收敛到“最适应环境”的个体，从而求得问题的最优解或满意解。与传统优化方法相比，遗传算法的优点是：群体搜索；不需要目标函数的导数；概率转移准则。

近年来，由于遗传算法求解复杂优化问题的巨大潜力及其在工业工程领域的成功应用，因此得到了广泛的关注。遗传算法在实际的应用中往往出现早熟收敛和收敛性能差等缺点，现今的一些改进方法大都是针对基因操作、种群的宏观操作、基于知识的操作和并行化 GA 进行的，使得算法性能得到很大的提升。

遗传算法主要是参考生物学中优胜劣汰、适者生存的遗传机制，它是一种适用于全局最优化求解的搜索算法，因而有学者将遗传算法应用到混流装配线平衡问题上，提出一种新型的遗传算法，很好地解决了遗传算法早熟或较快收敛的问题，得到了较好的效果，改善了遗传性能。

（3）蚁群算法（Ant Colony Optimization，ACO），1991 年，意大利学者等受蚂蚁觅食群体行为的启发，建立了蚁群算法的基本模型，并于 1992 年进一步阐述了该算法的核心思想。该算法的原始机理是基于蚂蚁觅食时，从食物源到蚁穴的路径一般有多条，但是最终大多数蚂蚁会集中于其中的某条较短路径。针对这一现象，有关学者设计了经典的双桥实验对其进行了验证，同时提出信息素的存在是这一现象发生的主要原因。信息素是蚂蚁之间为了传递信息而释放的一种化学物质。觅食时，蚂蚁会在经过的路径上释放信息素，而后面的蚂蚁根据周围路径上的信息素值确定自己的搜索方向。蚂蚁释放信息素，主观上所传递的信息不包含对所经过路径的评估，但客观上却隐含了这种评估。假设每条路径上都各分派一只蚂蚁，则在同样的时间内（此时间应远超过最长路径所需的时间）短路径上信息素的累积速度大于长路径上的；反之，路径上所留的信息素值大，说明该路径相对较短。所以，根据路径上信息素值的大小可以对路径的优劣进行评估。在整个搜索过程中，单只蚂蚁的行为是随机的，但是所有蚂蚁的行为通过自组织过程可形成一种高度有序的群体行为。

蚁群算法受到蚂蚁在寻找食物过程中通过分泌信息素的强弱确定最短路径的启示，是一种用来在图中寻找优化路径的概率型算法，因而有学者提出一种蚁群优化算法，把给定节拍最小化作为目标，寻找解决混流装配线平衡中重要的平滑工作站间工作量问题的方案。

对上述方法进行简要分析，最优化方法尽管利用数学模型能找到最优解，但是只能局限于作业元素个数较少的装配线平衡问题的求解；启发式方法通俗易懂、建模简单，流程图基于决策者的经验而建立，在解决大规模装配线平衡问题时表现出了很好的适用性，但在平衡前需预先确定准则，体现出它的静态性，不能满足目前市场及其环境变化的动态性；工业工程方法是不需要进行建模的，只需决策者运用工作研究和作业测定技术对作业工序进行深入分析，但对于作业元素个数较多且约束条件较多的 ALB 问题则体现出一定的局限性；在应用优化方法求解的同时，几乎都用到了仿真技术，随着计算机技术的发展，在目前现有软件包的基础上进行二次开发，建立可视化的虚拟仿真装配系统，以实现装配线的动态平衡效果，将值得进一步研究和思考。

7.4 基于蚁群算法的生产计划自进化方式的实现方法

本节以蚁群算法为例，介绍一种装配线重平衡的自进化方式。

7.4.1 蚁群算法概述

（1）蚁群算法基本原理

蚁群优化（Ant Colony Optimization，ACO）算法是一种基于群体协作的优化算法。现实世界中，大量的蚂蚁在出发点与食物所在目标点之间移动时遵循的路径往往是随机的，可能是直线、曲线或其他复杂轨迹。

图 7-2 所示为蚂蚁群体觅食寻路过程示意图。

如图 7-2（a）所示，当蚁穴与食物源间不存在障碍物时，蚂蚁移动时遵循路径为一条直线。假如蚁群在移动过程中路径上突然存在阻碍物体，如图 7-2（b）所示，或者假如出发点与目标点之间存在阻碍物体时，这种情况在实际生活中经常出现，在初始阶段蚂蚁会等概率地向阻碍物体两侧绕行，而不论绕行距离的长度。并且，蚂蚁还会在移动路径上留下强度可测的信息素，信息素能够指引蚂蚁的绕行方向，帮助蚂蚁在可能方向中进行选择。蚂蚁喜好选择信息素浓度高的绕行方向，在相同时间区间内，有相同概率或相同数量蚂蚁的条件下，较短移动路径上的蚂蚁花有更短的往返周期，相应的信息素浓度更高。久而久之，这些路径上移动的蚂蚁数量也会逐渐增长，如图 7-2（c）所示。显而易见，几乎所有蚂蚁都在沿它们发现的最短路径运动，如 7-2（d）所示。由此可知，在蚁群的活动过程中，信息素起着极其关键的作用。

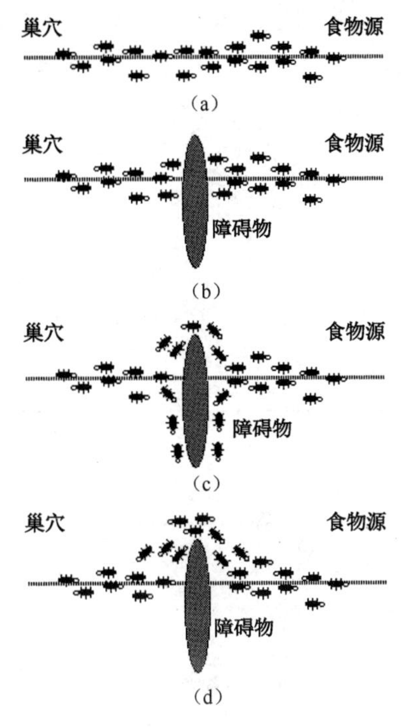

图 7-2　蚂蚁群体觅食寻路过程示意图

2. 蚁群算法优化框架

算法的实质是为问题求解提供思路或步骤，需要根据具体问题的特征，进行算法各个步骤的设计。在设计过程中，可以允许设计者加入对步骤的主观偏好，使算法能有效解决问题。

算法的设计过程如图 7-3 所示，需要具体分析问题，设计算法引擎，并基于设计者加入对步骤的主观偏好形成算子知识库。

图 7-4 所示为蚁群算法的搜索框架。算法的核心是问题求解过程，用于形成问题求解的步骤；问题是对问题分类部分的定义，问题分类主要提供问题与算法特定求解模式的对应关系，如蚁群算法中通常采用搜索图网络模型进行问题描述，基于搜索图网络模型定义约束和解的区间。同时，规则库为蚁群算法实现过程中的启发式规则、评价方法，人通过

对问题特征的理解与抽取，并结合偏好情况来定义启发式规则，构建规则库并具体实现算子。

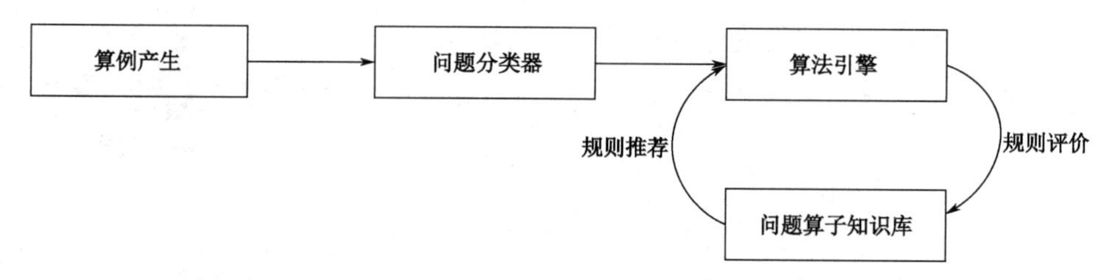

图 7-3　算法的设计过程

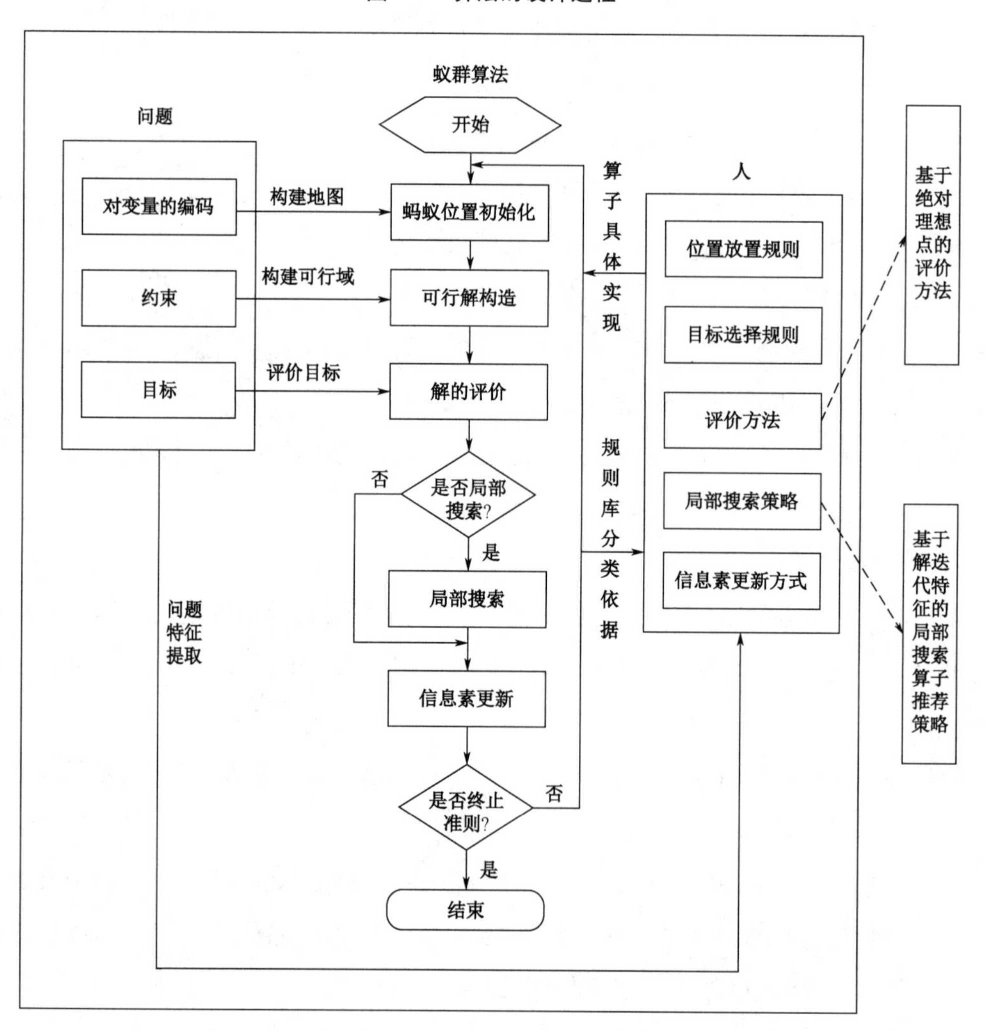

图 7-4　蚁群算法的搜索框架

7.4.2 问题模型与优化算法的映射关系

在使用蚁群优化算法求解组合优化问题时，首先需要建立问题与算法的映射模型，基于网络图模型的可视化建模是蚁群算法解决各种实际工程问题的先决条件。

所谓网络图模型，典型的定义表示为集合$G=(V,E)$，其中V为节点集，E为有向或无向实线集。以基本旅行商路径优化问题说明网络图模型的应用原理，定义节点集V为所有旅行商需要经过城市的节点，连接两城市之间的线段为可能的路径集合，记为边集合E，V中的每个元素表示旅行商经过的两城市之间的距离数据和连接关系，E表示所有可能的路径集合。在使用蚁群算法进行求解过程中，通常由人工蚂蚁对所有节点遍历，对遍历结果进行分析，继而进行相应信息素释放，多次循环上述步骤后，获得相对较短的旅行商路径解，即为优化问题的较优解。

通过以上的案例可知，在建立了网络图模型后，才能将蚁群算法中路径的选择、信息素的释放等概念与优化求解问题中具体的问题特征进行对应，进行求解及优化。

混流装配线平衡问题属于组合优化问题，考虑到该问题进行组合优化过程中，需要执行两步操作，分别为将装配工艺活动分配到工位，并对装配工艺活动在工位进行定位。

因此，此问题对解空间网络模型有如下特殊要求。

（1）将问题中每个工位的排列顺序和所有装配工序活动的定位映射到模型中，每个装配工艺活动也应唯一对应特定的工位特性，每个工位内部的多个操作位置与装配工序活动节点进行映射。

（2）能准确反映装配工艺活动的顺序约束关系、资源可用约束关系。

（3）在蚁群进行网络空间遍历构建可行解后，可以对解的形式进行解码及快速评价。

（4）空间网络模型中需要体现出“路径”的特点，以便于蚂蚁信息素的释放。

简单的网络图模型$G=(V,E)$可以表达二维网络，用于求解相同属性节点之间的优化问题。考虑混流装配线平衡问题求解过程中，节点元素类型涉及三类，且连接关系复杂，具有多资源约束的特点，传统的二维网络图模型由于其所定义的参数类型较少，因此不可携带足够的信息量，在进行问题分析及对应过程中，难以应对此类复杂的组合优化问题建模。因此，需要在复杂网络模型的基础上，进行复杂网络模型进行匹配定义，满足优化要求。本节针对带有复杂优先关系约束的组合优化问题，基于复杂网络图模型，建立算法与网络图模型的映射关系，进行求解规则、约束及目标的定义，并基于复杂网络模型进行表达。

根据以上分析，针对多约束混流装配线平衡优化问题，建立的基于图网络模型的解（三维）空间网络模型如图 7-5 所示。三维空间网络模型可用集合 $G=\left(O,O',U,V,W,M\right)$ 来表示。其中，O 为所有装配工艺活动的集合，实节点 O_{jki} 表示第 j 项装配工艺活动可由工位 k 在操作位 i 处完成，其中 j、k、i 分别为 X、Y、Z 轴上的坐标，分别代表了装配工艺活动维、工位维、工位内部操作维；O' 为所有虚节点的集合，虚节点 O'_{jki} 表示第 j' 项装配工艺活动必须在工位 k' 在顺序 i' 处完成（表示自动或半自动工位，具有固定装备）；U 为有向实线的集合，有向实线表示不同装配工序活动之间优先约束关系；V 为无向虚线的集合，无向虚线连接理论上没有优先约束关系的两道装配工序活动；M 为混流装配线中所有工位内资源集合。

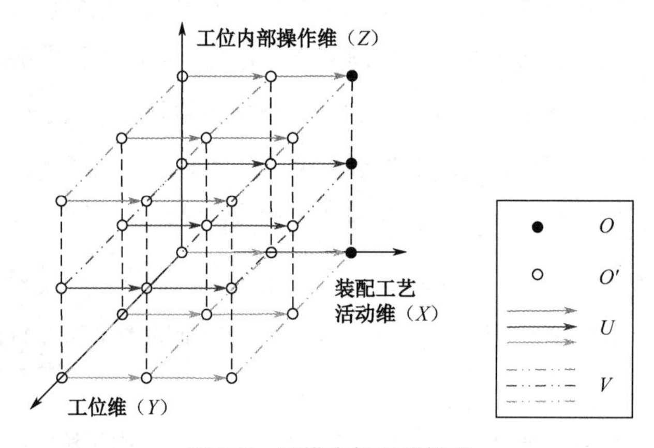

图 7-5　三维空间网络模型

采用蚁群算法进行网络搜索过程中，这种搜索可以串行或并行执行解构建过程。在蚂蚁寻找路径前，预先定义如下集合：候选节点集 D 集中存放蚂蚁执行下一步时可能搜索的节点集合；结果集 C 中存放蚂蚁已经选择的解构成节点；禁忌集 T 中存放蚂蚁下一步不能选择的节点。蚂蚁经过一次完整的解构建过程，形成一个可行解，经过解分析及解释，可以获得各装配工序活动在各工位的安排结果。同时，根据目标函数的优化对比结果，蚂蚁会在路径上按照一定规则释放信息素。这样，后续蚂蚁在进行解构建过程中，可以根据路径上的信息素浓度，以一定转移概率计算规则进行路径选择。

对空间三维网络进行展开可以更清晰地展示蚂蚁搜索的过程，如图 7-6 所示。图 7-6 中，装配工序活动展开后用 n_i 表示；工位维展开后用 WS_{ms} 表示，其中 m 表示工位编号，s 表示工位内部操作维编号；工序活动的位置安排及优先约束由有向箭头来表示。

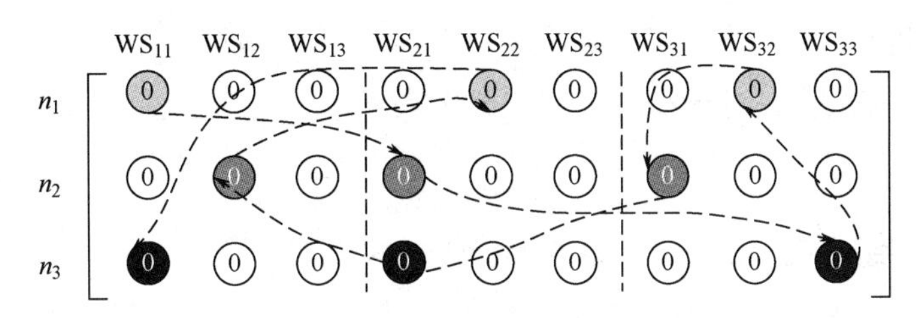

图 7-6 三维网络图模型中蚂蚁搜索示意图

7.4.3 两阶段蚁群平衡优化流程

将组合优化过程分成两个阶段，可以设计两阶段蚁群算法进行组合优化过程。将各装配工序映射为蚁群算法中的网络节点，蚂蚁按照装配工艺定义的有限顺序约束访问各节点，得到各工位的装配工艺活动及装配工艺活动顺序。

蚂蚁游历过程中选用的目标是工位平均负荷差异最小，包括节拍内的负荷差异最小、工位内的负荷差异最小，混流装配线内工位间负荷差异最小，即负荷尽可能地均匀分配。

1．第一阶段装配工艺活动在工位分派

在选择装配工艺活动构建解的过程中，人工蚂蚁采用轮盘赌方法来构建状态转移规则，进行节点工位 k_m 选择，规则由式（7-13）给出。在状态转移规则公式中，α 为信息素启发式因子，决定信息素对节点选择的影响，是累计影响信息；β 为期望启发式因子，决定目标相关的启发式信息的相对影响；q_0 为一个随机变量，是[0,1]均匀分布，表示蚂蚁按照当前模式进行最优构建模式的概率为 q_0，同时蚂蚁以概率 $(1-q_0)$ 采用新的方式探索路径，S_1 由式（7-14）决定。

$$k_m = \begin{cases} \operatorname{argmax}_{m\in K_m} \left\{ \left(\tau_{mk}^{\mathrm{I}}\right)^{\alpha} \cdot \left(\eta_{mk}^{\mathrm{I}}\right)^{\beta} \right\} & \text{if} \quad q < q_0 \\ S_1 & \text{else} \end{cases} \tag{7-13}$$

$$P_{mk}^{\mathrm{I}} = \frac{\left(\tau_{mk}^{\mathrm{I}}\right)^{\alpha} \cdot \left(\eta_{mk}^{\mathrm{I}}\right)^{\beta}}{\sum_{l=1}^{K_m} \left(\tau_{mk}^{\mathrm{I}}\right)^{\alpha} \cdot \left(\eta_{mk}^{\mathrm{I}}\right)^{\beta}} \tag{7-14}$$

式中，P_{mk}^{I} 为定义蚂蚁搜索到装配工序活动 m 时选择装配工位 k_m 的状态转移概率，K_m 为可选集合；τ_{mk}^{I} 为装配工艺活动和装配工位之间的路径中遗留的信息素的数量；$\eta_{mk}^{\mathrm{I}}=\left(PC_{mk}-C_{mk}\right)/T_{vjmk}^{P}$ 定义启发式信息，用于描述装配工艺活动和装配工位之间的目标影响关系，在算法初始，设定每一个工位可使用负荷 PC_{mk}，随着装配工序活动与工位确定，对应工位的 C_{mk} 动态减小，对于后续的启发式影响表示为 η_{mk}^{I}，使已承载负荷少的工位被选中的概率大。

2．第二阶段装配工艺活动在工位内操作位的定位

第二阶段的目标是将第一阶段获得的装配工艺活动分派结果按工位分配到操作位进行顺序排列定位。装配工艺活动采用整数向量编码方式，整数向量的每个分量包含信息：装配工艺活动号、工位号、优先权值、作业时间等。优化每个工位上装配工艺活动的数量和位置安排使各工位内部及工位之间负荷差异最小。蚂蚁通过对工位上的装配工艺活动进行排序后得到装配工艺活动与工位操作位之间的定位关系，在工位 k_m，蚂蚁采用基于随机规则的状态转移规则来选择下一步要执行的装配工艺活动 j，规则由式（7-15）给出，S_2 由式（7-16）决定。

$$j=\begin{cases}\operatorname{argmax}_{m\in K_m}\left\{\left(\tau_{ij}^{\mathrm{II},k}\right)^{\alpha}\cdot\left(\eta_{ij}^{\mathrm{II},k}\right)^{\beta}\right\} & \text{if}\ \ q<q_0\\ S_2 & \text{else}\end{cases} \tag{7-15}$$

$$P_{ij}^{\mathrm{II},k}=\frac{\left(\tau_{ij}^{\mathrm{II},k}\right)^{\alpha}\cdot\left(\eta_{ij}^{\mathrm{II},k}\right)^{\beta}}{\sum\limits_{l\in\phi}\left(\tau_{ij}^{\mathrm{II},k}\right)^{\alpha}\cdot\left(\eta_{ij}^{\mathrm{II},k}\right)^{\beta}} \tag{7-16}$$

令 $J_k\left(i\right)$ 表示当前尚未参加排序的装配工艺活动集，则 $j\in J_k(i)$。式中，$P_{ij}^{\mathrm{II},k}$ 为蚂蚁游历到顺序 i 时选择 j 的概率；$\tau_{ij}^{\mathrm{II},k}$ 定义对应工位上装配工艺活动之间的信息素水平；$\eta_{ij}^{\mathrm{II},k}=1/T_n^D\cdot T_{vjmk}^S$ 为当前时刻装配工艺活动 j 的启发式信息素定义。蚂蚁根据 $\eta_{ij}^{\mathrm{II},k}$ 值的对比随机选取一个工位添加到已排序的部分装配工艺活动集之后，并放置在首个空缺的操作位，直至 $J_k\left(i\right)$ 为空。

3．局部信息素更新方法

在构建可行解的过程中，蚂蚁都按式（7-17）更新已搜索路径的信息素。其中，τ_0 为信息素初始值，ξ 为局部信息素蒸发率，取值为 $0<\xi<1$。考虑到蚂蚁寻找解的过程中，

路径上的信息素τ_{ij}将会减少，影响其他蚂蚁选中该路径的概率相对减少，局部更新的作用在于蚂蚁每一次经过边(i,j)，增加探索不同路径的概率，使算法不断进化。

$$\tau_{ij} \leftarrow (1-\xi)\tau_{ij} + \xi \cdot \tau_0 \tag{7-17}$$

当所有蚂蚁都完成一条可行的搜索路径后，对本次迭代中最优的蚂蚁路径进行解码，得到当代最优解序列，执行局部优化，通过将当代最优解中的部分成分按照一定概率重新组合，可以为局部搜索提供具有潜力的启发式规则。现有实验表明，这种自适应构建启发式和局部搜索算法的结合，可以生成更优异的实验结果。

4．具有继承关系的两阶段蚁群局部搜索策略

针对混流装配线平衡过程中各工位进行装配活动分配的局部搜索策略是：当前最优装配工艺活动分派路径V_{I}上不同工位进行节点互换位置$v_{k_1 i} \leftrightarrow v_{k_2 j}$，得变异优化解$V'_{\text{I}}$。若$V'_{\text{I}} < V_{\text{I}}$，表示变异过程有利于提高解的质量。获得变异较优解之后，按照局部信息素更新规则，蚂蚁在V'_{I}对应路径释放信息素，并保留该蚂蚁用于第二阶段，即装配工艺活动与工位操作定位阶段的路径搜索；若$V'_{\text{I}} \geqslant V_{\text{I}}$，则表示该局部搜索具有改进装配工序活动分配工位的能力。在第一阶段的优化解没能对搜索路径进行有效的改进。

考虑工位内部装配活动互换可能对其他工位上的装配工艺活动序列产生影响，在需要进行互换搜索过程中，对第一阶段的结果进行如下方式的处理：任取当前最优路径V_{II}上在单一工位的装配工艺活动排序，进行顺序变异，具体变异过程可由设定的规则完成，可采用最优路径节点随机插值方法获得变异顺序$v_i \rightarrow v_j$，若$V'_{\text{II}} < V_{\text{II}}$，则意味着变异提高了解的质量；否则继续执行搜索与评价过程。两阶段蚁群优化过程中，考虑到两个阶段信息素的启发式相互影响得到加强，因此，信息素有计划地集中到相对较优的路径上。局部搜索框架如图7-7所示。

5．全局信息素更新

每次迭代对当代最优蚂蚁执行局部搜索后，进行局部最优路径更新，γ为总体影响因子，ρ为路径上的信息素挥发系数，W_j为当前装配工艺活动占用的工位负荷，C_j为当前装配工艺活动在工位上的定位安排结果。为加强较优路径的信息，且不导致过快收敛，在装配工艺活动分派阶段，每次迭代完成后只将局部搜索时保留的最好的蚂蚁按式（7-18）更新信息素。在第二阶段按式（7-19）更新信息素。

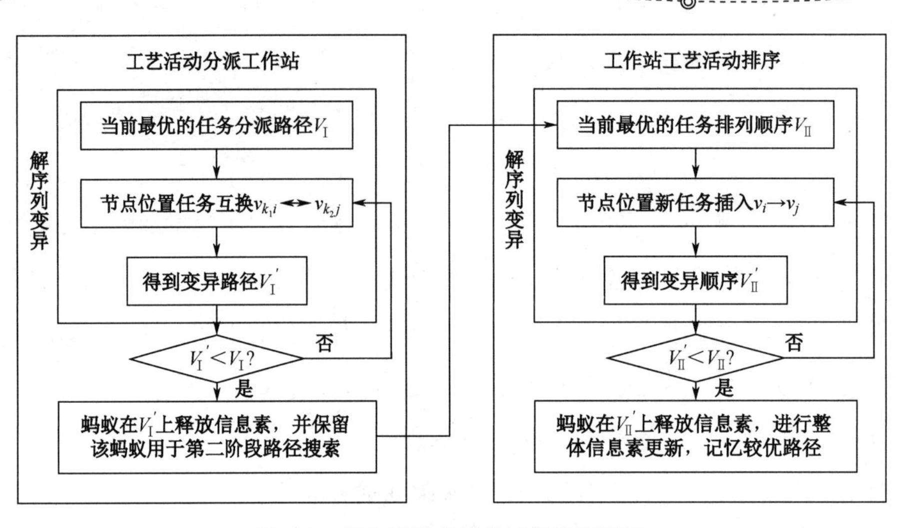

图 7-7　具有递阶关系的局部搜索框架

$$\tau_{mk}^{\mathrm{I}} \leftarrow (1-\rho)\tau_{mk}^{\mathrm{I}} + \gamma / W_j \tag{7-18}$$

$$\tau_{ij}^{\mathrm{II},k} \leftarrow (1-\rho)\tau_{ij}^{\mathrm{II},k} + \gamma / C_j \tag{7-19}$$

综上所述，混流装配线平衡优化的两个阶段蚁群算法基本流程如图 7-8 所示。

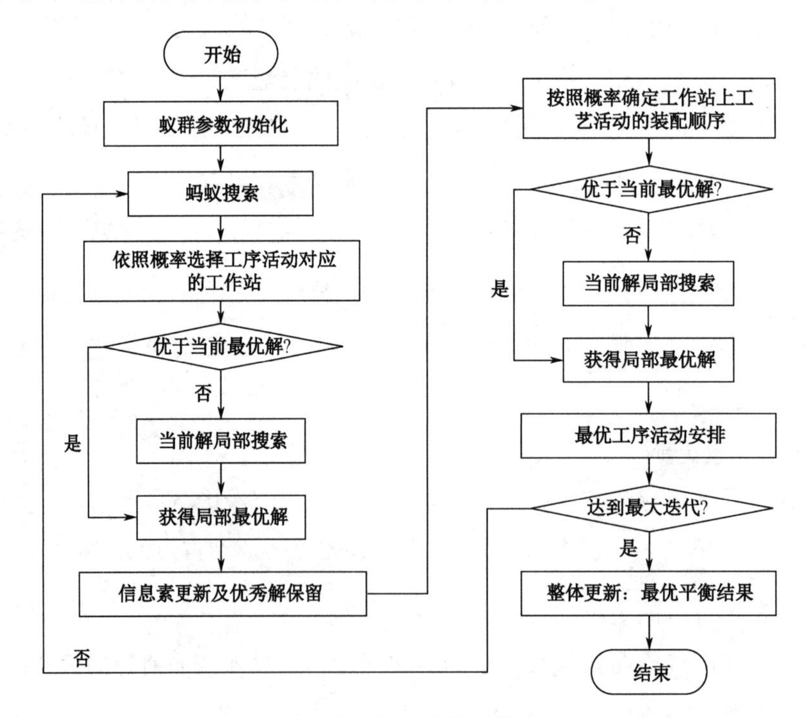

图 7-8　两个阶段蚁群算法基本流程

7.5 企业案例

以汽车发动机混流装配线产品装配工序活动图为例，分析本章提出的算法进行混流装配线平衡问题的求解性能。在该混流装配线内目前按照要求装配 3 种型号的产品，3 种产品的基本功能模块大致相同，3 种型号产品每个循环生产的数量分别是：A 为 1 件，B 为 2 件，C 为 2 件，生产节拍定为 54s。需要寻找一种较优的装配工艺活动分配方案，使得混流装配线工位数量尽可能少、工位均衡、产量尽可能高。

7.5.1 算法参数实验

在蚁群算法参数中，首先对基础参数进行分析评价与测试，通过以上的分析及对算法参数的重要性进行分类，试验分为如下两个阶段进行。测试过程采用 C#语言编程实现算法，所有计算均在同一配置的计算机上运行。

1．算例设计

工位总数 WS=4，且各工位内操作位均为 3，设置共有装配工序活动数 N=10，初设蚁群数 Nuts=50，迭代次数 Iter=50，信息素初始值 $\tau_0=1$。

采用一个算例为所有参数的一种可能组合，参数值随机生成。每个算例运行一确定的次数 N，设置 N=30。解的好坏以目标函数进行评价。

2．基础参数测试

蚁群算法的基础参数记为 α、β、q_0、ρ，根据蚁群算法创始人 Dorigo 等参数的实验分析，取如式（7-20）的参数值进行试验。对于每个参数选 4 个水平，因素之间交互作用设置 6 项，进行均匀试验。均匀表设计如表 7-1 所示，设置参数的取值水平。

$$\begin{matrix} \alpha \\ \beta \\ q_0 \\ \rho \end{matrix}\begin{bmatrix} 0.5 & 1 & 2 & 4 \\ 2 & 3 & 4 & 5 \\ 0.6 & 0.7 & 0.8 & 0.9 \\ 0.1 & 0.2 & 0.3 & 0.4 \end{bmatrix} \tag{7-20}$$

表 7-1　均匀试验方案均匀表设计

	1	2	3	4	5	6	7	8	9	10	11	12	13	14	15	16
α	4	2	3	3	1	2	3	1	3	2	2	4	4	1	1	4
β	1	4	1	4	4	1	2	2	3	3	2	3	2	1	3	4
q_0	1	4	2	2	3	3	1	4	1	4	3	2	2	4	3	1
ρ	1	1	4	3	4	3	3	4	4	3	1	1	2	2	2	2

取置信区间为 95%，可绘制排序后的参数组合直观图，如图 7-9 所示。可见，参数组合 11 求解结果分散程度低，效果最优。此时参数设置为式（7-21）。

$$\begin{matrix}\alpha \\ \beta \\ q_0 \\ \rho\end{matrix}\begin{bmatrix} / & 1 & / & / \\ / & 3 & / & / \\ / & / & 0.8 & / \\ 0.1 & / & / & / \end{bmatrix} \tag{7-21}$$

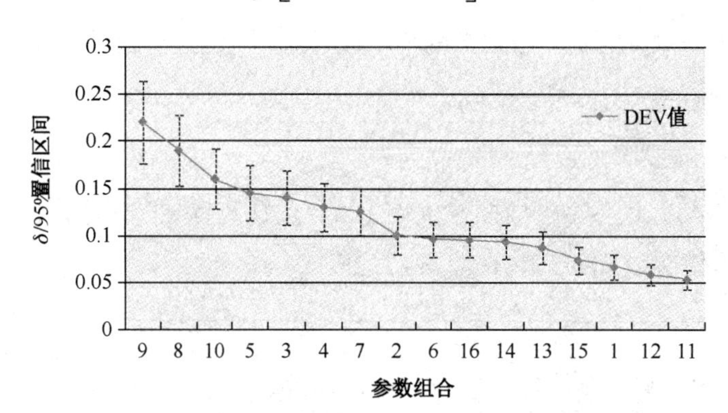

图 7-9　参数组合的 95%置信区间直观图

Dorigo 等的实验分析已经表明 ξ 取值为 0.1 时算法具有较好性能，由于 ACS 算法对蚂蚁数目不敏感，因此对本文中的算例，算法的蚂蚁数 Nuts 均固定为 50。经多次数值实验，结果表明本文提出的蚁群算法均能很好地收敛于某一可行解。如图 7-10 所示，某一算例的 3 次重复数值实验均能收敛，且用较少的迭代次数即能到达稳定的解。

综上所述，本算法基本参数设置：$\text{NA}=50$，$\text{Iter}=50$，$\alpha=1$，$\beta=3$，$\rho=0.1$，$\xi=0.1$，$\gamma=0.01$，$q_0=0.8$。

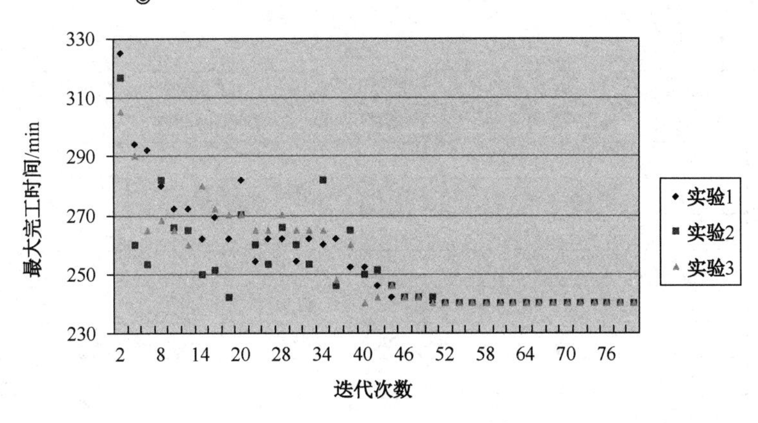

图 7-10 算法收敛散点分布图

7.5.2 案例结果分析

对两阶段蚁群算法的参数进行设置，优化结果如表 7-2 所示。

表 7-2 某汽车发动机混流装配线平衡优化结果

工位序号	工位编号	工位装配活动数量	任务 1	工位序号	工位编号	工位装配活动数量	任务 1
1	M30	1	1	19	SA370	2	27，28
2	SA20	1	2	20	M390	2	29，30
3	A40	1	3	21	A410	1	31
4	M60	2	6，12	22	M440	1	32
5	M70	4	4，7，5，8	23	M460	3	33，34，38
6	M80	1	9	24	M470	2	35，36
7	CR10	1	11	25	A480	1	37
8	M90	2	10，13	26	M500	3	39，40，41
9	A100	1	14	27	M510	1	42
10	A130	1	15	28	M530	2	43，44
11	A140	1	16	29	M540	1	45
12	MR20	1	17	30	M560	2	46，47
13	A180	1	18	31	A570	1	48
14	A190	1	19	32	M590	3	49，58，50
15	A200	1	20	33	M600	4	53，54，51，55
16	SA340	1	21	34	M610	3	56，57，52
17	MP350	3	22，23，24	35	M650	2	59，60
18	M360	2	25，26	36	A660	1	62

续表

工位序号	工位编号	工位装配活动数量	任　务　1	工位序号	工　位编　号	工位装配活动数量	任　务　1
37	M680	2	63，64	53	M930	1	94
38	M690	3	61，65，68	54	A990	1	95
39	A710	1	66	55	A1000	1	96
40	M730	2	67，69	56	M1120	2	97，98
41	A740	1	70	57	M1130	3	99，100，101
42	SA750	1	71	58	M1140	4	102，102，111，104
43	M760	1	72	59	M1150	2	105，105
44	M770	4	73，74，78，76	60	A1180	1	107
45	M780	4	77，79，80，81	61	M1190	1	108
46	M790	2	85，86	62	M1200	2	109，110
47	M810	5	82，83，75，84，87	63	A1210	1	113
48	M830	2	88，89	64	M1220	2	112，114
49	M870	1	90	65	M1230	3	115，116，118
50	A890	1	91	66	M1240	2	117，120
51	A900	1	92	67	M1250	1	119
52	A910	1	93	68	M1292	1	121

基于面向对象技术的汽车发动机混流装配线仿真模型将在 eM-Plant 软件环境下建立，eM-Plant（SIMPLE++）是 Tecnomatix 公司开发的主要用于生产系统与生产过程的建模与仿真软件，软件采用面向对象的技术，具有图形化的用户界面，可对高度复杂的生产系统和控制策略进行仿真分析。

为了描述汽车发动机混流装配线的功能、结构、信息和控制等方面的特征。对压缩机装配线建模具体包括 5 类基本对象，如表 7-3 所示，建立仿真模型如图 7-11 和图 7-12 所示。

表 7-3　对象功能列表

对 象 名 称	功　　能	图标及其意义
实体类	包括系统中的物理资源信息，如设备、在制品、操作工人等	表示可分解子装配模块，表示操作工位，表示批处理工位
信息类	工艺信息、工厂日历信息等	表示工厂日历信息，表示事件控制器
控制类	生产线运行过程控制、物流控制、故障检视等	M表示用 SIMPLE++编写相关的程序对装配过程进行控制
过程分析类	生产线负荷分析、工时分析等	用于进行瓶颈分析，表示设备利用情况表
结果类	生产线运行仿真结果	表示生产任务完成情况统计表

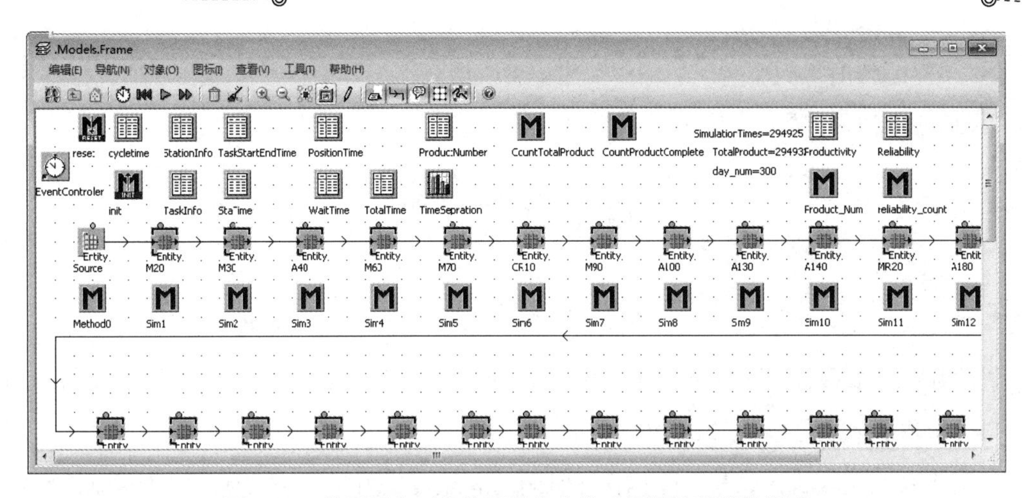

图 7-11 基于面向对象仿真的汽车发动机混流装配线模型

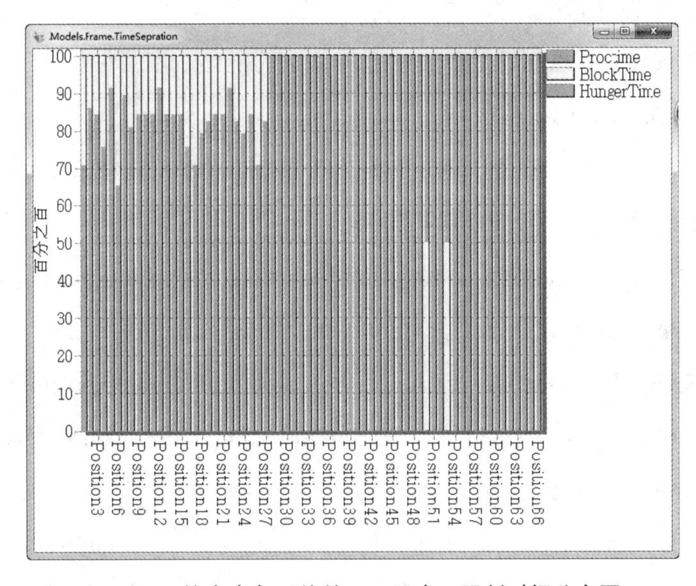

图 7-12 仿真中各工位处理、阻塞、限制时间分布图

7.6 本章小结

混流装配线生产计划自进化方法通过规划各工位的工作负荷，避免产生瓶颈工位，保证生产流程平顺化，提高装配线生产效率，解决的是具有 NP 困难特点的混流装配线平衡问题。本章分析了混流装配线平衡问题涉及的工位数量、工位负荷及装配效率等因素，构

建了混流装配线的平衡问题模型，并介绍了基于两阶段蚁群优化算法的生产计划自进化方法，最后通过仿真分析实验展示了算法的求解效果。

本章参考文献

[1] 曾志海．工业机器人混流生产线平衡研究[D]．上海：上海交通大学，2012.

[2] 鲁建厦，翁耀炜，李修琳，等．混合人工蜂群算法在混流装配线排序中的应用[J]．计算机集成制造系统，2014, 20(1): 121.

[3] 刘俨后，左敦稳，张丹．随机作业时间的装配线平衡问题[J]．计算机集成制造系统，2014, 20(6): 1372-1378.

[4] 韩煜东，董双飞，谭柏川．基于改进遗传算法的混装线多目标优化[J]．计算机集成制造系统，2015, 21(6): 1476-1485.

[5] 吴永明，戴隆州，李少波，等. 基于改进粒子群优化算法的混流装配线演进平衡[J]. 计算机集成制造系统，2017, 23(4): 781-790.

[6] Yagmahan B. Mixed-model assembly line balancing using a multi-objective ant colony optimization approach[J]. Expert Systems with Applications, 2011, 38(10): 12453-12461.

[7] Akpinara S, Bayhan GM. A hybrid genetic algorithm for mixed model assembly line balancing problem with parallel workstations and zoning constraints[J]. Engineering Applications of Artificial Intelligence, 2011, 24(3): 449-457.

[8] Yagmahan B. Mixed-model assembly line balancing using a multi-objective ant colony optimization approach[J]. Expert Systems with Applications, 2011, 38(10): 12453-12461.

[9] Mosadegh H, Zandieh M, Ghomi S. M.T.F. Simultaneous solving of balancing and sequencing problems with station-dependent assembly times for mixed-model assembly lines [J]. Applied Soft Computing, 2012, 12(4): 1359-1370.

[10] Manavizadeh N, Hosseini N, Rabbani M, et al. A Simulated Annealing algorithm for a mixed model assembly U-line balancing type-I problem considering human efficiency and Just-In-Time approach [J]. Computers & Industrial Engineering, 2013, 64(2): 669-685.

[11] Avikal S, Jain R, Mishra PK, et al. A heuristic approach for U-shaped assembly line balancing to improve labor productivity [J]. Computers & Industrial Engineering, 2013, 64(4): 895-901.

[12] Topaloglu S, Salum L, Supciller AA. Rule-based modeling and constraint programming based solution of the assembly line balancing problem [J]. Expert Systems with Applications, 2012, 39(3): 3484-3493.

第8章

面向产品投产重排序需求的生产计划自组织方式

产品投产重排序的生产计划自组织方式通过合理调度订单分配过程与产品投产过程，根据特定的产品投产比例需求，决定各产品在生产线上的投入顺序，以减少工位过载时间和物料消耗速率波动，保持生产均衡化。本章在分析产品投产重排序需求的基础上，介绍面向产品投产重排序问题的生产计划自组织方式，以及基于蚁群算法的具体实现方法，并以企业案例对该方法进行详细展示。

8.1 产品投产重排序的需求分析

在混流装配线中，技术工人和柔性机器设备的应用，使得生产准备时间得到了大幅度的降低。因此，不同品种产品能通过混流生产组织，同时进行批量生产。为了合理使用各种柔性资源、降低成本投入，不同产品生产装配过程要求达到一定的相似性。通常企业会设计一个基础产品，然后根据这个基础产品开发一些可供客户选择的个性化选项。所有个性化生产需求一般由各个交货期的订单决定。因此，每周、每天甚至每班都需根据所有型号产品的需求变动，进行计划投产。

虽然大多数情况下，任何混流投产排序技术上都是可行的，但是其对生产成本产生很大的影响。特别是工位中的劳动力使用情况及物料需求状况，这些都是由投产序列决定的。

因此需要对各模型编制详细的生产计划。混流投产排序一般考虑如下两类问题。

（1）超额任务量。装配不同个性化任务，会使得不同模型在各工位的装配时间存在差异。例如，在自动化生产线，安装汽车电动遮阳顶棚与自动遮阳顶棚时，装配时间存在一定量的差异。如果某个工位中连续经过多个复杂的模型产品，那么可能发生超负荷情况。在这种情况下，现场将会采用类似场外技术工人的补偿措施处理超额任务量，来平衡该工位的负荷。一般可以通过优化投产排序来尽量避免这种过载情况发生。从经验来看，通常期望工位在操作完一个高装配时间产品后，接着操作一个低操作时间的产品。

（2）准时化目标。当以准时化（JIT）为生产目标时，投产排序专注于物料需求的差异性。不同的个性化要求产生了不同的产品型号，这些不同的产品型号也具有不同的物料需求及零件需求，因此模型投产排序影响物料的实时消耗和供应。装配线通常依靠准时化物料供应来维持生产水平。但是，准时化生产供应的一个前提条件就是装配过程中物料需求率的稳定。如果物料需求不稳定，安全库存（为避免需求高峰期缺货的物料储备）就会被迫增加，准时化的优势就得不到发挥。因此，投产排序需要为准时化要求提供支持以均衡生产过程的物料需求。

寻找混流装配线排序问题的可行解是一个 NP 困难问题。随着问题规模的不断扩大，可行解呈指数增长，所以在可接受的时间内无法在大量的可行解中找出最优解。同时，它还具有复杂性、不确定性、多约束性及多目标性等特点。面对这些特点，当混流装配线上多个型号的产品同时进行生产时，由于不同类型的产品所需的零部件种类有所不同，所需相同零部件的数量也不尽相同，因此，很难保证所有的工作站负荷均匀的同时，还保持较低的原材料和在制品库存。不同型号产品的生产时间不尽相同，而且不同品种产品切换生产需要一定的调整变换时间，因此，也很难在确保工作站负荷均匀的同时又能满足客户的交货期。

混流装配线的平衡与排序题目是其高质量工作的两个核心点，其中混流装配线的平衡问题是要达到不同作业点的所有作业量均匀化的目的，即解决不同作业点均匀载荷的平衡问题。上述内容已讨论了相关混流装配线的平衡问题，进而下面对产品的投放顺序进行深入分析。企业在装配线已经平衡的基础上，要分析产品的投产排序问题以决定混流装配线上不同型号、类别的产品投入生产的次序，使生产做到均衡化。对于混流装配线上的产品来说，它们在结构配置、规格大小及工艺参数方向中有一定的差别。混流装配线的产品投入的顺序对整个装配系统有一定的影响。

（1）影响总装配生产线上产品对各个零部件的消耗情况。混流装配线上的产品种类以及不同产品对各个零部件的需求都有所不同，因为准时化的生产方式总是向前一道工序领取零部件，如果投产的顺序不恰当就会引起装配时各零部件的消耗速率大的波动，进而对零部件的需求也会大幅变化，所以要保持混流装配线上各零部件消耗速率的均衡化，以此作为混流装配生产排序问题的优化目标。

（2）影响不同种类产品的总切换时间。一部分混流装配线上会涉及不同种类的产品在切换的过程中由于工装的不同，而产生时间的消耗，这会与产品的排序有一定的联系。但还有很大一部分混流装配线，在更换产品类型时，无须消耗多余的时间，如车辆总装配线、一些家电装配线等。

随着消费者需求的快速变化，各个企业的生产系统就必须快速做出反应，投产排序决策是一个短期的决策，在一定的时间范围内，如果将混流装配线上的产品合理高效地进行排序产出，就会为企业节约相当大的资源成本，在很大程度上提高了企业的效益。待安装的产品在混合装配出产线上的投入顺序是对最小出产单元内的产品采取的排产优化，因为投产排序决策是短期的决策，所以需要根据企业管理与运行所要完成的目标采用不同的投产排序优化目标函数，制定月、周、日及班次的投产排序规划。投产排序的作业量十分大，它完成的优劣对整个企业的生产周转效果有很大的影响。因此，需要针对当前的市场的环境及时进行投产排序改进，以满足现阶段瞬息万变的市场需求，从而使得许多学者将其目光投入到探究混流装配线的排序问题之中，即考虑如何把种类具有差别化的产品在装配线上按照正确的次序进行投放生产，使得排序的结果能够满足企业需要到达的目标，这体现了排序研究对于企业的重要意义。

多品种进行混流装配不同于单品种的装配，因为产品的结构、工艺、规格等的区别将影响产品的投产排序，进而影响各零部件的使用速率、最小生产循环周期、各工作站负荷等问题，这些问题的出现也会影响整个生产线的效率，导致整个企业的效益受到影响。此外，混流装配线的生产线平衡问题通常是生产线的中长期规划，而混流装配线的投产排序相对而言则属于短期决策的内容，问题的核心就是每天或每个生产班次需要按什么顺序生产产品。投产的顺序决定了每个工位负荷的高低，以及物料需求的波动等，这些因素都与生产的效率相关。因此，在混流装配线投产排序问题中，优化通常以下面两个为目标。

（1）避免工位超载（Avoid Work Overload）。

负荷超载是指工位所负责的任务不能被操作人员在规定的时间或空间内完成，在装配线上时常出现的情况就是产品已经要流出该工位的范围但装配工作还没有完成。对于混流装配线上的各工位而言，装配不同的产品需要不同的作业时间，假设连续多个需要很长装配时间的产品到达该工位，就容易造成工位无法完成装配任务，但是如果能够使得装配时间长和装配时间短的产品间隔到达工位，就容易避免工位超载。

（2）物料需求平准化目标（JIT Objectives）。

生产不同的产品可能需要使用不同的零部件或原材料，因此投产的顺序也就会影响零部件的需求，如果零部件的需求波动较大，工厂就需要使用较高的安全库存保证物料的供应不出现间断，这会产生成本，而物料需求平准化的目标正是零部件需求的平稳性，使得每个工位的零部件需求波动尽可能减小。

在文献中与最小化工位负荷超载目标相对性的有两种排序方法，分别是型号排序（Mixed Model Sequencing）和汽车排序（Car Sequencing），与保持物料消耗速度平稳，实现物料需求在时间上的均衡化目标相对应的排序方法是平准化调度（Level Scheduling）。其中，汽车排序和平准化调度在混流汽车装配线上应用比较广泛。

① 型号排序就是通过将作业时间短的产品型号与作业时间长的产品型号交替投产，使得其间隔到达工位，实现工位负荷过载最小。为了降低排序的难度，通常所有在混流装配线上生产的产品型号的投产顺序组合为若干最小产品集（Minimal Part Set，MPS），实际生产时就用循环的方式生产每个MPS中所包含的产品型号并按其顺序进行投产。工位负荷过载最小化的目标隐含在汽车排序方法中，该排序方法通常根据装配线与产品的性质规定若干个排序规则 H_i：N_i 表示在连续的 N_i 个产品中出现；配置的数量不超过 H_i 次。

② 汽车排序是 Parrello（1986）依据汽车制造业的实际情况首次提出来的，但其他行业的混流装配线排序问题也可以应用这一方法。相关研究人员针对汽车行业的排序问题提出了新的整数规划模型：汽车排序实际就是约束满足问题，一般采用约束规划进行求解，如果约束可以满足，那么这个问题就有可行解，否则就不存在可行解。为了解决这个问题，有关学者针对一类特殊的汽车排序，提出了软、硬两种不同类型的约束，将硬约束作为实

际存在的约束，而把软约束通过成本的形式加入目标函数中，进而在现有基础上进一步修改了整数规划的目标函数并采用分支定界法求解该类问题。

③ 平准化调度是通过生产调度的方法使得零部件的需求平稳，以减少安全库存实现准时化供应。平准化调度作为“丰田生产模式”的重要组成部分，受到了广泛关注，为了实现平准化调度的目标，需要为每种零部件的平均消耗率设定目标，并且在随后的排序中，使得物料的实际消耗率尽可能地接近目标消耗率。早期学者分析了该模型的数学性质，然后从性质出发，提出了在不同阶段使用的 3 种求解算法，该方法无论在小规模问题还是大规模算例中都可以取得较好的结果。相关学者深入研究后考虑了产品类型转换过程中工位需要的调整时间；相关学者进一步考虑了产品的交付时间，以尽量减少延迟交付的产品类型的数量作为目标。此外，有学者根据装配车型主要零部件的相同与不同，在模型中引入车型之间相似度的概念，并且用遗传算法进行求解，目标是最大化总的相似度。

综上所述，企业能否实现高效生产，及时响应市场需求，在很大程度上依赖于总装配线的投产排序，装配线上产品的投产排序对企业高效生产起着重要的作用。

8.2 产品投产重排序问题的特点

混流装配线正常运作是以生产的均衡化和同步化为前提的，在品种与数量上达到均衡，装配流程实现同步化，才能实现多品种、小批量的混流制造。在实际生产运行中，混流装配线往往面临着以下问题。

（1）数量均衡是指混流装配线每天基本保持一个恒定的装配数量范围。如果装配线上在制品的数量变化巨大，那么装配线的各工作站就会无规律地消耗零部件，上游的制造车间或装配工序及供应商就不得不在生产资源，包括原材料、零部件等方面保持足够的安全存货量，以承受不确定的负荷高峰，而在非高峰负荷期间内，则会产生大量的资源闲置浪费。同时，由于拉动具有放大效应，混流装配线上的在制品数量变化越大，前端工序的同步适应难度就越大，极易导致生产混乱。

（2）品种均衡是指面对现代市场中客户个性化、特殊化需求的现状，要具备快速响应市场的能力，这样仅有数量方面的均衡是不够的，在同样的时间里尽可能制造品种更多、型号更全的产品，才能适应市场的激烈竞争。制造企业需要同时兼顾市场订单的实际需求和每日产量均衡的限定，制定出混流装配线上各型号产品的日平均产量，这就是品种均衡。

（3）混合装配就是在数量和品种都达到均衡要求的前提下，制造企业按照日平均产量和产品类型需求比，均匀合理地安排总装上线的不同种产品的投产排序。这就使得装配线能够在一定时间范围内产出更多型号的产品，从而满足客户的多样性、个性化的需求；同时，也均衡化了生产和供应环节中的成本消耗、平稳了各工作站的负荷波动、提高了装配线的生产效率。

在此情况下，混流装配生产过程的投产重排序问题有如下几个特点。

（1）产品种类的多样化。各类生产、装配车间的不同类型产品种类繁多，并且每种型号的产品数量也存在不确定性，最终导致整个生产过程零部件的种类大量增加。

（2）物流配送的复杂性。由于各种型号的零部件或半成品对物料的需求种类不同，各类零部件都需要准确无误地按时送达，实现准时化生产。

（3）生产环境的多变性。在实际生产中，经常会出现车型变更或需求数量的增减，有时也可能出现多批加急订单，因此混流装配中可能会出现缺少某些零部件、采购跟不上等情况。

（4）生产计划的变动性。为了适应消费者的多样性需求，生产过程中的产品配置需要随消费者而变动，因此，生产计划经常会发生变化，而保证生产计划进度和产品工艺流程已成为一项较为复杂的任务。

（5）生产管理的动态性。在实际生产过程中，不免会出现设备故障、人员缺勤等情况，计划好的任务在实施过程中也可能会遇到各种意外情况，很容易陷入管理混乱，所以规范化管理也就成了一项重要任务。

在第 7 章中已经介绍过，对于平衡混流生产线，比较典型的处理方式是使用联合优先关系图。在联合优先关系图中，不同模型的相同任务的操作时间被平均化处理。为了提高生产效率，生产节拍根据所有模型的装配时间平均值确定。因此，某些模型的处理时间可能高于生产节拍，其他模型的处理时间则可能低于生产节拍。如果一些高操作时间的模型连续经过同一个工位边界，那么该工位的工人就不能在下一个工件到达之前返回上游。这样就会持续地使该工位的工人往下游移动，并最终产生超额工作量，即工件不能在工位边界内部完成装配。根据装配线中边界的类型，上述过载会导致以下结果。

① 整条装配线停止直到所有工位完成各自的当前工件。

② 技术工人可以在工位右边界接替工作站中的工人，完成过载任务。

③ 未完成任务和其所有后续任务不再执行，等未完成工件下线后，其未完成任务在线下的特殊工位完成。

④ 过载工位采取加速生产措施，但可能产生产品缺陷风险。

为了避免上述补偿代价，混流装配线投产排序需要搜寻不同的序列，满足每个工位中产品操作时间的间隔条件，使高低负荷产品交替经过各个工位。投产排序对混流装配线产生多方面影响，可以实现物流平准化、工位闲置时间最小化、切换次数最小化等多类目标优化，目标之间可能具有正相关关系，即较优的投产排序解同时对两个目标有益；目标之间也可能是负相关关系，以及同一个优化解对促进 A 目标最优，却导致 B 目标变差。

（1）均匀化零部件消耗的数学模型。

生产“平准化”是组织多种型号产品混流装配线的关键环节，其核心是最优化产品的投产排序。也就是说，当不同型号产品到达装配线后，按照产品在不同工位的装配时间、待装配数量、产品型号进行合理的交替排序，使拉动到装配线中的零部件的消耗速率具有平稳性，实现装配线的均衡生产及不同型号产品的混流交替生产，满足对多品种、小批量市场的按单生产需求。

在混流装配线中，生产的同步化和均衡化是装配线能够正常运作的必要条件。混流装配线需要同时装配多种型号产品，不同型号产品的装配时间不尽相同，装配所需零部件的种类和数量也有所差异。如果装配线连续装配相同型号产品，会导致某些工位的负荷过大，而另一些工位负荷不足。为使得工位负荷趋于平衡，缓解工位闲置和负荷不均的状况，一定程度上减少零部件需求波动，就需要通过合理投产排序，平顺化装配过程中各种零部件的消耗速率，实现平准化生产。

以下基于实例直观阐述混流装配线的排序优化问题。假定存在某一装配线，需要在某时段内完成 4 种型号产品（A、B、C、D）的装配，产品的生产需求数量如表 8-1 所示。首先基于生产比例数法确定装配线生产的数量节拍，由于 4 种产品的需求比是 2∶3∶4∶2，因此可以确定在一个最小产品数量集合（Minimum Product Set，MPS）中需要装配的型号

A 产品的数量为 2，型号 B 产品的数量为 3，型号 C 产品的数量为 4，型号 D 产品的数量为 2。在一个 MPS 中，一种可能但不一定为最优的产品投产排序方案为 A–A–B–B–B–C–C–C–C–D–D。产品对各级子装配的不同需求会导致不同的最优排序结果，从而对生产过程中的工位负荷、零部件消耗速率产生不同影响。实例中各型号产品对各级子装配的需求数量如表 8-2 所示。

表 8-1　产品的生产需求数量

产品型号	需求数量	MPS 中各型号产品的数量
A	2000	2
B	3000	3
C	4000	4
D	2000	2
总计	11000	11

表 8-2　各型号产品对各级子装配的需求数量

产品类型	MPS 中各型号产品的数量	子装配		
		W1	W2	W3
A	2	10	0	5
B	3	2	1	4
C	4	1	17	0
D	2	0	4	1
总计	11	30	79	24

为简化问题表达，假定此时只需要装配两种型号 A 产品（每个 MPS 中的生产数量为 2）和 C 产品（每个 MPS 中的生产数量为 4），并且型号 C 产品需要 17 个子装配操作 W2，而型号 A 产品不需要子装配操作 W2。假定总装线上的排序优化结果为 C–C–C–C–A–A，在每个 MPS 的开始阶段共需要执行 17×4 = 48 个子装配 W2 操作；但是在后续的生产过程中，由于产品装配不需要进行 W2 操作，所以执行子装配操作 W2 的操作工人或班组将一直处在“空闲”状态，这一现象严重违反 JIT 生产的“平顺化”目标。因此，实现不同型号产品合理的投产排序是在混流装配线中实现 JIT 目标十分重要的手段。

① 辅助变量。

m：产品型号，$m=1,2,\cdots,M$。

k：工位编号，$k=1,2,\cdots,K$。

p：零部件种类编号，$p=1,2,\cdots,P$。

d_m：不同型号产品的最小需求数量集合，$d_m\in\{d_1,d_2,\cdots,d_M\}$。

N：不同产品型号的随机排序表，$N=\{1,2,\cdots,n,\cdots\}$。

b_{mpk}：在工位 k 装配型号 m 产品需要零部件 p 的数量。

$\beta_{n-1,p,k}$：表示投产排序中前 $n-1$ 位置的产品在工位 k 中消耗的零件 p 的数量。

$\pi(n)$：第 n 个产品的型号在投产排序 $\pi=\{\pi(1),\pi(2),\cdots,\pi(N)\}$ 中的位置，$n=1,2,\cdots,N$。

② 决策变量。

x_{nm}：若投产排序中第 n 个产品为型号 m 则等于 1；否则，等于 0。

排序优化以最小化物料理想消耗速度和实际消耗速度偏差为目标函数，表达式为：

$$G(t)=\min\sum_{n=1}^{N}\sum_{m=1}^{M}\sum_{k=1}^{K}\sum_{p=1}^{P}\left(n\alpha_{pk}-b_{mpk}-\beta_{n-1,p,k}\right)^2 x_{nm} \tag{8-1}$$

其中，每个零部件 p 的理想使用率计算公式为

$$\alpha_p=\frac{\sum_{p=1}^{P}b_{mpk}}{P} \tag{8-2}$$

（2）最小化 MPS 周期数学模型。

在混流装配线中，各装配工位对不同型号产品存在着装配时间差异，导致装配线负荷不平衡。部分工位装配时间会低于生产节拍，而其他工位的装配时间可能高于生产节拍。如果连续投入同一型号的产品，就会使得某些工位长期处于满负荷工作，而部分工位会出现负荷太低导致的工人空闲。

企业中采用订单拉动生产模式，由于波动较大，导致各装配工位忙闲不均，可以通过优化投产排序来解决这一问题。通过投产排序优化均衡化各工位的忙闲程度，从而在更短的时间内装配出更多的合格产品。

在混流装配过程中，各种型号相近似的产品可能会在同一个工位进行装配，因此需要考虑工位在装配不同型号产品时工装夹具等工具的切换问题。例如，A 产品需要使用 6 号的螺纹扳手，B 产品型号较小，需要 4 号，这时就需要进行调整。并且工装的调整时间还可能与产品型号的切换顺序相关。因此，投产排序结果还会对工位工装的总切换时间产生

影响。

$$f=\min\sum_{k=1}^{K}\sum_{m=1}^{M}\sum_{m'=1}^{M}x_{kmm'}C_{kmm'} \tag{8-3}$$

$$\sum_{m=1}^{M}\sum_{m'=1}^{M}x_{kmm'}=1, \qquad \forall m' \tag{8-4}$$

$$\sum_{m=1}^{M}x_{kmm'}=\sum_{p=1}^{M}x_{k+1,m'p},\ k=1,2,\cdots,K,\forall m' \tag{8-5}$$

$$\sum_{m=1}^{M}x_{1mm'}=\sum_{p=1}^{M}x_{1m'p},\ k=1,2,\cdots,K,\forall m' \tag{8-6}$$

$$\sum_{k=1}^{K}\sum_{m=1}^{M}x_{kmm'}=d_m,\ k=1,2,\cdots,K,\forall m' \tag{8-7}$$

式（8-3）中，$C_{kmm'}$ 为工位 k 上从型号 m 产品的工装调整到型号 m' 产品工装的切换时间，若型号 m 产品和型号 m' 产品被分配到工位 k 与工位 $k+1$ 中，则有 $x_{kmm'}=1$；否则等于 0。式（8-4）保证投产排序中的每个位置有一个确定产品，式（8-5）和式（8-6）保证每个生产节拍中产品的序列不发生变化。式（8-7）确保每个生产循环中各型号产品的生产数量等于其在 MPS 中的数量。

（3）多目标优化模型分析与转换。

实际生产过程中的优化目标多样且各目标之间相互关联、相互制约，是一个多目标优化的过程。

假设多目标最小化问题有 G 个评价指标，若 $\forall g\left(g=1,2,\cdots,G\right)$，都有 $f_g\left(x\right)\geqslant f_g\left(y\right)$，且对于 $\forall g$，使 $f_g\left(x\right)>f_g\left(y\right)$，则称解 Y 为支配解，即 Y 相对于 X 有优势，或者说相对于解 Y，解 X 是受支配的。若解空间中任意解均不能支配解 X，则称解 X 为非受支配解或 Pareto 最优解。一系列 Pareto 最优解的集合，称为 Pareto 边界，多目标优化的结果是一组无法相互比较的非受支配解，包含着按照各种指标评价所得到的妥协的解的集合 $\left\{R_1^*,R_2^*,\cdots,R_r^*\right\}$，$r\in R$。在实际的决策过程中，通常需要从非受支配解集中选择一个作为给定问题的最终解，这个最终解称为最优妥协解。通过对目标的价值判断对非受支配解集的解给出排序，决策者就可以从非受支配解集中选出最优妥协解。图 8-1 所示为两个目标情形的 Pareto 最优解集分布曲线。

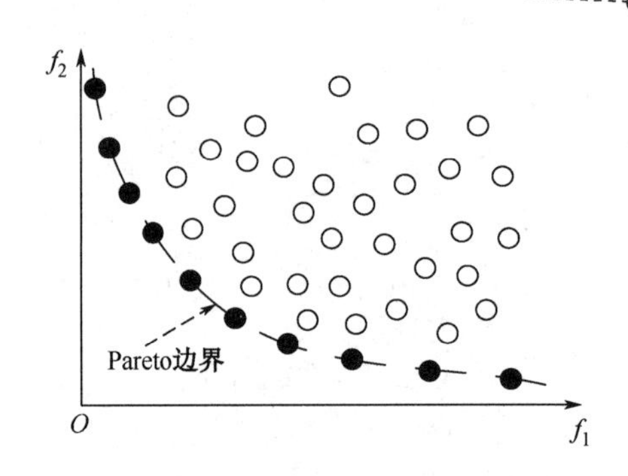

图 8-1　两个目标情形的 Pareto 最优解分布曲线

针对两目标优化问题，假设到目前为止每个目标的最优解的值为 $f_e^{\text{opt}}, e=1,2$，因此理论上的最优解 R^{opt} 的在各个指标上的函数值应为 $f_e\left(R^{\text{opt}}\right)=f_e^{\text{opt}},(e=1,2)$，但这样的理想解几乎是一个不可能取到的值。假设到目前为止 Pareto 最优解集为 $\left\{R_1^*, R_2^*, \cdots, R_r^*\right\}$，$r \in R$，每一个 Pareto 最优解 R_r^* 在各个评价指标上取得的函数值为 $\left(f_{r1}^*, f_{r2}^*\right)$，以偏离度这一概念来评价 Pareto 最优解的优劣。第 r 个 Pareto 最优解总的偏离度为

$$P_r=\sum_{e=1}^{2} w(e) P_{re} \tag{8-8}$$

式中，$P_{re}=\left(f_{re}^*-f_e^*\right)/f_e^*$ 为第 n 个 Pareto 最优解在第 e 个评价指标上的偏离度，$w(e)$ 为每个目标偏离度的权重值。Pareto 最优解集 $\left\{R_1^*, R_2^*, \cdots, R_r^*\right\}$，$r \in R$ 中最优妥协解即为对应总偏离度 P 最小的解。

通过 $w(e)$ 的设置可观测多目标优化决定各目标函数的归一化处理及权重安排，本文中对权重进行设置，研究均衡率目标权重为 1 时的优化问题，即均衡物料输送问题。

8.3　产品投产重排序的生产计划自组织方式

根据对混流装配线生产的特点描述，混流生产的难点在于多品种、小批量生产方式使得生产计划的编制变得尤为复杂。混流装配线生产中的产品进行切换时，设备的工艺参数、工装、配套零部件、操作规程等都要不断变化，导致生产效率降低（如切换周期过长）、质量易出错（如装错）、物流难以协调等问题的出现。具体来说，混流生产下产品投产重排序问题的难点表现为以下 5 点。

（1）混流生产导致在制品的数量大幅增长，车间的计划执行需要更加精确的控制。因此，车间的生产需要依靠合理的计划调度来安排生产，这大大增加了生产计划调度过程的复杂性，同时也对面向生产计划调度的高效优化方法提出了新的挑战。

（2）不同类型产品在加工车间的各工位生产时间差异较大，而且不同产品之间的切换会带来工艺及工具的变更，这对生产计划的编制提出了更高的要求，需要合理的产品投产排序来实现车间的均衡化生产。

（3）产品类型的增加带来了生产车间更加频繁的物料切换，增加了物料切换成本，车间需要合理的投产排序来降低物料的切换次数。

（4）车间的混流生产给车间物流的配送带来了极大的挑战，不合理的生产计划会导致线边库存积压等问题频繁产生。另外，混流生产过程中也会导致工位生产负荷不均衡，虽然产品类型的切换对总装生产的调整时间影响有限，但是在关键工位，其操作时间具有很大的差异性。复杂的总装混流生产对总装上线计划的合理性提出了更高的要求，需要综合考虑车间的各项生产指标。

（5）混流生产极大地增加了多车间关联计划调度的难度，上游车间的生产序列进入缓冲区，经由缓冲区的调度来实现下游车间的调度过程也变得极为复杂。

针对上述问题，面向产品投产重排序的生产计划自组织方法也包括3类：最优解算法、仿真方法和人工智能方法。对于汽车混流装配线而言，建立不同的目标函数模型，应用的算法就不一定相同，用不同的算法求得的结果与效果也就有所不同。

1．最优解算法

最优解算法又称为精确求解算法，通过将实际问题进行抽象和简化，提取问题的关键特征，建立包含特定目标、约束、决策变量的数学规划模型。在对实际问题进行数学建模的基础上，通过采用线性规划、动态规划及分支定界等方法进行求解。虽然从理论上最优解算法能获得精确解，但是计算量通常都会过大。目前，一些商用软件可以实现数学模型的快速求解，但求解能力仍很有限，想要在实际生产中进行运用存在着许多困难。最优解算法能够获得全局最优解，但前提是存在可行解，整数规划法即为常见的一种最优解算法，其适合求解小规模的投产排序问题。

对于混流装配排序问题，主要集中于单一目标的排序问题，常用的排产目标如下。

（1）工作站的负荷均衡化，此目标主要在生产平衡的前提下，保证生产线每个工作内容及时间均衡，减少无谓的浪费。

（2）零部件消耗速率的均匀化、零部件消耗的均衡化有助于减少库存，降低库存成本，同时保证产品的顺利无间断生产，提高生产效率。

（3）不同产品之间总切换时间最小化，保证产品切换工装的时间最小化，在满足多样化生产的前提下，尽可能满足生产的平稳性。

（4）完工时间最小化，此目标在于缩短生产循环周期，从而提高生产效率。

有学者利用拉格朗日松弛方法对问题进行优化求解，并得到了较好的结果，但未考虑产品的权重因素，仅以单目标对问题进行优化，很难符合汽车实际投产排序要求。

2. 仿真方法

仿真即在计算机上对现实的生产环境进行虚拟的模仿，通过对计算机上各种可能的排序方案的计算结果进行对比，得出较优的投产排序方案。显然，想要用一个精确模型对复杂的生产制造系统进行分析描述是相当困难的，通过对生产系统进行仿真，搜集仿真数据，就能够对现实系统的特性和情况等方面进行剖析，进而取得较合适的排序方案。然而仿真也是存在缺陷的，作为离散事件系统典型代表的混流装配线系统在现实应用中是存在许多不确定、随机性状况的，而仿真的准确性与编程人员的专业技能和经验有很大关系，并且应用仿真进行投产排序成本较高。

仿真研究的目的是通过比较不同决策的期望效用来选择系统的最佳决策。在决策的可能值为有限且较少的情况下，只需要对每一种决策进行仿真，然后比较它们的期望效用，选择最佳决策。此过程不需要任何仿真优化技术；若决策的可能值为有限但较多时，上述过程将非常耗时，这类问题的典型实例是决策变量仅取整数值的仿真问题，这方面的仿真优化研究仅限于某些特定问题，且只使用直接法；另一种情况是决策变量可以在一定范围内连续取值，很显然，这时的最优决策不能够通过简单的比较来寻找。

对于汽车生产的排序问题，主要通过 Flexsim 仿真软件，建立汽车混流装配线投产排序的仿真模型，分别对目标追随法与其他方法求得的投产排序进行仿真比较，能够得到各零部件的消耗量与时间的统计图，确定基于仿真效果的有效性及在时间处理上的高效性。

3. 人工智能方法

由于混流装配线排序问题早已被证明是 NP 困难问题，所以通常研究人员主要采用人工智能方法进行问题求解，并在尽量短的时间内找出次优解。对人工智能方法的研究很多，主要有遗传算法、蚁群算法、模拟退火算法、粒子群算法等。虽然各种人工智能方法在解决混流装配线排序问题上要优于传统方法，但是分别也都有着一定的不足。

遗传算法在设定参数的方法上尚需更深入的探究，不太适用于超大规模的优化问题，具有容易早熟收敛于局部最优解或收敛速度较慢、爬山性能差等缺陷；模拟退火算法运算时间较长，有学者采用遗传算法解决混流装配线的排序问题，并将实验结果与目标追踪算法进行比较。分析结果显示，遗传算法在求解中能得到更优的结果；蚁群算法缺乏有效的数学模型和通用的理论范式；开始信息素比较缺少，搜索速度较慢，时间较长；因为蚁群算法每次的迭代都是一个比较自主的过程，算法后一次迭代中得到的解并不能保证出现在原有解的领域上，因此不易进行局部搜寻。也有学者应用模拟退火算法解决装配线排序问题，选取负荷平衡与零部件消耗量均衡率为目标函数，通过对问题的求解，得到了较好的效果，对实际应用有较高的指导意义。粒子群算法容易早熟，收敛速度较慢等。近年来，研究人员开始将各种算法组合应用，以弥补各自算法的不足。此外，针对实际工程问题的特点，各类多目标优化算法也成为研究的热点。

8.4 基于蚁群算法的生产计划自组织方式的实现方法

本节以蚁群算法为例，介绍一种装配线产品投产排序的自组织方法。

进行混流装配线投产排序，即对不同型号的产品进行排序，产品之间一般不存在太多的相互关系，因此，可以采用二维图模型进行问题定义。有向图可以在问题开始考虑前进行优先顺序关系表达，而本文暂时不需要考虑，因此，采用无向领域图 $G=(V,\varepsilon,W)$ 即可对问题进行标示。

在混流装配线产品排序过程中，采用邻域图建模方法进行图建模。节点表示产品的类型，如图 8-2 所示，节点内部信息表示一定工位的物料需求，从无向无标度网络中搜索一有向闭环，即可形成对应的排序方案。

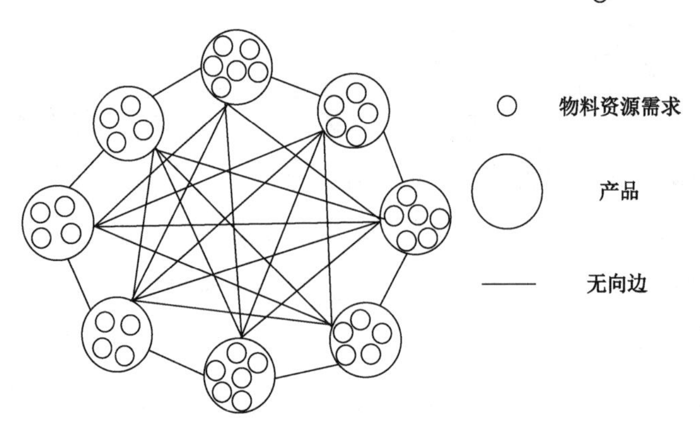

图 8-2 混流装配线排序邻域图模型

采用蚁群算法求解混流装配线投产排序优化问题，首先建立混流装配线排序问题的网络搜索模型。混流装配线排序问题与蚁群觅食过程存在一定的相似之处，对应关系如表 8-3 所示。

表 8-3 混流装配线排序与蚁群觅食过程的对应关系

混流装配线排序	蚁群觅食过程
开始	蚁穴
结束	食物
产品类型	蚂蚁个数
选择产品单元类型	选择路径节点
目标函数值差异	路径长短不同
选择评价值最优的路径	蚂蚁探路的最短路径

混流装配线通过建立适合蚁群搜索的混流排序网络结构，本节设计带精英策略的蚁群优化算法（ACOEA）获得混流产品排序的近似最优解，通过设计精英策略方法，提高算法的收敛速度和优化性能。在设计蚁群算法的过程中，综合考虑提高算法搜索深度和搜索广度的要求，对算法的搜索深度和搜索广度进行平衡。其中，搜索深度是指快速获得较优解的能力，搜索广度是指算法扩大搜索范围的能力。搜索深度和搜索广度是算法性能指标的关键指数。本节中通过在局部搜索中添加禁忌搜索规则，同时在全局信息素更新过程中增加精英策略，来提高算法的关键指标性能。

改进带精英策略的蚁群优化算法流程如图 8-3 所示，包括如下 6 个步骤。

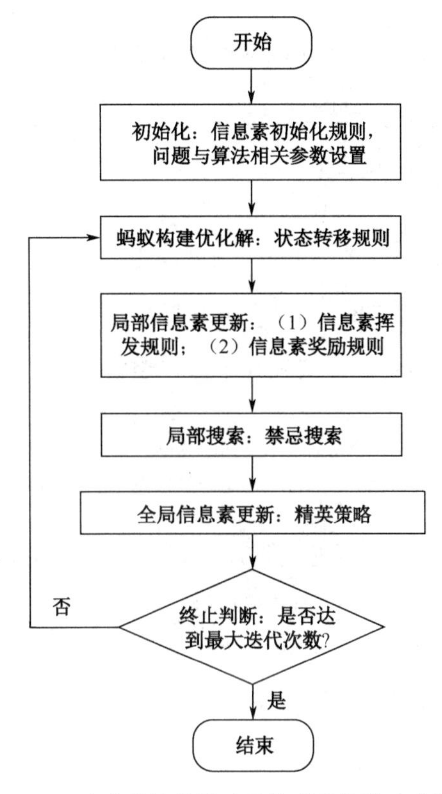

图 8-3 改进带精英策略的蚁群优化算法流程

步骤 1：初始化。

问题相关参数和算法相关参数设置。问题相关参数包括 b_{mp} 和 D_m，ACOEA 算法中有两个启发式因子参数 α 和 β，其中 α 为信息素启发式因子，β 为问题相关参数启发式因子。信息素挥发系数 ρ，局域信息素更新系数 Q，全局信息素更新系数 Q_B，蚁群搜索最大循环次数 NC，蚁群数量 N 与 MPS 中产品数量相同。

在初始化过程中，蚁群释放少量信息素在边上，将边上的信息素浓度设置为 $\tau_{ij}(t)$。式（8-9）表示初始化 $\tau_{ij}(t)|_{t=0}$ 边上的信息素数量。其中，t 为每只蚂蚁重复搜索的次数，即开始优化时，释放少量信息素在蚂蚁行走的路径上表示初始化信息素浓度。

$$\tau_{ij}(0)=c,i,j\in V \tag{8-9}$$

步骤 2：蚂蚁构建优化解。

通过从网络图模型 $G(V,E)$ 中一点移动至另一点，蚁群逐步形成可行解。蚁群从网络

图模型中一点移动至另一点，状态转移概率计算公式为

$$P_{r_{ij}}=\begin{cases}\dfrac{\left[\tau_{ij}(t)\right]^{\alpha}\left[\eta_{ij}\right]^{\beta}}{\sum_{u\in \text{Candidate}(i)}\left[\tau_{iu}(t)\right]^{\alpha}\left[\eta_{iu}\right]^{\beta}} & i\in V, j\in \text{Candidate}(i)\\ 0 & \text{其他}\end{cases} \tag{8-10}$$

式中，η_{ij} 为边 e_{ij} 上的启发式信息；$\text{Candidate}(i)$ 为蚂蚁在节点 i 的可选节点集合。启发式信息 η_{ij} 提供问题相关的目标值信息。通过集成禁忌搜索规则（Sequencing Problem Involving a Resolution by Integrated Taboo Search Techniques，SPIRIT），节点 i 至候选节点 j 的启发式信息可表示为

$$\eta_{ij}=\frac{1}{G_{(i,j)}}, i\in V, j\in \text{Candidate}(i) \tag{8-11}$$

式中，$G_{(i,j)}$ 为节点 i 至候选节点 j 目标值增加量。$G_{(i,j)}$ 的定义为

$$G_{(i,j)}=\sum_{m=1}^{M}\sum_{p=1}^{P}\left(|j|a_p-b_{mp}-\theta_{|j|-1,p}\right)^2 x_{|j|m}, i\in V, j\in \text{Candidate}(i) \tag{8-12}$$

式中，$|j|$ 为当前产品模型 j 在当前顺序中的位置。

蚁群进行解构建的过程执行如下步骤。

步骤 2.0：设置计数器 k=1。k 为搜索蚁群中的顺序序号。

步骤 2.1：设置 k_p=1。k_p 为产品模型被第 k 只蚂蚁选择。

将蚂蚁的本地记录删除为空。

初始化 $\text{Candidate}(i)$ 为所有待排序的产品模型。

设置 i=0 为开始节点。

步骤 2.2：按式（8-10）计算 $P_{r_{ij}}$，$j\in \text{Candidate}(i)$，选择具有最大转移概率 $P_{r_{ij}}$ 的节点 j^*。

步骤 2.3：蚂蚁 k 更新本地记录，将 j^* 记录至本地内存。

蚂蚁更新待选模型集合，去除 j^*。

设置 $i=j^*$。

步骤 2.4：k_p++。当 $k_p=N$ 时，退出循环；否则返回步骤 2.2。

步骤 2.5：k++。当 $k=N$ 时，每只蚂蚁均构建了一个解时退出；否则返回步骤 2.1。

当所有蚂蚁构建可行解后，对所有解进行评价，选取当前较优解定义为 π_{SFB}，获得较

优解 π_{SFB} 的蚂蚁定义为精英蚂蚁。

步骤 3：局部信息素更新。

当蚁群构建完整的可行解时，网络图中路径上的信息素进行变化。蚁群通过调整路径信息素浓度进行更新。同时，路径信息素模拟自然界蚁群信息素的规律，通过挥发规则进行更新。信息素更新因子 $\rho \in (0,1)$。路径上的信息素更新是通过信息素奖励规则进行的。局部信息素更新按照式（8-13）进行。其中，$\Delta\tau_{ij}(t)$ 表示每只蚂蚁释放的信息素量。$\Delta\tau_{ij}(t)$ 的计算参见式（8-14），$\Delta\tau_{ij}(t)$ 与蚁群中蚂蚁获得较优解的顺序有关。

$$\tau_{ij}(t) = (1-\rho)\tau_{ij}(t-1) + \Delta\tau_{ij}(t), i, j \in V \tag{8-13}$$

$$\Delta\tau_{ij}(t) = \begin{cases} Q_{(r)}^{\ \ -1} & i, j \in V \\ 0 & \text{其他} \end{cases} \tag{8-14}$$

式中，r 为每个蚂蚁得到解在蚁群中所有解的排序序号。

步骤 4：基于禁忌搜索的本地搜索策略

改进蚁群算法 ACOEA 中，禁忌搜索 TS 通过在蚁群执行本地信息素更新结束后执行。考虑基本蚁群算法中，蚁群获得的求解结果需通过局部搜索方法进行改善及提高。为避免这一缺陷，ACOEA 集成了禁忌搜索算法和基本蚁群算法，研究表明，禁忌搜索策略可以提高搜索解的初始质量。

混流装配系统投产排序过程中，禁忌搜索的详细描述如下。

步骤 4.0：TS 禁忌搜索参数初始化。

在 ACOEA 中，禁忌搜索的初始解设置为 π_{SFB}。禁忌搜索循环次数定义为 NC，等同于蚁群搜索过程循环次数。

步骤 4.1：设置计数器 $k_{\text{TS}}=1$。其中，k_{TS} 表示 ACOEA 中 TS 循环次数。

步骤 4.2：构建 π_{SFB} 的邻域解。

具体操作为进行部分产品模型的交换操作，描述如下。

步骤 4.2.1：精英蚂蚁贡献解 π_{SFB}，并从其中随机选择两个产品模型 m_1 和 m_2。

步骤 4.2.2：交换 π_{SFB} 中 m_1 和 m_2 的位置，形成新的解 π_{TSk}。

步骤 4.2.3：将新的解 π_{TSk} 加入解集合 $\Phi\pi_{\text{TS}}$。

步骤 4.3：k_{TS} ++。当 $k_{\text{TS}} = \text{NC}$ 时，停止循环；否则返回步骤 4.2。

步骤 5：基于精英策略的全局信息素更新规则。

全局信息素更新规则在局部搜索步骤后进行执行。引入精英策略在全局信息素更新后执行。精英策略通过加强搜索中较优解路径上的信息素实现最优信息保存，也即 ACOEA 通过引入精英策略防止较优解信息丢失。

在全局信息素更新过程中，精英蚁群生成精英解，形成解集合 $\Phi\pi_{\mathrm{TS}}$，具体步骤如下。

步骤 5.0：精英蚂蚁随机选择解集合 $\Phi\pi_{\mathrm{TS}}$ 中的一个解 π_{TS}。

步骤 5.1：精英蚂蚁将 π_{TS} 与 π_{SFB} 对比，当 π_{TS} 优于 π_{SFB} 时，精英蚂蚁将 π_{TS} 收入集合 $\Phi\pi_{\mathrm{E}}$。

步骤 5.2.：当 $\Phi\pi_{\mathrm{TS}}=\text{null}$ 时，停止搜索；否则返回步骤 5.0。

精英策略通过释放额外的信息素到解集 $\Phi\pi_{\mathrm{E}}$ 对应的路径上来实现。额外信息素更新规则按照式（8-15）进行，其中，$\Delta_{ES}\tau_{i,j}(t)$ 为额外信息素量，由式（8-16）定义。π_{E} 是 $\Phi\pi_{\mathrm{E}}$ 中的一个精英解。

$$\tau_{ij}(t)=\tau_{ij}(t)+\Delta_{E}\tau_{ij}(t),\quad i,j\in V,e_{ij}\in\pi_{\mathrm{E}} \tag{8-15}$$

$$\Delta_{ES}\tau_{ij}(t)=\begin{cases}Q_B & i,j\in V,e_{ij}\in\pi_{\mathrm{E}}\\ 0 & \text{其他}\end{cases} \tag{8-16}$$

步骤 6：停止准则。

t++。当 $t=\text{NC}$ 时，停止；否则返回步骤 2。

8.5 企业案例

8.5.1 算法参数实验

先介绍算法参数设置过程。参数设置包括独立测试和组合测试。独立测试用于确定独立参数对测试结果的影响趋势。在初始化过程中，按照表 8-4 所示（问题组合 1 和问题组合 6）的测试问题进行测试，初始参数设置为：$c=1$，$\alpha=1$，$\beta=1$，$\rho=0.5$，$Q=100$，$Q_B=1000$，$\text{NC}=100$。在独立测试过程中，对参数进行给定范围值的数据测试，参数设置为：$c\in\{1,2,2.5,5\}$，$\alpha\in\{2,3,6\}$，$\beta\in\{2,3,6\}$，$\rho\in\{0.005,0.01,0.015,0.2\}$，$Q\in\{50,100,150\}$，$Q_B\in\{1000,3000,3500\}$，$\text{NC}\in\{500,800,1000\}$。组合测试用于确定最优参数组合。通过参

数测试，基准问题和小规模问题设置参数为：$c=1$，$\alpha=6$，$\beta=3$，$\rho=0.01$，$Q_B=1000$，$\mathrm{NC}=500$；对于大规模问题设置参数为：$c=1$，$\alpha=6$，$\beta=2$，$\rho=0.005$，$Q=100$，$Q_B=1000$，$\mathrm{NC}=100$。

在进行对比测试中，遗传算法参数按照 Leu 等设置的参数组合进行设置，初始种群规模为 5，初始组合/变异概率设置为 80/20。基本蚁群算法参数设置为：$c=1$，$\alpha=1.5$，$\beta=6$，$\rho=0.6$，$Q=500$，$\mathrm{NC}=500$。

问题信息描述为：基于现阶段基础的研究，将小规模问题定义为少于 20 项产品模型的问题，将大于 20 项产品模型的排序定义为大规模优化问题。

在试验分析过程的试验数据中的标识符号中，$F_{*\mathrm{Min}}$ 表示不同方法获得的最优目标解，F_O 表示 $F_{*\mathrm{Min}}$ 中的最优值，* 表示 GCA、GA、ACO 和 ACOEA 算法。

8.5.2 案例结果分析

为说明提出算法在实际应用中的效果，本小节分析某汽车发动机混流装配线中的实际案例。

本小节所列 4 类算法均应用于问题求解，测试性能 MP_* 定义见式（8-17），Avg 和 Min 分别表示 MP_* 的平均值和最小值。

$$\mathrm{MP}_* = \frac{|F_{\mathrm{Avg}} - F_{*\mathrm{Min}}|}{F_{*\mathrm{Min}}} \times 100\% \qquad (8\text{-}17)$$

考虑到均衡率的提高可以有效改善公司的临时物料库存浪费等问题，表 8-5 的数据表明 ACOEA 算法在产品数量较少时优化效果较好。从总体结果来看，ACOEA 算法在任何情况下均可以获得相较于其他算法的较优解。

总体来看，以上的实验结果表明，ACOEA 算法可以在不同产品需求数量、不同产品模型和零件数量情况下，有效降低混流装配系统的物料需求波动。为进一步说明提出算法在实际应用中的效果，本小节进一步分析某汽车发动机混流装配线中的实际案例。为了模拟真实装配环境，采用了两组数据进行分析。第一组数据中，混流装配线用 5 个类别的关键部件或零件生产 3 类产品。第二组数据中，混流装配线生产 5 类产品，10 类关键部件或零件。表 8-4 和表 8-6 显示了 GA、GCA、ACO 和 ACOEA 分别应用于 10 组测试问题所得的优化解。据观察，ACOEA 算法在优化物料使用均衡率方面优于其他方法。

表 8-4　优化结果列表

问题组	关键零件	产品总数量	产品类型数量	GA		ACO		ACOEA		GCA
				收敛速度	F_{GAMin}	收敛速度	F_{ACOMin}	收敛速度	$F_{ACOEAMin}$	F_{GCAMin}
1	5	(0, 20)	3	9	354	10	589	6	45	589
2	5	(0, 20)	3	3	60	3	550	5	153	550
3	5	(0, 20)	3	12	49	14	163	13	23	163
4	5	(0, 20)	3	6	128	6	143	15	92	143
5	5	(0, 20)	3	5	95	7	377	4	43	377
6	10	[20, 40]	5	7	759	10	263	11	195	263
7	10	[20, 40]	5	6	435	13	562	6	333	562
8	10	[20, 40]	5	7	930	9	2367	17	804	2367
9	10	[20, 40]	5	6	759	12	1492	15	836	1492
10	10	[20, 40]	5	15	343	8	839	9	186	839

表 8-5　多产品模型下的关键参数影响分析结果列表（A=Avg，M=Min）

产品总数量	零件类型数量	GCA				GA				ACO				ACOEA			
		产品类型数量				产品类型数量				产品类型数量				产品类型数量			
		3		5		3		5		3		5		3		5	
		A	M	A	M	A	M	A	M	A	M	A	M	A	M	A	M
(0, 20)	5	0.7	0.5	0.6	0.5	0.6	0.4	0.4	0.4	0.5	0	0.5	0.3	0	0	0.1	0
(0, 20)	10	0.5	0.4	0.7	0.5	0.5	0.3	0.4	0	0.4	0	0.6	0.5	0.1	0	0.1	0
[20, 40]	5	0.7	0.3	0.9	0.9	0.2	0	0.2	0	0.8	0.7	0.9	0.9	0.5	0	0.7	0
[20, 40]	10	0.8	0.8	0.9	0.8	0.7	0.5	0.7	0	0.8	0.8	0.9	0.9	0	0	0.2	0

表 8-6 测试问题的优化数据对比

问题组	关键零件	产品总数量	产品类型数量	GA-ACOEA		ACO-ACOEA		GCA-ACOEA
				收敛比例/%	$F_{*\mathrm{Min}}$ /%	收敛比例/%	$F_{*\mathrm{Min}}$ /%	$F_{*\mathrm{Min}}$ /%
1	5	(0, 20)	3	50	87.29	67	89.82	92.36
2	5	(0, 20)	3	−40	−155	−40	73.58	72.18
3	5	(0, 20)	3	−8	53.06	8	78.5	85.89
4	5	(0, 20)	3	−60	28.13	−60	53.77	35.66
5	5	(0, 20)	3	25	54.74	75	84.13	88.59
6	10	[20, 40]	5	−36	74.31	−9	54.55	25.86
7	10	[20, 40]	5	0	23.45	117	55.78	40.75
8	10	[20, 40]	5	−59	13.55	−47	−29.68	66.03
9	10	[20, 40]	5	−60	−10.14	−20	6.07	43.97
10	10	[20, 40]	5	67	45.77	−11	62.2	77.83

从以上的试验数据可以得出如下结论，从组合优化计算的角度，本章提出的 ACOEA 算法对最小化物料使用量波动具有较好的优化效果。结果表明，ACOEA 算法相比其他对比算法具有良好的计算效果，主要原因在于：禁忌搜索规则在局域搜索过程中生成当前最好解，精英策略用于加强禁忌搜索中较优路径的优势特征，通过这种方式，算法可以避免局部优化和收敛速度过快得不到较优解的问题。

8.6 本章小结

本章针对混流装配过程中的产品投产重排序问题，介绍了基于改进蚁群算法的混流装配线生产计划自组织方法，该方法通过建立装配过程的活动-活动关系模型，描述装配任务之间的复杂约束关系，设计考虑精英策略的改进蚁群优化算法，生成投产排序的优化结果。最后以实际案例数据展示了以上算法的求解效果。

本章参考文献

[1] 鲁建厦，翁耀炜，李修琳，等．混合人工蜂群算法在混流装配线排序中的应用[J]．计算机集成制造系统，2014, 20(1): 121.

[2] 刘炜琪，刘琼，张超勇，等．基于混合粒子群算法求解多目标混流装配线排序[J]．计算机集成制造系统，2011, 17(12): 2590-2598.

[3] 李智．混合品种装配线平衡与排序优化技术研究[D]．济南：山东大学，2013.

[4] 范正伟．基于猫群算法的多目标混流装配线重排序问题研究[D]．武汉：华中科技大学，2013.

[5] Pansuwan P, Rukwong N, Pongcharoen P. Identifying Optimum Artificial Bee Colony (ABC) Algorithm's Parameters for Scheduling the Manufacture and Assembly of Complex Products[C]. International Conference on Computer & Network Technology. IEEE, 2010:339-343.

[6] Kamal Uddin M, Cavia Soto M, Martinez Lastra JL. An integrated approach to mixed-model assembly line balancing and sequencing [J]. Assembly Automation, 2010, 30(2): 164-172.

[7] Hamzadayi A, Yildiz G. A genetic algorithm based approach for simultaneously balancing and sequencing of mixed-model U-lines with parallel workstations and zoning constraints [J]. Computers & Industrial Engineering, 2012, 62(1): 206-215.

[8] Mosadegh H, Zandieh M, Ghomi SMTF. Simultaneous solving of balancing and sequencing problems with station-dependent assembly times for mixed-model assembly lines [J]. Applied Soft Computing, 2012, 12(4): 1359-1370.

[9] Boysen N, Kiel M, Scholl A. Sequencing mixed-model assembly lines to minimize the number of work overload situations [J]. International Journal of Production Research, 2011, 49(16): 4735-4760.

[10] Franz C, Koberstein A, Suhl L, et al. Dynamic resequencing at mixed - model assembly lines[J]. International Journal of Production Research, 2015, 53(11): 3433-3447.

第 9 章

面向整线生产重规划需求的生产计划自重构方式

整线生产重规划的生产计划自重构方式通过生产计划与工位资源的全局化调整，权衡订单交付能力、生产均衡性与资源调整范围，应对更大程度的产能变化需求，综合实现订单及时交付与工位负荷平衡目标。本章在分析整线生产重规划需求的基础上，介绍面向整线生产重规划问题的生产计划自重构方式，以及基于分布式估算算法的具体实现方法，并以企业案例对该方法进行详细展示。

9.1 整线生产重规划的需求分析

装配线被用来大规模地生产单一标准化产品，如图 9-1（a）所示的单模型装配线，旨在利用高度专业化的劳动力，发挥规模化效益优势。在亨利 • 福特和著名的 T 型车时代之后，产品的要求变得多样化，生产系统发生了很大的变化和提升，单条生产线需要生产多种产品，如图 9-1（b）所示的多模型装配线。为了满足多元化消费需求并适应激烈的市场竞争，企业必须具有生产个性化产品的能力，做到准时化生产，如图 9-1（c）所示的混合模型装配线。例如，宝马汽车制造商为客户提供了一个可选功能的目录，理论上可以产生 1032 种不同的型号。多功能柔性化工具允许不同车型的交叉生产，并且能将不同型号产品转换成本控制在一个极小的范围内，使流水线实现小批量订单拉动式生产、大规模定制等。

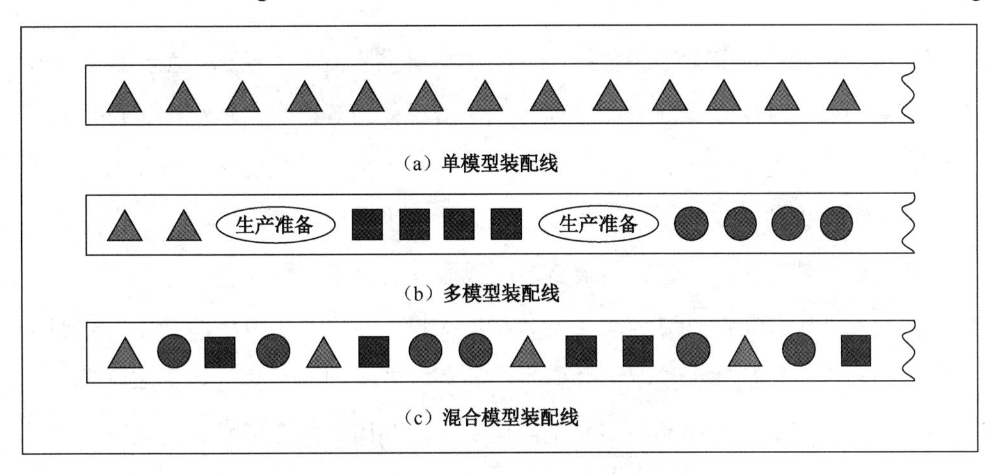

图 9-1 单产品和多产品装配线

由于自动化程度高，建设一条装配线需要大量的投资成本。因此，对于以成本为导向的生产系统而言，生产线的配置或再配置是至关重要的。生产线配置规划一般包括所有的装配任务和决策，并关联到装配每个任务所需要的零件和装备。生产过程确定之后，装配工作才能启动。生产过程包括设置系统能力（生产节拍、工作站数目、工位操作设备）及装配工作的具体内容（任务分配、任务操作顺序）。

在混流装配线中，多个型号的标准化商品混合成一个序列进行制造。这些产品可能有不同的大小、颜色、材料及制造工艺，也包含了不同的装配任务。每个装配任务有不同的任务时间和优先关系，导致在平衡混流生产线时，几乎不可能使每个工作站具有相同的工作负荷和相同的设备要求。因此，生产线采用设备、操作人员资质等需要具备足够的柔性，以便于多个不同型号产品进行同步装配。并且，在混流装配线上，生产节拍与单型号产品生产时不同，不是所有工作站中的最大操作时间，而是平均操作时间（在期望的生产率基础上定义）。

除了装配线平衡这个中长期调度问题，混流装配线还经常需要考虑一个短期调度问题——投产排序问题。这个问题需要决策在生产计划周期内（一天或一轮岗），具有给定投产比率的多产品投产排序。

随着客户对产品需求的日益多样化，越来越多的制造企业开始采用订单驱动型生产方式，在装配阶段同时混线生产多种类型的产品，满足客户订单的及时交付需求。在混线生产过程中，由于不同产品类型的工位装配时间和物料供应需求一般存在差异性，所以装配线生产计划需要合理地规划产品投产排序、工位资源能力等内容，最小化工位过载时间和物料消耗波动，实现均衡生产目标。并且随着客户订单需求发生变化，混流装配线的生产计划内容需要做出调整，继续保证订单交付准时率与生产均衡性。因此，在客户订单需求变化后如何合理地调整生产计划，是混流装配线面临的重要工程问题。

在混流装配线中，生产计划内容主要包括产品投产排序与工位资源能力，它们决定了客户需求产品在各工位的装配情况，并对生产计划有着不同的调整能力。简单来说，通过规划产品投产排序能够实现产品的多种生产比例，而利用工位资源配置优化可以满足不同的产能目标。

与之相对应，混流装配线的设计与优化也一般涉及两个方面的内容：一方面是中期调度问题（混流装配线平衡问题）；另一方面是短期调度问题（混流装配线投产排序问题）。混流装配线平衡是将每个产品的不同任务平均地分配到各工作站，而混流装配线投产排序则是将不同类型产品排成一个投产序列，并以这个投产序列来组织混流装配线的生产。混流装配线平衡和投产排序对于提高装配线的生产效率、节省生产成本有着重要的作用。因此，自上述问题被提出以来，有很多学者研究了在不同装配环境下的混流装配线平衡或投产排序。在求解投产排序问题时，常见的方法是首先假设各产品型号的任务分配是已知的，然后根据每个任务的操作时间得出各产品在各工位的总操作时间，进而完成投产序列的排定。而对于混流装配线平衡问题，通常事先确定一个投产序列，在此基础上再进行各个不同型号产品装配任务的分配。然而这两个问题是相互关联、相互影响的。事先设定其中一个问题的解，进而求解另一个问题，该方式不可能给出平衡与排序问题的最优方案。

因此，这种条件下就要求对整线生产进行重规划，通过协同优化工位负荷和投产序列进行生产计划的重构。

9.2 整线生产重规划问题的特点

针对装配线平衡和投产排序两个问题，大量研究学者运用许多不同方法进行了研究，不同企业也对各类方法进行了较多的应用实践。但有关学者指出，这两个问题相互依赖、相互影响，平衡问题的解决方案能为大多数投产排序问题优化提供前提，而投产排序问题也能对平衡优化提供依据，在装配线设计、新产品导入、工艺优化及生产计划调整时，需要同时考虑它们。

不同于对平衡、排序单一问题的优化，装配线投产排序和平衡的解决方案都是相互关联的。解决装配平衡问题取决于投产排序问题的解决方案，固定投产序列下的平衡问题解决方案可能产生混流装配线局部最优结果。

针对具有多目标的混合装配线平衡与投产排序问题，利用混合整数线性规划方法，可以建立多目标混装平衡与排序同步优化的数学模型。

多目标混装平衡与排序同步优化模型使用的符号与缩略词如表 9-1 所示。

表 9-1　多目标混装平衡与排序同步优化模型使用的符号与缩略词

i	任务标号，$i \in \{1,2,\cdots,I\}$
m	产品型号，$m \in \{1,2,\cdots,M\}$
k	工位编号，$k \in \{1,2,\cdots,K\}$
v	装配线速度
SL_j	工位 j 的长度
t_{mi}	型号 m 产品的任务 i 的操作时间
$q_{ii'} \in \{0,1\}$	1，如果任务 i 是任务 i' 的前序任务
$X_{mik} = \{0,1\}$	1，如果产品 m 的任务 i 分配给了工位 k
D_m	生产周期对产品 m 的总需求
h	MPS 标号，$h \in \{1,2,\cdots,H\}$
MPS	最小部分组合或产品型号混合
d_m	每个 MPS 对产品 m 的需求，$d_m = D_m / H$
n	MPS 中各产品的装配位置
F_k^h	工位 k 在第 h 个 MPS 中的流程时间
$\hat{t}_i$	任务 i 在 MPS 中的总装配时间
QA	目标的标号，$\mathrm{QA} \in \{1,2,\cdots,A\}$
$x_{nm} \in \{0,1\}$	1，如果生产序列中第 n 个产品为型号 m
T_{mk}	型号 m 产品在工位 k 的作业时间
AW	每个工位 MPS 中的平均负荷
ST_k	工位 k 的当前工作负荷
Z_{kn}^h	第 h 个 MPS 中工位 k 的第 n 个产品的操作起始点
E_{kn}^h	第 h 个 MPS 中工位 k 的第 n 个产品的操作终止点

续表

r_{kn}^{h}	第 h 个 MPS 中工位 k 的第 n 个产品的操作起始时间
C_{kn}^{h}	第 h 个 MPS 中工位 k 的第 n 个产品的操作终止时间
ADW	绝对偏差负荷
C	生产节拍
OD	越界距离
P,Q	种群或候选集合
PS, R	种群大小或个体数
US	未分配任务集合
AS	可行任务集合
F	帕累托前沿
y	帕累托前沿标号，$y \in \{1,2,\cdots,Y\}$
RF	参考的帕累托前沿
τ	平衡问题解
π	排序问题解
φ	平衡排序问题解
μ	多目标个体决策度量
RPD	相对百分偏差
ANOVA	方差分析
NR	所得的帕累托前沿的非支配率
GD	世代距离
NP	所获得的帕累托前沿的最优解数量
SP	所得的帕累托前沿的分布指标

问题约束如下。

$$\sum_{k=1}^{K} X_{mik} = 1, \forall m, i \tag{9-1}$$

$$\sum_{k=1}^{K} k \cdot X_{mik} = \sum_{k=1}^{K} k \cdot X_{m'ik}, \forall i, m, m', m \neq m' \tag{9-2}$$

$$\sum_{k=1}^{K} k \cdot X_{mik} \leqslant \sum_{k=1}^{K} k \cdot X_{m\,i'k}, \forall m, i, i', q_{ii'} = 1 \tag{9-3}$$

$$\left(C_{kn}^{h} - r_{k1}^{h}\right) - n \cdot C \leqslant 0, \forall h, k \tag{9-4}$$

$$r_{kn}^{h} = \max\left\{C_{k-1,s}^{h}, C_{k,n-1}^{h}\right\}, \forall h, n, k \tag{9-5}$$

$$C_{0,k}^{h} = (h-1) \cdot N \cdot C, C_{k,0}^{h} = (h-1) \cdot N \cdot C, \forall h \tag{9-6}$$

$$C_{kn}^{h} = r_{kn}^{h} + \sum_{m=1}^{M} x_{nm} \cdot T_{mk}, \forall h \tag{9-7}$$

约束式（9-1）确保任一型号产品的每一任务只能分配给一个工作站。约束式（9-2）规定不同型号的相同任务只能分配给同一个工作站。约束式（9-3）保证任一型号产品的任务分配满足联合优先关系约束。约束式（9-4）确保每个工位有足够时间来完成某个 MPS 中的装配任务。约束式（9-5）要求当且仅当完成当前产品、前一工位也已完成上游产品的操作后，各工位工人才可进行该产品的操作。约束式（9-6）表明每个 MPS 的开始时间与生产节拍成正比，并且第一个 MPS 从零时刻开始。约束式（9-7）表示工人在任务操作过程中不能间断。

针对装配线平衡和排序问题，文献中应用了各种性能指标，如提高计划周期内的生产率、提高工人之间的公平性、增加生产加工的稳定性、降低库存成本和拖期成本。本章考虑 3 种性能指标：不同工作站间的绝对偏差负荷（ADW）、生产节拍（C）和越界距离（OD），以达到上述生产要求。其中，ADW 为平衡相关生产指标，而 C 和 OD 为平衡和排序相关指标。这些指标将会在下面阐述。

1. 绝对偏差负荷

ADW 性能指标已被许多研究者考虑和应用[10-14,16,18,19,22]。例如，Kim 等将每种产品的负荷与理论生产周期比较，构造出 ADW 目标$\left(=\sum_{k=1}^{K}\sum_{m=1}^{M} d_m \cdot \left|T_{mk} - \mathrm{AW}/N\right|\right)$。其中，$T_{mk}\left(=\sum_{i=1}^{I} X_{mik} \cdot t_{mi}\right)$表示型号 m 产品在工位 k 的总处理时间，AW $\left(=(1/K)\cdot\sum_{i=1}^{I}\hat{t}_i\right)$表示每个工作站在 MPS 中的平均工作量。这种考虑不仅有利于不同工作站之间的负荷均衡，也有利于每个工作站内的负荷均衡。然而，当前考虑的工作站是开放的，允许某些型号产品在工位中的处理时间超过生产节拍一定程度，导致不同工作站之间的负荷均衡比各站内的负荷均衡更重要。因此，将工位间负荷均衡性能指标定义为

$$\mathrm{ADW} = \sum_{k=1}^{K} \left|\mathrm{ST}_k - \mathrm{AW}\right|, \forall k \in \{1, 2, \cdots, K\} \tag{9-8}$$

其中，$\mathrm{ST}_k\left(=\sum_{m=1}^{M} d_m \cdot T_{mk}\right)$表示在 MPS 期间工作站 k 中分配的总工作量。

2．生产节拍

在第一类 ALBP 中，生产节拍根据市场需求和生产计划给出。对应地，在第二类 ALBP 中，生产节拍是未知度量，需根据装配线平衡状况确定。而在解决第二类的 ALBP 时，确定生产节拍的方法通常有两种：第一种方法是由所有型号产品的最大任务时间（$\max t_{mi}$）或由所有工位的最大产品 m 加工时间决定（$\max T_{mk}$）的；第二种方法要求每个工位在 MPS 中所有产品的总处理时间小于有效时间，即 $\mathrm{ST}_k \leqslant N \cdot C, \forall k$，则生产节拍由所有工作站的最大总处理时间 $C = 1/N \cdot \max_k \mathrm{ST}_k$ 确定。这种基于 MPS 的整体负荷优化方式，可以通过探索更多解空间，以实现所有工作站更好的平衡，获得比考虑 MPS 内每个产品负荷时更好的生产节拍。因此，当前生产节拍也考虑 MPS 内总负荷。

然而，本章定义的 MALB/S 问题涉及两种空闲时间，分别来自 MPS 之间和工位之间的等待。图 9.2 所示的甘特图表现出了这两种空闲时间的差异。从图 9-2 中可以看出，在 MPS 转换时，工位 1 产生了少许的空闲时间，并且在装配过程中工位 2、3 也因等待产生了少许的空闲时间，此类因等待产生的空闲时间用斜线矩形表示。另外，在 MPS 结束处的空闲时间用交叉线矩形表示。

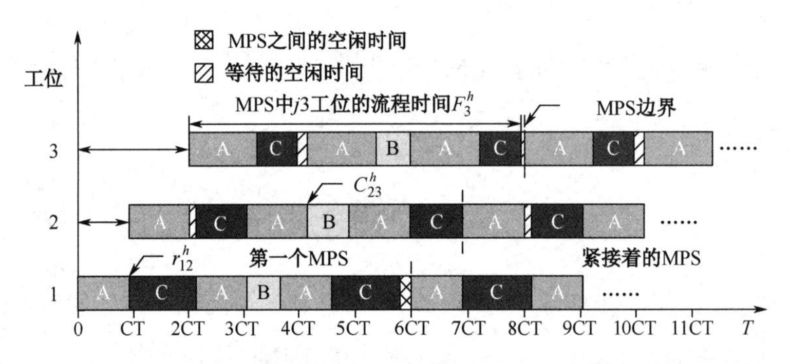

图 9-2　案例中所有工位 MPS 的运作甘特图

工件流程时间（工件投放到完成时的时间间隔）在流水车间调度问题中常常被作为性能指标，以减少库存和拖期成本。在 MALB/S 问题中，工件流程时间概念被应用到每个工作站。工位流程时间一般是指 MPS 中第一个工件的开始时间和最后一个工件的完成时间的时间间隔。例如，图 9-2 中，工作站 3 在 MPS 中的流程时间为 F_3^h，用双向箭头表示。所有工位的最大流程时间可作为一个性能指标，以均衡计划周期内不同工作站的负荷、减少

空闲时间、提高生产率。生产节拍将这个流程时间平均到每个型号产品，表示各工位操作各产品的平均有效工作时间，即

$$\mathrm{CT}=\max_{k}\frac{F_{k}^{h}}{N}=\max_{k}\frac{C_{kN}^{h}-r_{k1}^{h}}{N},\quad \forall k,h \tag{9-9}$$

3. 越界距离

越界距离指标是受补偿工作量和未完成单元概念启发提出的。之后，两个生产指标常用来表示封闭工作站内的超额工作量，不适合开放工作站直接使用。对于开放工作站，工人允许越过工作站边界。当产品的装配结束位置在工作站右边界的右侧或其起始位置在工作站左边界的左侧时，工位就会产生越界距离（OD）；否则，不会产生 OD。然而，过多的越界距离会增加工人之间的干扰并引起潜在风险。因此，将 OD 作为一个性能指标来控制 MPS 中的越界距离总量，即

$$\min \mathrm{OD}=\sum_{k=1}^{K}\sum_{n=1}^{N}\left\{\max\left(0,E_{kn}^{h}-L_{k}\right)-\min\left(0,Z_{kn}^{h}\right)\right\} \tag{9-10}$$

式中，Z_{kn}^{h} 和 E_{kn}^{h} 分别为第 h 个 MPS 中工位 k 的第 n 个产品的开始位置和结束位置。第一个 MPS 中工件的装配起始位置和终止位置由式（9-11）和式（9-12）计算得到。相应地，式（9-13）定义了其他 MPS 中的工件操作起始位置和终止位置。

$$Z_{kn}^{1}=\begin{cases} r_{kn}^{1}\cdot v-\sum_{k'=1}^{k-1}L_{k},\ \forall k,h=1,n=1 \\ \max\left\{C_{k-1,n}^{1}-C_{k,n-1}^{1,0}\right\}\cdot v+E_{k,n-1}^{1}-L_{k},h=1,n=2,\cdots,N,\forall k \end{cases} \tag{9-11}$$

$$E_{kn}^{1}=Z_{kn}^{1}+v\cdot T_{mk},\forall k,n,h=1 \tag{9-12}$$

$$Z_{kn}^{h}=Z_{kn}^{1},E_{kn}^{h}=E_{kn}^{1},h=2,\cdots,H,\forall k,s \tag{9-13}$$

9.3 整线生产重规划的生产计划自重构方式

在针对混流装配线平衡与排序（MALB/S）问题的研究中，常见布局是直线形混合模型装配线。在该种装配线中，若干连续的工作站 $(1,\cdots,k,\cdots,K)$ 串行排列，若干相似属性的型号 $(1,\cdots,m,\cdots,M)$ 产品均匀地分布在传送带上，并以恒定的速度 v 移动。每个产品以固定速率 C 投放到生产线上。由于计划周期可能包含较多数量的产品，可以将计划周期划分为

若干最小生产循环单元（MPS），进行循环生产。所有生产序列相关的调整和计划都基于生产循环 MPS。假定生产计划期内型号 m 的总需求量用 $D_m\left(m\in\{1,\cdots,m,\cdots,M\}\right)$ 表示。若不同型号产品总需求量的最大公约数为 H，则最小化生产循环单元 MPS，可以用向量 $(d_1,\cdots,d_m,\cdots,d_M)$ 表示，其中 $d_m(=D_m/H)$ 表示 M 型号在 MPS 中的投产比例。因此重复 H 次 MPS，能够满足每个型号产品在计划周期内的需求总量。该模型能简化装配线投产排序问题，并同时为物料消耗提供准时化支持。

混流装配线平衡与排序（MALB/S）问题需要协同优化平衡和排序问题。首先将不同型号产品的任务 $(1,\cdots,i,\cdots,I)$ 分配到不同工位中，以均衡各工位负荷；根据不同型号产品的分配方案，确定各型号产品在各工位装配时间；根据各型号产品在各工位装配时间，为 MPS 中的不同型号产品安排一个合理的投放顺序，以降低装配过程中各工位的超额任务量并尽量满足准时化要求。

在企业实际生产中，企业肯定希望在降低物料需求波动降低成本的条件下实现工位负荷过载最小化的高效率生产。自 1955 年 Salveson 提出了装配线平衡与投产排序问题之后，产生了许多研究成果，装配线效率得到了非常大的改善，且生产成本也得到了大幅度地降低。工业工程师们将每个产品的生产工艺过程划分成若干最小操作单元，并将这些操作重新组合，最终分配到各工位上，以期利用最少的人力资源、物质资源和时间，生产出高质量的产品，增强企业的核心竞争力。此后，企业生产过程标准逐渐完善，进而形成一套完整的行业标准。该标准涉及产品加工工艺要求、每个操作单元的加工动作标准和时间标准，使得整个生产过程都实现了标准化，产品质量也得到了保障。随后，客户对产品个性化的要求越来越高，出于成本考虑，工厂将属性相似的产品按照一定比例投放到同一条生产线进行装配，形成了混流装配线。早期学者提出了混流装配线投产排序问题，该问题针对不同的生产指标，优化差异化产品的上线顺序，提高了装配线的效率、减少生产过程中的浪费。

针对装配线平衡和投产排序两个问题，大量研究学者运用许多不同方法进行了研究。但是，有关学者指出这两个问题相互依赖、相互影响，平衡问题的解决方案能为大多数投产排序问题优化提供前提，而投产排序问题也可能对平衡优化提供依据，在装配线设计、新产品导入、工艺优化及生产计划调整时，需要同时考虑它们。因此本课题统筹考虑这两个装配线优化的基础问题。

在目前装配线平衡和投产排序相关文献中，许多学者只研究了某个单一优化目标。然而，绝大多数装配线同时存在着多个互斥的优化目标，在优化过程中，需要同时考虑这些生产目标。当前研究基于订单需求，专注于混流装配线协同优化技术，可有效整合企业内部制造资源、提高资源利用率及生产率，同时以灵敏的产品响应能力满足客户的个性化需求，帮助企业建立合理的供应链系统，提高企业市场竞争力。经过测试后，所研究成果可供汽车制造业推广应用，为混流装配线长、中、短期调度问题提供系统性的理论依据，如有关学者提出同时考虑这两个零部件需求的平稳性和最小化工位负荷超载两个目标，并采用动态规划方法进行求解，但是由于问题的复杂性，研究中只考虑了单工位装配线的问题。

混流装配线的设计与优化一般涉及两个方面的内容：一方面是中期调度问题（混流装配线平衡问题）；另一方面是短期调度问题（混流装配线投产排序问题）。混流装配线平衡是将每个产品的不同任务平均地分配到各工作站上，而混流装配线投产排序则是将不同类型产品排成一个投产序列，并以这个投产序列来组织混流装配线的生产。混流装配线平衡和投产排序对提高装配线的生产效率、节省生产成本有着重要的作用。因此，自上述问题被提出以来，很多学者研究了不同装配环境下的混流装配线平衡或投产排序。在求解投产排序问题时，通常研究思路均首先假设各产品模型的任务分配是已知的，然后根据每个任务的操作时间得出各产品在各工位的总操作时间，进而完成投产序列的排定。而对于混流装配线平衡问题，通常事先确定一个投产序列，在此基础上再进行各模型装配任务的分配。然而这两个问题是相互关联、相互影响的。事先设定其中一个问题的解，进而求解另一个问题，该方式不可能给出平衡与排序问题的最优方案。

针对混流装配线平衡与排序同步优化问题，有研究学者采用分层的方式对混流装配线平衡与排序问题进行了求解，即先完成每个产品的任务分配，在此基础上求出一个理想的装配线投产序列，进而提出了一个新颖的循序渐进程序，优化确定已知投产比例下的装配线性能，同时控制缓冲区的规模。针对给定工位数量下的混流装配线问题，有学者提出了一个两个阶段集成方法来分配不同模型的工作负荷，考虑任意模型需求组合，以此编制重复批量生产计划，获得均衡工位负荷，并优化生产线的准备时间。然而，装配线投产排序和平衡的解决方案都是相互关联的。解决装配平衡问题取决于投产排序问题的解决方案，固定投产序列下的平衡问题解决方案可能产生混流装配线局部最优结果。Kim 建议同时考虑装配线平衡和投产排序，因为这样对提升混流装配线性能更加有利，而且难以预测的需求变化可能需要不断对混流装配线进行再平衡，此后，一些学者开始同时解决这两个问题。例如，早期学者研究了混合模型 U 形装配线，并以 ADW 为性能指标同时优化了装配线平衡和排序问题；进一步，相关学者提出了具有工位相关装配时间的混流装配线平衡和排序问题，并以最小化总效用工作（TUW）为优化目标，最终提高了装配线的生产效率。此外，相关人员针对混合模型 U 形装配线，同时考虑了装配线平衡和排序问题，以期减少混流装配线上的 ADW。

此外，围绕混流装配线平衡排序同步优化的研究很少，其中涉及的性能指标有总效用工作量（TUW）、工作站数量（NS）、生产节拍（CT）、不同工位之间的绝对偏差负荷（ADW）、未完成作业总量（RI）、生产过程中的在制品数量（WIP）、零件消耗率（PUR）、生产准备成本（SC）、缓冲区容量（BC）、总流程时间（TFT）、装配线长度（LL）、工位中的加权空闲时间（WIT）、水平平衡（HB）、装配线利润（LP）、装配线效率（LE）和工位作业负荷均衡（SSAL）。然而，大多数面向装配线平衡和排序的研究考虑单目标优化，只有少量的研究涉及了多目标装配线平衡和排序问题。除此之外，大多数研究人员只考虑了 ADW 或 HB 等性能指标，忽视了一些典型的指标 CT、NS。一些研究只专注于使用平衡相关的性能指标（CT、NS、LE、ADW、WIP、SSAL），忽视了一些序列相关性能指标在混流装配线环境中的重要性。很少有研究同时提出混流装配线平衡指标和排序指标。例如，相关人员介绍了水平平衡、垂直平衡，并在混合装配模型中添加了排序目标。然而，其用遗传算法依次解决装配线平衡问题和投产排序问题，忽视了平衡问题对排序目标的影响。国外学者协同研究了装配线平衡和排序问题，引入了一个帕累托概念来探索全局解决方案，考虑了 3 个性能指标，即水平平衡、垂直平衡和总流程时间。然而，总流程时间指标可以导致工作站内的负荷升序排列，并且连续两个产品之间可能会产生更多的空闲时间。

另外，大多数多目标混流装配平衡与排序问题的研究通常应用基于优先级的方法，一个接一个地优化不同的目标；或者将不同的目标结合成一个单目标进行优化。例如，相关人员研究了混合模型 U 形装配线平衡和排序问题、混合模型直线形装配线平衡与排序问题。

其在模型中假定工位数量（NS）为主要性能指标，将不同工位之间的工位作业负荷均衡（SSAL）作为辅助指标。有关学者进一步提出了混流平行双边装配线平衡和排序系统，介绍了总加权空闲时间、不同工位间偏差负荷和生产线长度 3 个目标，采用了加权多目标优化方法，将 3 个目标赋予不同权重，结合成一个单一目标进行求解。然而，上述加权方法不一定能保证所有目标能同时得到显著优化。而且，在大部分的生产线中，这些目标是相互冲突、相互排斥的，每个目标的性能改善可能要牺牲其他目标的性能。实际上，多目标问题的解始终以各子目标间折中的形式存在，这组解称为帕累托最优解，通过帕累托最优化，可以同时优化混流装配线平衡和排序目标（ADW、CT 和 OD）。

9.4 基于分布估算算法的生产计划自重构方式的实现方法

本章以分布估计算法（Estimation of Distribution Algorithms，EDA）为例，介绍一种面向装配线整线生产重规划的自重构方法，结合多目标优化机制，利用分布估计算法实现混装平衡与排序的同步优化。

分布估计算法是一种新兴的基于统计学原理的随机优化算法。EDA 与遗传算法（GA）有着明显的区别。GA 采用交叉和变异等操作产生新个体，EDA 则通过对搜索空间采样和统计学习来预测搜索的最佳区域，进而产生优秀的新个体。相比于 GA 基于基因的微观层面的进化方式，EDA 采用基于搜索空间的宏观层面的进化方法，具备更强的全局搜索能力和更快的收敛速度。如图 9-3 所示，归纳了一般分布估计算法的过程，并与遗传算法进行了对比。在分布估计算法中，没有遗传算法中的交叉和变异等操作，而是通过学习概率模型和采样操作使群体的分布朝着优秀个体的方可进化。从生物进化角度来看，遗传算法模拟了个体之间微观的变化，而分布估计算法则是对生物群体分布的建模和模拟。

分布估计算法是一种基于统计学习理论的群体进化算法，通过建立概率模型描述候选解在搜索空间的分布信息，采用统计学习手段从群体宏观的角度建立一个描述解分布的概率模型，然后对概率模型随机采样产生新的种群，如此反复实现种群的进化从选定的个体中产生概率模型，并用这个概率模型产生新的个体。EDA 的基本优化过程一般包含以下几个步骤。

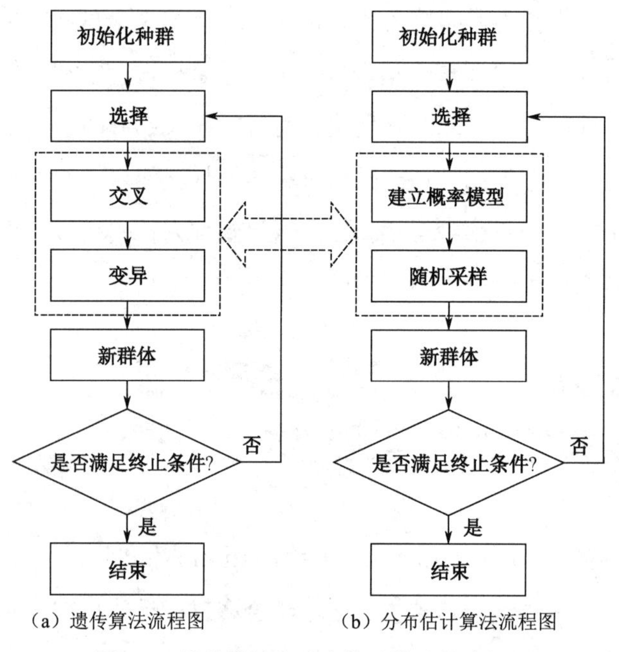

（a）遗传算法流程图　　（b）分布估计算法流程图

图 9-3　遗传算法和分布估计算法的流程图

（1）随机产生 PS 种群数量的父代种群，并从中选择具有代表性的若干（R）个体进行概率模型评估。根据所选定个体中每个决策变量出现的概率形成概率分布模型。

（2）对概率模型所代表的解空间进行采样，产生 R' 个后代。评价产生的后代个体适应度，用优势后代替换父代种群中一些不具潜力的个体。

重复上述步骤，直到算法达到终止准则为止。

鉴于 EDA 的优越性，EDA 目前已在多个领域得到应用，一些代表性应用研究如下。

1. 多目标优化问题

除早期学者提出的采用两步训练法的多目标 EDA 外，相关学者设计了一种基于规则模型的多目标 EDA；进而采用基于贝叶斯网络的概率模型，结合非劣解分层和截断选择机制，设计了有效的多目标 EDA，并用于机翼结构优化设计；相关学者利用 EDA 在决策空间和目标空间逼近 Pareto 最优解集；也有相关学者提出了一种多概率模型 EDA，在进化的每一代中使用多个概率模型引导算法搜索并保持最优解集的多样性；还有研究人员指出，对进化中产生的异常个体处理不当、种群多样性缺失及建模运算量过大，是影响多目标 EDA 性能的主要原因，并由此提出了一种 MB-GNG 网络改进算法性能。

2．调度问题

相关学者针对护理调度问题设计了一种 EDA，随后又对算法进行了改进，加入了智能的局部搜索，有效安排每名护士的护理计划。另外，近几年基于 EDA 的典型调度问题的研究也有很多成果，如置换流水车间调度问题、单机调度问题、资源约束项目调度问题、多模式资源约束项目调度问题、作业车间调度问题、柔性作业车间调度问题等。

3．生物信息学方面

相关人员应用 EDA 解决了蛋白质侧链定位的问题和简化模型中的蛋白质折叠问题，并结合 EDA 和主成分分析方法对基因表达的信息进行聚类分析；也有研究人员对 EDA 在生物信息学方面的应用给予了简要综述。

4．其他工程应用问题

例如，电磁装置的设计、高炮射击体制设计、故障综合评判、混沌系统控制、路径规划、物流配送中心选址、预测控制、多维背包问题求解、表格排序等。另外，相关研究人员还编写了 MATLAB 中的 EDA 工具包。

此外，目标函数所求解的表达对携带相关优化问题所需的信息十分重要。对于所研究的平衡排序问题，平衡子问题和排序子问题都需要一个合适的基因表达。平衡子问题的染色体是一个长度为 I 的字符串，每个元素的位置表示不同的任务，每个元素的值表示该任务被分配的工作站。这种编码方案类似于早期研究人员所使用的编码方法，是“一对一”的类型，这意味着每个染色体恰好可以被解码成一个任务分配方案。对于排序问题，模型投产序列采用置换的表达方式。相应地，排序子问题染色体是长度为 S 的字符串，字符串中每个元素表示产品在 MPS 中的投产顺序，每个元素中的字母表示生产循环中的产品模型种类。这种表示方式已被广泛应用于流水车间调度问题中。

图 9-4 所示为平衡排序示例的编码、解码过程。从图 9-4 中可以看出，个体包含两个染色体片段。前一段由数字组成的染色体表示装配任务在所有工作站中的分配情况；而后一段以大写字母组成的染色体表示产品的投产序列。例如，图 9-4 中，上色部分表示任务 1、

2、4 被分配给工作站 1，并以生产序列（A C A B A C）组织产品生产。

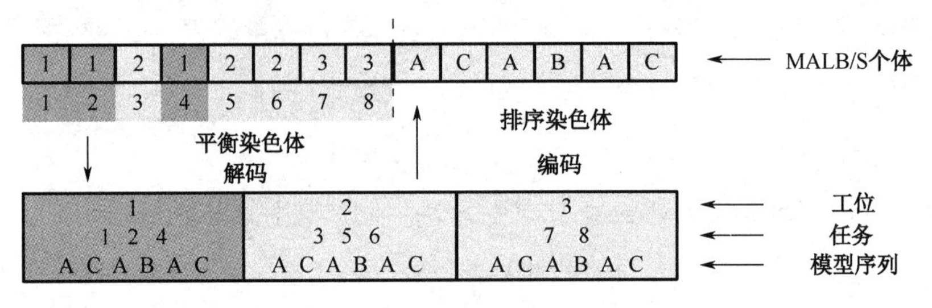

图 9-4　平衡排序示例的编码、解码过程

多目标分布估计算法（m-EDA）首先需要生成 PS 个初始个体。为了保证初始种群的质量和多样性，常见方式是通过有效的启发式算法来构建一些好的个体并随机生成其余的个体。这种初始化方式可使算法更快收敛，达到最优解或近优解，且已被广泛应用于文献中。当前平衡初始化设计了一种基于规则的启发式方法（RH），使其生成一个有代表性的平衡个体。其余个体由 5 种改进启发式获得。这些启发式是根据早期研究人员提出的变异算子改进所得。每个初始化方法以不同工作站的 ADW 作为首要优化目标。6 种用于平衡初始化的启发式的详情将在本节进行讨论。对于排序个体初始化，算法基于 MPS 需求，针对每个平衡染色体，用随机方法获得一个排序染色体，从而保证初始种群的多样性。

（1）基于定界规则的平衡启发式设计。

RH 由选择规则和分配规则组成，其详细操作过程如下。

① 选择规则。选择规则是用来从当前工作站的可行任务集合中选择所有可分配任务。当从未分配任务集（US）选择适合目前工作站的任务时，每个任务应先服从式（9-3）规定的优先关系约束。因此，当某个任务的前序任务都已分配时，该任务为可行任务，所有可行任务构成了可行任务集合 AS。然而，不同工作站之间的偏差负荷需要被控制以增加装配线的平衡率。因此，集合 AS 中仅有少许的几个任务可以被分配给当前工作站。当前研究考虑工作站的已分配的工作量和所有未分配任务的负荷，来为当前工位选择一个合适的任务，以保证工位负荷均衡。由此本节提出了一种从 AS 中选择任务的新方法。该方法采用了两种分配约束：一种是针对当前工位负荷的两个水平约束；另一种是针对所有已分配

工位负荷的一个垂直约束，以确保分配过程中每个工位的平衡。这两种约束的数学表达式分别由式（9-14）～式（9-16）给出。

$$\mathrm{ST}_k+\hat{t}_i \leqslant \mathrm{UB}, k=1,\cdots,K-1 \tag{9-14}$$

$$\mathrm{ST}_k+\hat{t}_i \geqslant \mathrm{LB}, k=1,\cdots,K-1 \tag{9-15}$$

$$\sum_{k'=1}^{K}\mathrm{ST}_{k'}+\hat{t}_i \geqslant (K-1)\cdot \mathrm{AW}+\mathrm{LB}, k=1,\cdots,K-1 \tag{9-16}$$

式中，$\mathrm{UB}\left(=(1+\delta)\cdot\mathrm{AW}\right)$为当前工位负荷的上界，同时$\mathrm{LB}\left(=2\mathrm{AW}-\mathrm{UB}\right)$为当前工位负荷的下界。式（9-14）和式（9-15）保证了每个工作站的工作负荷在可接受的水平。此外，式（9-16）中的$(K-1)\cdot\mathrm{AW}+\mathrm{LB}$表示已分配工作站工作负荷的下界，它保证了在任务分配的过程中，剩余工作站的任务分配质量。另外，δ为控制分配过程精度的参数，它提供了能用于各种平衡解决方案的共同标准。该参数对于每个工位和剩下工位采取了同样的精度控制等级。运用这两种分配约束，本节提出了一个具有建设性的任务选择方案，并在下面进行说明。

为当前工位选择一个可分配任务之前，先被评估当前工位已分配工作量。如果当前工位的工作负荷较轻，能负担 AS 中的任何任务，那么所有任务可以被分配到这个工位。若当前工位不能再承担任何任务，则开始分配下一个工位；否则，基于式（9-14）～式（9-16），运用一系列条件判断，从 AS 中选择一个任务分配给当前工位。详细的选择流程如下。

步骤 1：从未分配任务集中选择满足优先关系的任务，构成可行任务集 AS。

步骤 2：如果任何任务都不能满足式（9-15），选择 AS 中所有任务，并把它们放入可分配任务集合中，然后停止。

步骤 3：如果存在任务满足式（9-14）和式（9-15），就把它们放入可分配任务集合中，然后停止。

步骤 4：如果存在任务满足式（9-14）和式（9-16），就把它们放入可分配任务集合中，然后停止。

步骤 5：如果存在任务满足式（9-14），就把它们放入可分配任务集合中，然后停止。

步骤 6：打开一个新工作站，并转至步骤 2。

② 分配规则。分配规则的作用是从当前工位的可分配任务集合中选择一个合适的任务分配给该工位。分配规则考虑两个方面的因素：任务在 MPS 中的总处理时间和任务所有后继的总处理时间。为减小来自瓶颈任务的影响，具有更多处理时间的任务被赋予更高的优先级。同时，更多后继处理时间和的任务被优先分配，这将释放更多的可分配任务以供当前工位选择。本节假设这两个因素的权重系数具有相同重要性。因此，每个可分配任务的权重可以利用下式计算。

$$\text{Weight}_i = \hat{t}_i + \sum_{i' \in \text{US}} \left(q_{i,i'} \cdot \hat{t}_i \right),\ i \in \text{AS} \tag{9-17}$$

该方程表明，权重较重的任务优先被分配，并且在分配任务时会将可分配任务集合中权重最大的任务分配给当前工位。

（2）基于规则的启发式初始化步骤。

当分配任务给当前工位时，首先利用选择规则找出所有可分配任务，组成可分配任务集合，然后利用分配规则从可分配任务集合中选择一个任务分配给该工位。重复该任务选择过程直到所有任务都已被分配。然而，该方法得到的任务分配方案可能不太理想，因为参数 δ 的最佳值与特定问题有关，难以确定。因此，本节采用了迭代方法来实现启发式方法对不同问题的通用性。该方法为获得理想的工位负荷首先将初始上下界：UB 和 LB，设置为 $[(1-\delta)\cdot \text{AW}, (1+\delta)\cdot \text{AW}]$。然后，通过改变步长 $\text{d}t$，逐渐压缩 UB 和 LB 的范围，尝试搜索更多解空间以找到更好的任务分配方案，直到没有获得更好解为止。初始的 $\text{d}t$ 由式（9-18）给出：

$$\text{d}t = \varepsilon \cdot \delta \cdot \text{AW} \tag{9-18}$$

式中，参数 ε 用来确定 $\text{d}t$ 的初始步长，并且所用到的两个参数（δ 和 ε）的最佳水平将会在算法参数校验部分讨论。基于规则的启发式方法的伪代码如图 9.5 所示。

其中，ADW_b 为获得的最好 ADW 值，符号 inf 代表一个无穷大的数值。

由图 9-5 所示的启发式方法可以看出，选择规则和分配规则完成对任务的分配，生成一个合理的解决方案。然后 UB 和 LB 的值根据当前解中的最大工位负荷做相应的调整。因此，这样会导致某些工位的负荷比更新后的 UB 重或比更新后的 LB 轻。在新的上下界标准下，这些工位被认为是不平衡的工位。针对这些工位，RH 采用了一个重分配方法来重新分配第一个不平衡工位到最后一个工位的任务。重分配后，如果解决方案的 ADW 值得到了优化，则再次更新UB和LB并进行重分配操作，以获得更好的解决方案；否则，更新步长 $\mathrm{d}t$（$\mathrm{d}t = \mathrm{d}t/2$）。为使启发式的下一次迭代释放更多潜在搜索空间，UB和LB也相应地更新。假定经过若干次迭代后，步长小于一个定值（假设为 1）时，则判定该解的性能很难再被改进，随即算法停止。

```
开始 基于规则的启发式（RH）
初始化算法的参数 UB, LB, dt. Let kk=1, ADW_b=inf
while dt≥1 do
for k = kk to K−1 do
利用选择规则和分配规则将未分配操作集合，US 中的操作逐个地分配给当前工位 k
    endfor
                    ST_K = Σ_{i∈US} t̂_i 并且得到一个合理的平衡个体，τ
if ADW(τ)≤ADW_b then
 ADW_b = ADW(τ)，UB = max_k{ST_k} − dt，LB = 2AW − UB。
                    jj = min_j{k∈{1,2,…,K−1} | ST_k ≥ UB ∨ ST_k ≤ LB}
else
 dt = dt/2，UB = UB + dt，LB = 2AW − UB。
endif
endwhile
return τ
结束
```

图 9-5 基于规则的启发式方法的伪代码

（3）平衡排序个体的启发式初始化。

下面 5 个启发式则用来生成 m-EDA 初始化种群中的其他平衡个体，并获得较好的性能。这些启发式由 Kim 等的变异操作改进而来。通过将加权规则、Kim 等提出的基于任务时间加权规则分别应用到上述变异算子，决定各个可分配任务的权重。为了探索更多的解空间，任务选择过程分别加入了轮盘赌方法和锦标赛方法，以从AS集合中选择一个确定的任务。因此算法产生了 4 种额外的启发式初始化方法，表示为 H_1、H_2、H_3 和 H_4。此外，随机选择方法也被加入到变异算子中，这种随机初始化方式（RD）致力于增加初始种群的多样性。

（4）多目标适应度评价。

平衡排序模型包含多个相互冲突的目标，需要同时优化这些目标。由此，需要将父代种群中的所有个体进行排序，选择具有更好适应度的个体，用于算法进一步优化。通常情况下，可以使用非支配排序方法选择帕累托最优解。然而，常规非支配排序方法仅考虑部分帕累托最优解，不利于多样性的保持。本节利用非支配排序方法对所有个体进行评价，即利用个体之间的支配关系将个体划分为不同的层级，并且根据每个个体所属的层级赋予其层级值。其中，第一层级的个体不被任何个体支配，被赋予层级值 1；第二层的候选个体只被第一层级个体支配，被赋予层级值 2；以此类推。然而，这种非支配排序方法具有较高的计算复杂度，并可能导致算法重复选择具有相同目标值的个体。为克服上述排序方法的不足，提出了一种新的非回溯排序方法。该方法定义如下。

步骤 1：获取候选集 Q。令 $Q^*=Q$，具有相同目标值的个体集合 $P=\varnothing$，当前的帕累托前沿等级 $n=1$。

步骤 2：从 Q^* 中随机选择一个个体 φ。设 $Q^*=Q^*\setminus\varphi$，$Q_1=\varnothing$，$Q_2=\varnothing$，$Q_3=\varnothing$。

步骤 3：将 φ 与 Q^* 中的每个个体 φ' 比较。如果 φ 支配 φ'，则设置 $Q_1=Q_1\cup\{\varphi'\}$；如果 φ' 支配 φ，则设置 $Q_2=Q_2\cup\{\varphi'\}$；如果 φ 的目标值不都等于 φ' 的目标值，则设定 $Q_3=Q_3\cup\{\varphi'\}$；否则，$P=P\cup\{\varphi'\}$。

步骤 4：如果 $Q_2=\varnothing$，则将 φ 放入当前帕累托前沿，即 $F_n=F_n\cup\{\varphi\}$。

步骤 5：令 $Q^*=Q_2\cup Q_3$，如果 Q^* 中元素个数小于 2，则让 $F_n=F_n\cup\{Q^*\}$，转到步骤 6；否则，转到步骤 2。

步骤 6：令 $Q=Q-F_n$，$Q^*=Q$，$n=n+1$。如果 Q 中的元素数小于 2，则 $F_n=F_n\cup Q\cup P$，停止排序；否则，转到步骤 2。

上述非回溯算法通过在非支配排序的过程中，实时剔除候选个体中的被支配个体和重复个体，大大提高了个体排序的效率。同时，通过除去具有相同目标值的重复个体，提高了选择的子代种群分布性。

通过层级可判断候选个体的适应度。第一层级的候选个体为种群中的帕累托最优解。具有较低层级值的个体具有更好的适应度，同时也表明了个体具有更好的收敛性。除了利用层级来划分个体收敛性的优劣，算法还利用多样性指标——拥挤距离来确定具有相同层级个体的优劣。拥挤距离是由相邻个体的几何距离确定的度量。算法通过 ADW、CT 和 OD 形成的三维目标空间，确定相邻个体距离。更大的拥挤距离指标值表明，个体在种群中拥有更好的多样性，并且这种个体也是算法所期望的。

基于帕累托层级与拥挤距离进行个体选择，根据每个个体的所属层级和拥挤距离，按一定比例（Pc）从当前种群中选择有前途的候选个体集合，为 m-EDA 获得更具代表性的概率模型。算法通过轮盘赌或二元锦标赛方法选择每个候选个体，并且避免重复选择。

例如，父代种群包括 3 个个体，每个个体都有层级值和拥挤距离。假设这些个体及其层级、拥挤距离被表示为 $\varphi_1(1,12.3)$、$\varphi_2(2,5.7)$ 和 $\varphi_3(2,8.9)$。当使用轮盘赌选择方法时，层级 1 和层级 2 的选择概率为 $p_1=1/(1+1/2)\approx 0.67$、$p_2=(1/2)/(1+1/2)\approx 0.33$。这两个层级的累积概率为 0.67 和 1。算法产生一个[0,1]之间的随机数，如果该随机数超过 0.67，则算法将会选择层级 2。然后，层级 2 的两个个体的选择概率分别为 $p_{5.7}=5.7/(5.7+8.9)\approx 0.39$ 和 $p_{8.9}=8.9/(5.7+8.9)\approx 0.61$。同样，利用轮盘赌方法，根据新产生的随机数选择拥挤距离。如果选择 8.9，那么个体 φ_3 被选择作为候选个体。对应地，如果使用二元锦标赛方法，则首先从候选个体中选择两个参赛个体，假设为 φ_1 与 φ_2。这两个竞争对手中，算法优先选择较小层级的个体，即 φ_1。如果被比较的个体属于同一等级，如 φ_2 和 φ_3，则算法就会选择较大拥挤距离的个体（φ_3）。这样的选择过程将被重复进行，直至选出足够数量的候选个体。

EDA 算法的性能与概率模型密切相关，一个高效的概率模型可以增强算法对所考虑的优化问题的求解效率和有效性。本节采用基于块信息的概率模型，该模型由 Jarboui 等首次提出，并用来求解以总流程时间为评价指标的置换流水车间调度问题。该模型中假定工件生产序列中可能存在高性能的域块，如 $\boxed{2}\boxed{4}$，该域块由两个不同的工件 2 和工件 4 组成，且二元域块在其概率模型中被定义和使用，以产生具有较小总流动时间的个体。但是，模型中也存在一些不足之处。首先，模型只考虑了在给定位置上的块，将丢失进化后期其他位置的优秀块信息。此外，后代的第一个工件是随机产生的，而不是根据父代的遗传信息生成的。为了解决上述缺点，Pan 和 Ruiz 引入了一种新的概率模型。该模型假设 $\rho_{j,i}$ 为所选择的基因片段中在 i 位置及其之前出现数值 j 的次数，$\lambda_{j',j}$ 表示在所有选择的基因片段中，数值 j 出现在数值 j' 正后方的次数。于是，后代中第 i 个位置为数值 j 的概率可用下式计算。

$$\xi_{j,i}=\begin{cases}\dfrac{\rho_{j,i}}{\sum\limits_{l\in\Omega(i)}\rho_{j,l}} & i=1\\ \dfrac{(\rho_{j,i})/(\sum\limits_{l\in\Omega(i)}\rho_{j,l})+(\lambda_{j',l})/(\sum\limits_{l\in\Omega(i)}\lambda_{j',l})}{2} & i=2,3,\cdots,I\end{cases}\tag{9-19}$$

式中，$\Omega(i)$ 是 i 位置出现的数值集合。基于该概率模型，考虑到平衡和排序问题的具体属性，针对这两个子问题的概率模型将在下文进行详细介绍。

（5）基于概率模型的平衡个体生成。

算法通过收集统计每个候选平衡个体基因中的信息来构建概率模型，并生成平衡后代。由模型采样，生成任务分配方案时，不仅要考虑任务分配到不同工位的可能性，还要考虑任务之间的优先关系约束，以确保生成后代的可行性。因此，算法精心设计了一个平衡个体生成方法来保证采样个体的可行性。首先，从所有未分配任务中选择可行的任务，并且利用式（9-17）计算各可行任务的权重；其次，根据每个可行任务的权重，采用轮盘赌法，从可行任务集合中选择一个任务；再次，找出这个任务的所有可分配工位，要求可分配工位的编号大于该任务所有前序的所属工位标号；最后，计算每个可分配工位的分配概率，然后根据这个概率选择一个可行工位来操作上述任务。为了验证模型的性能，进行了一系列的预备测试实验，从实验结果可以看出，由于一些优先关系靠前的任务被分配到了标号较大的工位，生成的后代中靠前的工位负荷过小，靠后工位负荷过大，造成了严重的负荷不均衡。因此，算法采用了强约束概率模型，只考虑当前位置的信息而不管其他位置和块信息。这种方式可以为 m-EDA 生成较好的平衡后代。

为说明改进的概率模型，利用实例演示说明。假设选定的平衡个体为 $\tau(1)=$ $\boxed{1}\boxed{1}\boxed{1}\boxed{2}\boxed{2}\boxed{2}\boxed{3}\boxed{3}$、$\tau(2)=\boxed{1}\boxed{1}\boxed{2}\boxed{2}\boxed{2}\boxed{3}\boxed{3}\boxed{3}$ 和 $\tau(3)=\boxed{1}\boxed{1}\boxed{2}\boxed{1}\boxed{3}\boxed{2}\boxed{3}\boxed{3}$。然后可得 $\rho_{j,i}$ 为

$$[\rho_{j,i}]_{3\times 8}=\begin{bmatrix}3&3&1&1&0&0&0&0\\0&0&2&2&2&2&0&0\\0&0&0&0&1&1&3&3\end{bmatrix}$$

例如，假定任务 1 和任务 2 已经被分配给后代的第一个工位，此时的可行任务 $\mathrm{AS}=\{3,4\}$，然后根据两个任务的权重选择其中一个。假设所选择的任务为任务 3，则任务 3 可分配的工位集合 $\Omega(3)=\{1,2,3\}$。因此，任务 3 的各工位分配概率计算为

$\xi_{1,3}=1/(1+2+0)\approx 0.33$，$\xi_{2,3}=2/(1+2+0)\approx 0.67$，$\xi_{3,3}=0/(1+2+0)=0$

假设任务 3 被分配给工位 2，则此时可行任务集合 $\mathrm{AS}=\{4,5\}$。同样，算法利用轮盘赌选择一个可行的任务。假设所选择的任务为任务 5，则任务 5 的可分配工位 $\Omega(5)=\{2,3\}$。因此，任务 5 分配在 $\Omega(5)$ 中工位的概率为

$$\xi_{2,5}=2/(2+1)\approx 0.67，\xi_{3,5}=1/(2+1)\approx 0.33 \tag{9-20}$$

如果以这种方法产生的后代前 4 个任务都被分配到第一个工位，并且其他 4 个任务都被分配到第三个工位，那么这个后代的第二个工位负荷为零。虽然这可能会导致不理想分配方案，但该解决方案仍然是可行的。

随后，基于概率模型进行排序个体生成，由于投产排序问题采用基于排列的编码方式，式（9-19）所示的概率模型通过其中的参数 j 和 i 调整为 k 和 s，以应用于投产排序问题。此外，生成排序后代的每个产品模型时，应该考虑每个模型在 MPS 中的需求。也就是说，对于后代的每个基因位置，只有当已排产模型产品的数量未达到需求时，这个模型的产品才可以被安排在这个位置投产。因此，算法首先确定后代序列中每个位置上的可分配模型，然后通过对概率模型采样，选择一个模型。例如，假设文中采用的实例有 3 个投产个体：$\pi(1)=\boxed{B}\boxed{A}\boxed{A}\boxed{C}\boxed{A}\boxed{C}$、$\pi(2)=\boxed{C}\boxed{A}\boxed{B}\boxed{A}\boxed{C}\boxed{A}$ 和 $\pi(3)=\boxed{A}\boxed{C}\boxed{C}\boxed{A}\boxed{B}\boxed{A}$，其中 MPS=$\{3,1,2\}$。因此，$\rho_{k,s}$ 可以很容易地计算，即

$$[\rho_{k,s}]_{3\times 6}=\begin{bmatrix}1&3&5&7&8&9\\1&1&2&2&3&3\\1&2&3&4&5&6\end{bmatrix}\qquad [\lambda_{k',k}]_{3\times 3}=\begin{bmatrix}1&2&4\\3&0&0\\4&0&1\end{bmatrix}$$

已知，第一个位置的可投产模型 $\Omega(1)=\{A,B,C\}$，则 MPS 中第一个位置的模型选择概率可以由概率模型求得，即

$$\xi_{A,1}=1/(1+1+1)\approx 0.33，\xi_{B,1}=1/(1+1+1)\approx 0.33，\xi_{C,1}=1/(1+1+1)\approx 0.33$$

假设 B 模型被选定为序列中第一个位置产品，则第二个位置的可选模型集合 $\Omega(2)=\{A,C\}$，则 $\Omega(2)$ 中每个模型的选择概率为

$$\xi_{A,2}=(3/(3+2)+3/(3+0))2=0.80，\xi_{C,2}=(2/(3+2)+0/(3+0))/2=0.20$$

重复此过程，则可以得到后代的整个投产序列。

概率模型产生的后代质量，主要依靠父代个体给出的遗传信息。因此，设计并使用具有多样性机制的平衡和排序的启发式初始化方法，以获得优秀基因，促其有跳出局部最优。

提出的 m-EDA 优化过程详细步骤如下。

步骤 1：输入数据，其中包括每个模型的任务时间，所有模型的联合优先关系图，工位数量及 MPS 中每个模型的需求。设置终止准则为最大运行时间。

步骤 2：通过基于规则的启发式 RH，生成一个高质量个体，并随机使用 2.2 节中的其他 5 种启发式无重复地生成剩下的 PS-1 个个体。针对每个平衡个体，基于 MPS 中每个模型的生产数量，随机生成一个排序个体。因此，PS 个平衡和排序个体组成了 m-EDA 的初始化种群。

步骤 3：根据父代种群中个体所属帕累托层级及相邻个体的几何距离，评估每个个体的适应度。非支配个体被选择到归档集以保存获得的帕累托最优解。

步骤 4：随机应用二元锦标赛法和轮盘赌法从父代种群中无重复地选择每一个个体，直到选择的个体数量达到（$Pc \times PS$）。

步骤 5：基于上述选择个体中每个位置的基因信息，分别建立平衡和排序概率模型。然后分别对两个概率模型进行采样，生成 PS 个 MALB / S 后代。

步骤 6：对每个平衡后代和归档集中的每个个体应用 BLS 局部搜索，以发掘更多潜在的帕累托最优解。相应地，对每个排序后代和每个归档集中的个体应用 NEHA 局部搜索。

步骤 7：用适应度评价方法，评价经过局部搜索后的所有个体。为了保持父代种群的质量和多样性，父代种群由评价后个体中层级较小或拥挤距离较大的 PS 个个体取代并更新。同样，归档集中的所有个体由新获得的帕累托最优解取代并更新。

步骤 8：当终止条件满足时，输出当前的归档集并停止；否则，转到步骤 4。

多目标分布评估算法（m-EDA）流程图如图 9-6 所示。

在理想情况下，通过对 m-EDA 优化过程中的较优解不断改进，所得到的概率模型的代表性将不断增加，算法通过采样不断优化当前解；合理数量的迭代后，程序将达到全局最优或接近全局最优。

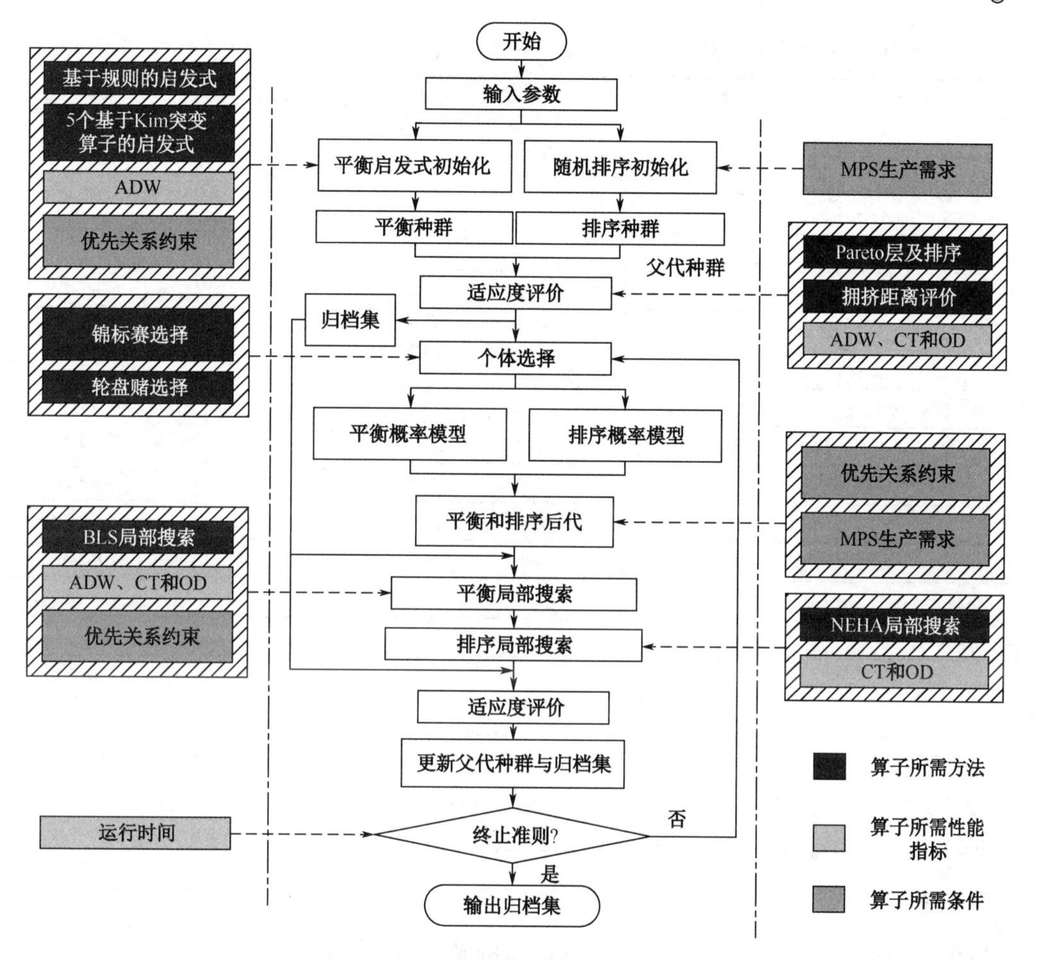

图 9-6　多目标分布评估算法（m-EDA）流程图

9.5　企业案例

以某汽车混流装配企业为例，验证所提方法的有效性。选取该工厂不同车间包含不同数量和零件个数的实例进行研究，不同问题规模如下。

表 9-2 所示为针对不同任务数量、不同工位数量、不同模型及模型需求的测试问题集。

通过分别求解表 9-2 中的每个问题，m-EDA 算法与经典算法 ABC、NSGA-Ⅱ进行了性能比较，这 3 种算法各自进行了相应的参数优化。

表 9-2　针对不同任务数量、不同工位数量、不同模型及模型需求的测试问题集

问　题	任务数量	工位数量	模型数量	MPS
1	19	3	3	2-3-4
2	19	4	3	1-2-5
3	19	5	3	5-2-9
4	25	3	4	1-3-4-5
5	25	5	4	6-4-2-1
6	25	7	4	4-6-3-7
7	61	4	4	1-3-4-5
8	61	8	4	6-4-2-1
9	61	12	4	7-4-3-5
10	75	5	4	8-3-4-5
11	75	9	4	3-2-2-1
12	75	13	4	1-8-2-4
13	111	10	5	5-3-2-1-1
14	111	12	5	1-4-8-3-1
15	111	15	5	1-2-4-5-8
16	148	12	4	1-2-4-1
17	148	15	4	2-7-8-5
18	148	18	4	9-1-2-3
19	297	15	4	1-2-1-3
20	297	20	4	7-9-3-5

本节多目标比较分析是找出某个算法，它的解具有：非常接近真实帕累托前沿（收敛性）；能获得沿着帕累托真实前沿整个范围的解决方案（多样性）；显示出对随机初始个体最小的灵敏度（搜索可靠性）。

基于算法在这些标准方面的考虑，程序设计者需要采用一些多目标性能指标，多方面评价各个算法所获得帕累托前沿。当前研究采用了两个典型的收敛性能指标：非支配率和世代距离（GD）。世代距离（GD）衡量了算法所得到的帕累托前沿和帕累托真实前沿之间的距离，其中较小的 GD 值表明所得的帕累托前沿有更好的收敛性。另外，算法使用了两个多样性指标：获得的帕累托最优解数量（NP）和个体间距度量指标（SP）。在当前研究中，NP 表示每个算法从帕累托真实前沿中找到的帕累托最优解的数量，同时 SP 是指所获得的帕累托前沿在本章的三目标解空间中几何分布状况。所使用的某些多目标度量包括 GD

和 NP，需要已知问题的真实帕累托前沿作为参考。但是，表 9-1 中案例的真实帕累托前沿却是未知的且难以获取的，对此，本节将已获得的最优近似前沿来代替上述度量中的真实前沿。这个参考前沿由所有算法在更长的运行终止时间条件，$10\times(50I+\mathrm{JS}^2)$ ms 下所获得的帕累托前沿的并集。此外，该参考前沿中的每个解决方案称为帕累托最优解。

如表 9-3 所示，在所有 20 个案例中，m-EDA 算法获得了 17 个最好的 NR 平均值，而 ABC 获得了一个最优 NR 平均值，NSGA-II 获得了两个最优值。甚至在几乎一半的案例中，这两个参考算法所获得的 NR 平均值为零，这意味着这些算法在 5 次独立重复试验中没有获得一个非支配解。另外，m-EDA 在 20 个案例中获得的 GD 平均值显著小于其他两种算法所获得的平均值。此外，m-EDA 的两个收敛性指标的整体平均值为（0.85、5.03），而两个比较算法的整体平均值分别为（0.24、94.94）和（0.23、104.64）。这表明，m-EDA 算法获得的帕累托前沿解几乎全部为帕累托最优解，并且更靠近参考前沿；而两个参照算法的性能则比较差，其中 ABC 比 NSGA-II 的收敛性能略胜一筹。

表 9-3 不同算法对每个标杆案例所得的 NR 和 GD 平均值和总体平均值

问　题	NR			GD		
	m-EDA	ABC	NSGA-II	m-EDA	ABC	NSGA-II
1	0.39	0.37	0.56	**1.04**	1.32	1.44
2	**0.71**	0.60	0.09	**0.68**	1.19	2.24
3	**0.84**	0.31	0.32	**1.18**	2.61	2.71
4	**1.00**	0.00	0.00	**0.70**	6.10	3.03
5	**0.81**	0.00	0.33	**1.49**	15.36	4.61
6	**1.00**	0.00	0.00	**0.26**	26.31	16.57
7	0.58	0.66	0.64	**2.37**	2.79	3.79
8	**0.73**	0.42	0.50	**2.95**	3.49	3.98
9	**0.86**	0.64	0.20	**7.52**	13.81	23.78
10	**0.90**	0.43	0.09	**2.14**	4.58	6.82
11	**0.90**	0.22	0.17	**1.63**	5.78	8.69
12	**1.00**	0.00	0.00	**5.00**	32.77	28.53
13	**1.00**	0.00	0.00	**3.22**	204.12	305.62
14	**1.00**	0.00	0.00	**7.66**	358.03	564.72
15	**1.00**	0.00	0.00	**6.45**	666.31	651.83
16	**1.00**	0.10	0.02	**3.84**	11.42	13.59

续表

问　题	NR			GD		
	m-EDA	ABC	NSGA-II	m-EDA	ABC	NSGA-II
17	0.51	0.30	0.97	7.06	41.17	5.02
18	**0.90**	0.43	0.16	**9.18**	11.28	13.19
19	**1.00**	0.00	0.00	**8.74**	84.31	66.12
20	**0.73**	0.59	0.73	**27.13**	85.78	48.11
总体平均值	**0.85**	0.24	0.23	**5.03**	94.94	104.64

综上所述，m-EDA 算法具有优越的收敛性能并且显著优于所比较的算法。从多目标进化机制来看，m-EDA 算法使得其非支配解不断跳出局部最优区域，并逐渐接近全局最优解。

对于多目标优化问题，算法期望获得更多，并且分布均匀的帕累托最优解。为了评估 3 种算法所获得的帕累托前沿的分布状况，采用了两个多样性指标（NP 和 SP）。表 9-4 所示为不同算法在不同案例下，所得前沿多样性指标的平均值和总体平均值。

表 9-4　不同算法对每个案例所得的 NP 和 SP 的平均值和总体平均值

问　题	NP			SP		
	m-EDA	ABC	NSGA-II	m-EDA	ABC	NSGA-II
1	5.00	4.40	5.40	**35.01**	74.32	73.98
2	**9.60**	8.40	1.20	**30.50**	41.76	135.78
3	**10.60**	3.40	1.80	115.79	127.83	79.93
4	**1.20**	0.00	0.00	**0.00**	33.07	0.00
5	**5.80**	0.00	0.20	60.91	19.50	145.18
6	**2.40**	0.00	0.00	139.96	1.05	170.34
7	**14.00**	12.00	7.80	675.47	519.26	923.82
8	**15.20**	9.80	5.60	1379.49	411.36	986.22
9	**4.80**	3.60	0.80	1833.50	2227.73	1517.44
10	**5.00**	0.40	0.00	338.86	125.16	265.12
11	**6.40**	0.60	0.00	366.68	36.80	40.13
12	**3.60**	0.00	0.00	282.34	202.22	258.65
13	**12.20**	0.00	0.00	**7448.68**	27923.69	29194.95
14	**18.00**	0.00	0.00	**5026.05**	65690.41	173997.21
15	**12.60**	0.00	0.00	**8280.81**	175105.23	128825.24
16	**3.20**	0.80	0.20	**436.72**	1462.25	548.09
17	**3.40**	0.40	1.60	2929.65	367.99	346.67

续表

问　题	NP			SP		
	m-EDA	ABC	NSGA-II	m-EDA	ABC	NSGA-II
18	**11.60**	2.20	1.40	**2807.65**	4984.31	3139.36
19	**2.80**	0.00	0.00	5358.65	35139.83	1357.20
20	**2.60**	0.60	0.60	**40887.04**	45830.59	19175.46
总体平均值	**7.41**	2.22	1.27	**6115.59**	24059.58	19396.50

表9-4中的数据表明，除了一个小规模案例，m-EDA算法都获得了最多的帕累托最优解。在这个小规模案例中，m-EDA的表现和其他算法类似。但在这个案例中，m-EDA获得了最优GD平均值和SP分布性指标值。此外，参照的两个经典算法在许多案例中都没有获得帕累托最优解。从NP的总体平均值可以看出，m-EDA在每个案例中，平均每次运行都能获得7.41个帕累托最优解；而ABC和NSGA-II的平均表现非常差，其中ABC的NP总体平均值为2.22，略高于NSGA-II的总体平均值1.27。

分布指标SP通过计算相邻个体之间的绝对距离，衡量了所得到的帕累托前沿解的多样性。更小的SP值意味着，不同的Pareto前沿解之间绝对距离偏差更小，即均匀性更好。从表9-4可以看出，所有算法所得前沿的SP值差异较大。但m-EDA算法仍然能在近一半的案例中表现出最好的分布性，其中在任务数量多的大规模案例中表现更加出色。

m-EDA算法与其他方法相比，其所获得前沿的伸展性和均匀性更好，即具有更好的多样性。这是因为，尽管所有参与比较的算法都采用了拥挤距离来保持多样性，但是m-EDA算法通过运用非支配排序机制，不仅加快了非支配解的构造，并且能使种群的分布更均匀。

9.6 本章小结

本章针对混流装配线生产重规划需求面临的平衡问题与排序问题的集成优化需求，介绍了基于m-EDA算法的混流装配线生产计划自重构方法，该方法通过对多目标解空间内全局区域的综合搜索和局部区域的并行搜索，完成平衡和排序过程的协同优化。最后，在具体案例中，分析了所提方法与一些文献方法的求解效果。

本章参考文献

[1] 李智．混合品种装配线平衡与排序优化技术研究[D]．济南：山东大学，2013.

[2] 王谦．复杂装配流水线平衡问题的研究与优化[D]．上海：上海交通大学，2010.

[3] 徐义虎．U 形混合装配线平衡与排序问题研究[D]．南京：东南大学，2014.

[4] 张三强．整车混流装配线平衡和优化排序的研究与应用[D]．武汉：华中科技大学，2015.

[5] KuThomopoulos NT. Line Balancing-Sequencing for Mixed-Model Assembly[J]. Management Science, 2011, 14(2): 59-59.

[6] Kucukkoc I, Zhang DZ. Simultaneous balancing and sequencing of mixed-model parallel two-sided assembly lines[J]. International Journal of Production Research, 2014, 52(12): 3665-3687.

[7] Saif U, Guan Z, Liu W, et al. Multi-objective artificial bee colony algorithm for simultaneous sequencing and balancing of mixed model assembly line[J]. The International Journal of Advanced Manufacturing Technology, 2014, 75(9): 1809-1827.

[8] Manavizadeh N, Rabbani M, Radmehr F, et al. A new multi-objective approach in order to balancing and sequencing U-shaped mixed model assembly line problem: a proposed heuristic algorithm[J]. The International Journal of Advanced Manufacturing Technology, 2015: 415-425.

[9] Hamzadayi A, Yildiz G. A genetic algorithm based approach for simultaneously balancing and sequencing of mixed-model U-lines with parallel workstations and zoning constraints[J]. Computers & Industrial Engineering, 2012, 62(1): 206-215.

[10] Battini D, Faccio M, Persona A, et al. Balancing‑sequencing procedure for a mixed model assembly system in case of finite buffer capacity[J]. The International Journal of Advanced Manufacturing Technology, 2009, 44(3): 345-359.

[11] Uddin MK, Soto MC, Lastra J L, et al. An integrated approach to mixed-model assembly line balancing and sequencing[J]. Assembly Automation, 2010, 30(2): 164-172.

[12] Ozcan U, Cercioglu H, Gokcen H, et al. Balancing and sequencing of parallel mixed-model assembly lines[J]. International Journal of Production Research, 2010, 48(17): 5089-5113.

[13] Lian K, Zhang C, Gao L, et al. A modified colonial competitive algorithm for the mixed-model U-line balancing and sequencing problem[J]. International Journal of Production Research, 2012, 50(18): 5117-5131.

[14] Mosadegh H, Zandieh M, Ghomi SM, et al. Simultaneous solving of balancing and sequencing problems with station-dependent assembly times for mixed-model assembly lines[J]. Applied Soft Computing, 2012, 12(4): 1359-1370.

第 10 章

混流装配线生产计划智能优化原型系统

本章以第 3 章的生产计划职能优化层次化体系架构为依据，根据第 4～9 章介绍的实现方法设计相关功能模块，介绍混流装配线生产计划智能优化原型系统，并以某柴油发动机企业中的装配线为案例对象，展示原型系统的运行过程。

10.1 原型系统的需求分析

某柴油发动机企业共有 9 条柴油发动机装配线，负责 23 个大类的柴油发动机装配工作，每条装配线需要完成 3～4 种发动机大类的装配生产。每个大类的柴油发动机根据国家排放标准和面向车型的不同，又存在多种小型号变化，每条装配线面临 30～60 种机型的装配任务。企业目前接收的一半以上客户订单的产品需求量在 5 个以下，且订单交付期完全由客户决定。根据企业对客户需求量的统计，客户需求量存在的明显的淡旺季，具体来说，每年的 1、3 月是旺季，日需求量在 2000 台以上，每个月极限排产 28 天、24 小时运转都难以满足全部客户的需求。装配线目前是按工位区域分配装配任务的，可以根据实际需求决策工位区域配备 1 个、1.5 个、2 个或更多数量工人，以应对淡、旺季情况下对生产节拍的不同需求，并与生产排程相互结合，实现产线平衡。

目前，面临客户需求波动情况较为明显的 S3 分厂装配线主要采用人工经验方法，根据客户订单需求对生产计划进行调整。现有方法缺乏对柴油发动机装配线生产过程的综合分析和性能指标的全局优化考虑，在生产计划过程中容易存在以下问题。

（1）装配线生产管理人员不能明确究竟是哪些因素决定了装配线生产过程，以及在客户需求变化后装配线是否平衡运行。

（2）在装配线不能通过平衡生产满足客户订单需求时，缺乏科学分析手段判断哪些因素的变化能够有效实现装配线生产均衡性、订单交付准时性等性能的提升，而是依赖人工经验进行尝试，准确性较差。

（3）在调整装配线生产计划时，分阶段先做出生产调度，然后根据调度结果对工位能力做出需求调整，没有科学考虑和合理选择生产调度与工位能力的协同调整、只做工位能力调整而调度方案保持不变等全局性能更好或调整范围更小的生产计划方式。

10.2 原型系统体系结构

根据混流装配线生产计划方式自适应方法的建模、分析与决策过程，基于层次化开发思想，建立图 10-1 所示的混流装配线生产计划方式自适应原型系统体系结构。

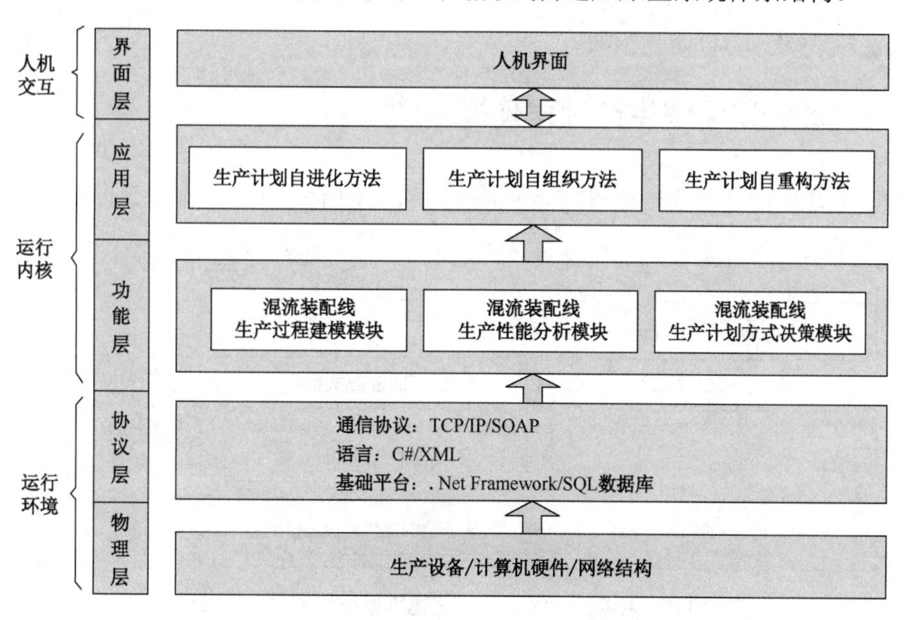

图 10-1 混流装配线生产计划方式自适应原型系统体系结构

（1）界面层：主要为用户进行混流装配线生产过程建模、生产性能分析、生产计划方式决策等功能模块的操作提供人机交互接口，并展示功能模块的运行结果及应用层的自适应生产计划。

（2）应用层：根据生产计划方式决策功能模块的运行结果，利用遗传算法优化生产过程模型中的特定参数集合，实现生产计划方式的应用。

（3）功能层：根据生产过程建模模块、生产性能分析模块、生产计划方式决策模块的业务处理逻辑，实现建模、分析与决策等功能。

（4）协议层：通过 Internet/Intranet 核心通信协议 TCP/IP，以及在此基础上用于 Web Service 通信的协议 SOAP，实现各模块之间的信息交互和通信。

（5）物理层：是混流装配线的映射，包含生产设备、计算机硬件、网络结构。

10.3 核心功能模块设计

混流装配线生产计划方式自适应原型系统的核心功能主要包括三大模块：混流装配线生产过程建模模块、混流装配线生产性能分析模块、混流装配线生产计划方式决策模块。各核心功能模块的具体设计介绍如下。

10.3.1 混流装配线生产过程建模模块

混流装配线生产过程建模模块的主要功能结构如图 10-2 所示，主要功能包括混流装配线基础数据维护、不确定信息描述与处理和基于 GRN 的生产过程模型等子模块。

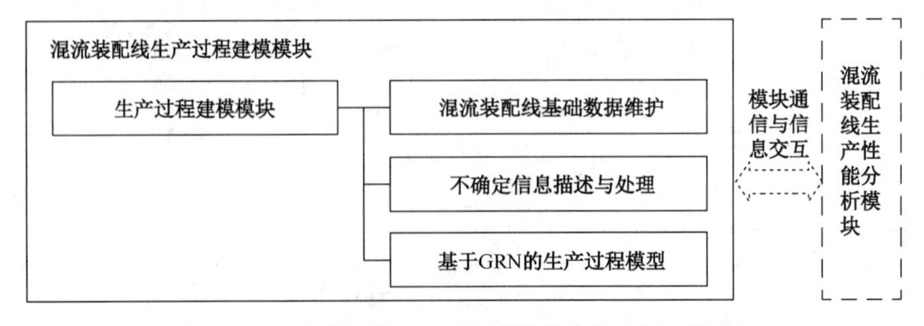

图 10-2 混流装配线生产过程建模模块的主要功能结构

其中，混流装配线基础数据维护子模块实现装配线基础数据输入，主要数据包括订单数量、订单需求量、产品类型、工位数量、工位装配时间、物料需求、计划期时长等；不确定信息描述与处理子模块主要根据输入的基础数据，对其中存在的模糊性与随机性的资源能力信息进行建模与处理，获得工位能力参数的期望值；基于 GRN 的生产过程模型子模块主要根据装配线基础数据与生产调度策略集合，利用 GRN 描述混流装配线生产过程中涉及的客户订单信息、资源能力信息和生产调度信息等。通过以上过程，获得混流装配线生产过程的客户订单参数、工位能力参数和生产调度参数，根据这些生产参数计算工位过载时间、订单交付成本等生产性能。混流装配线生产过程建模模块采用 VS.net 2016 平台和 SQL-Server 2014 数据库进行设计开发。

10.3.2 混流装配线生产性能分析模块

混流装配线生产性能分析模块的主要功能结构如图 10-3 所示，主要功能主要包括基于 GRN 的性能分析模型、生产性能的 IGSA 方法和生产性能影响系数矩阵等子模块。

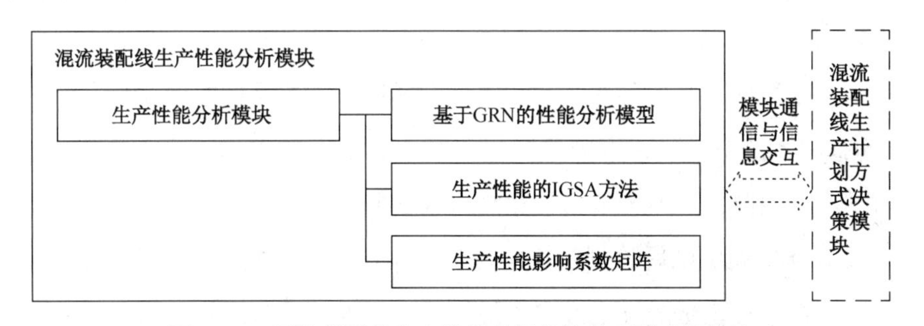

图 10-3 混流装配线生产性能分析模块的主要功能结构

其中，基于 GRN 的性能分析模型子模块主要从生产过程模型中获取混流装配线的工位能力参数与生产调度参数等生产参数作为模型输入量，并将工位过载时间、订单交付成本等生产性能作为模型输出量；生产性能的 IGSA 方法子模块通过 MCA-ASM 方法估算生产参数协同变化情况下混流装配线生产性能方差，以此为依据定量分析各项生产参数对生产性能的影响系数；生产性能影响系数矩阵子模块针对混流装配线的多项生产性能，逐一利用 IGSA 方法计算生产参数对生产性能的影响系数，获得生产性能影响系数矩阵。混流装配线生产性能分析模块采用 VS.net 2016 平台和 SQL-Server 2014 数据库进行设计开发。

10.3.3 混流装配线生产计划方式决策模块

混流装配线生产计划方式决策模块的主要功能结构如图 10-4 所示，主要功能包括决策历史数据管理、生产计划方式的 SVDD、决策基本证据框架和决策证据合成规则等子模块。

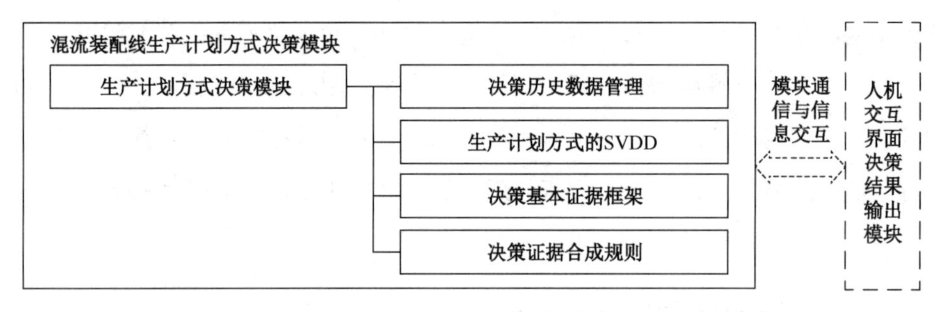

图 10-4 混流装配线生产计划方式决策模块的主要功能结构

其中决策历史数据管理子模块对混流装配线生产计划方式调整的历史数据进行管理，主要包括混流装配线在不同基础数据情况下的生产性能影响系数矩阵和对应的生产计划方式；生产计划方式的 SVDD 子模块将历史数据按所属生产计划方式划分数据子集，训练包裹每个历史数据子集的最小封闭球体，利用位于球体上的数据样本构建生产计划方式的分类边界；决策基本证据框架子模块基于各类生产计划方式的 SVDD 计算任意测试数据与最小封闭球体球心的距离，以此为依据构建测试数据属于各类生产计划方式的后验概率值；决策证据合成规则子模块以后验概率值作为生产计划方式分类证据，利用证据理论的 DS 规则合成不同证据，提供生产计划方式的最终决策依据，并依据贝叶斯决策风险最小化规则输出合理生产计划方式。混流装配线生产计划方式决策模块采用 VS.net 2016 平台和 SQL-Server 2014 数据库进行设计开发。

10.4 生产计划智能优化方法示例

10.4.1 混流装配线生产计划自进化优化方法

针对混流装配线平衡问题，通过人机交互系统将优化问题转化为具体的优化任务序列后，将由蚁群算法来求解这些任务，并将结果返回人机交互系统，提供给优化者。通过优化得到新的平衡结果，如图 10-5 所示。

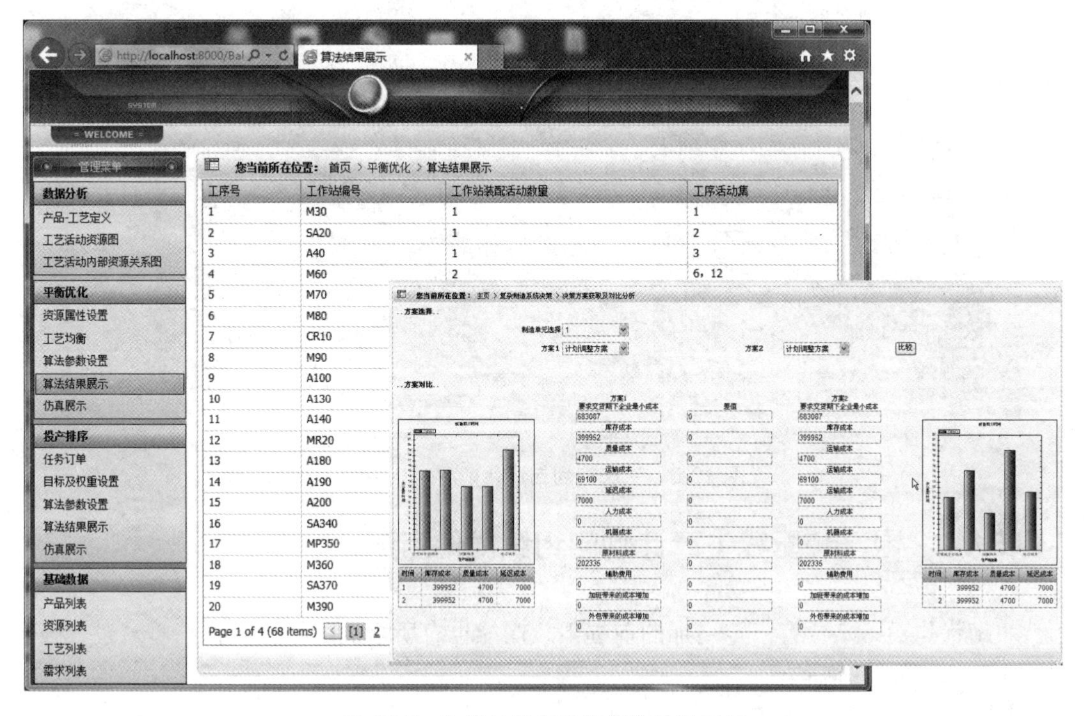

图 10-5　生产计划自进化优化结果展示

为进行优化结果对比分析，进行 300k 产能升级为 400k 产能的案例仿真，如图 10-6 所示。400k 模型在原有 300k 模型的基础上进行了改进，共开启 66 个位置，比之前多启用了 8 个位置。其中，位置 50 和位置 53 有两个并行工位，所以一共启用 68 个工位，比之前多开启了 9 个工位。该仿真模型最终在 300 天的工时内产出 390 000 个产品，基本达到年产能 400k 的需求。混流装配线的稳定性由装配线实际产能在稳定上限和稳定下限之间的概率，即落在稳定区间里的概率。仿真中，理想日产能是 1000 台，稳定区间是[985,1015]，落在区间内有 185 天、区间外有 114 天，产能的稳定性达到 61%。

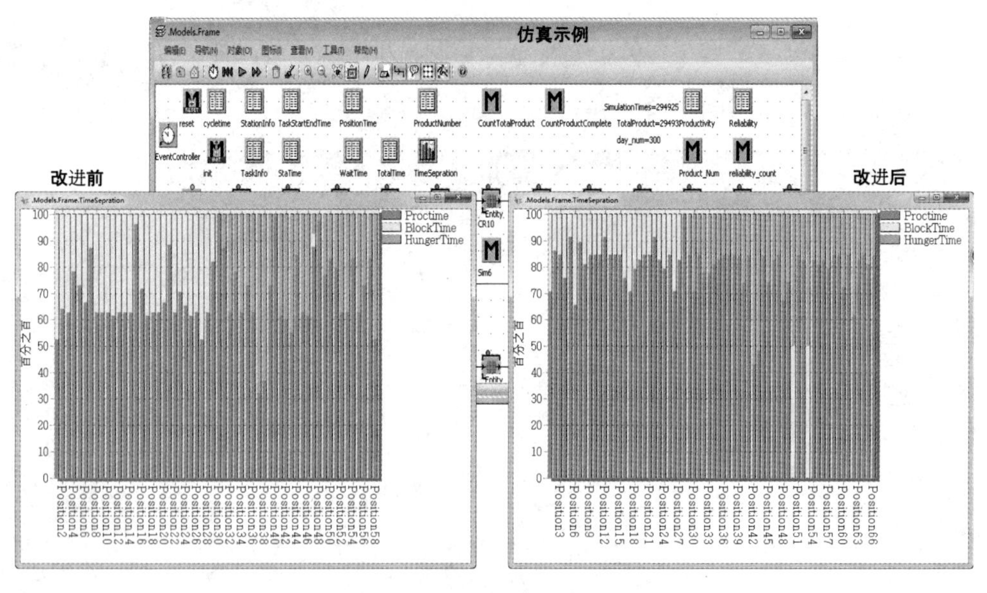

图 10-6 生产计划自进化前后对比展示

10.4.2 混流装配线生产计划自组织优化方法

平衡优化后，工位有一定增加的前提下，产能也有所增加。根据获得的需求进行投产排序优化，其算法过程如图 10-7 所示。

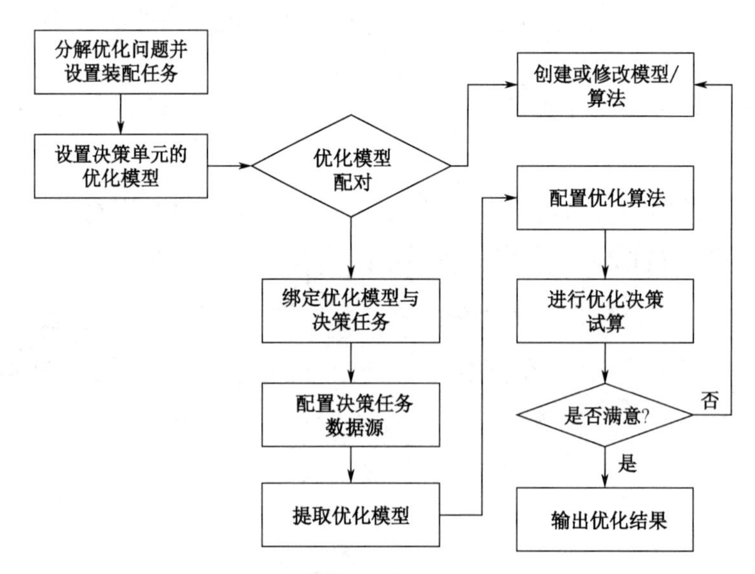

图 10-7 生产计划自组织算法过程

针对混流装配线的投产排序问题，利用蚁群算法进行求解，求解结果如图 10-8 所示。

图 10-8　生产计划自组织优化过程及求解结果

10.4.3　混流装配线生产计划自重构优化方法

针对同样情况下的混流装配线平衡与排序的综合优化需求，利用分布估算方法进行工位能力重新平衡与产品重新排序，如图 10-9 所示。

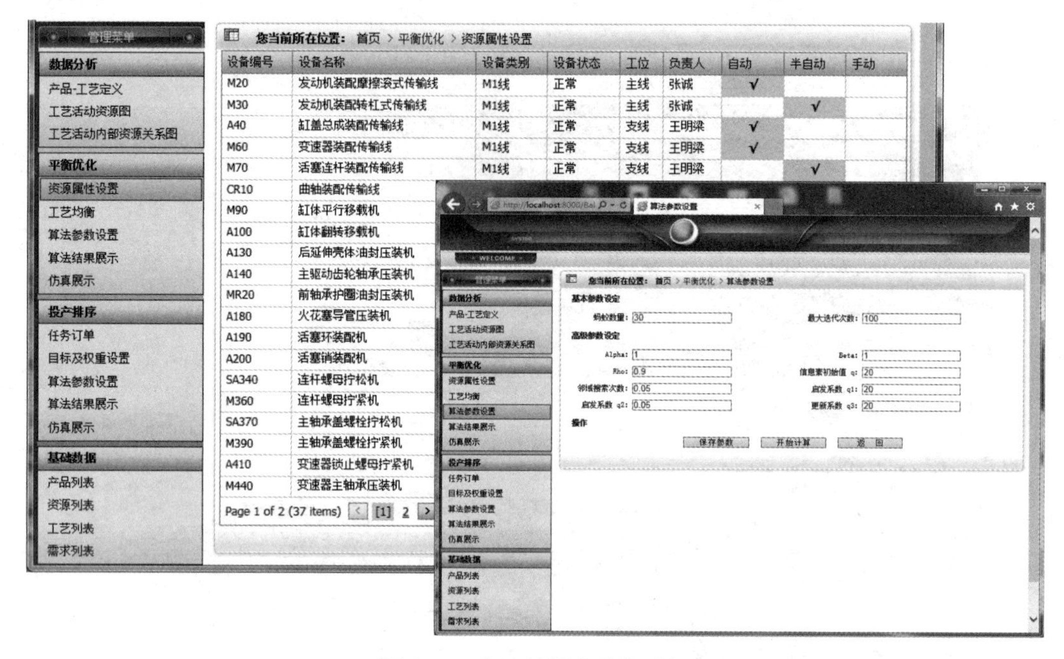

图 10-9　生产计划自重构过程

10.5　柴油机装配线应用案例

基于混流装配线生产计划方式自适应原型系统，根据某柴油发动机企业 S3 分厂在上半年度（1 月 5 日至 6 月 7 日）各周的客户订单需求情况（表 10-1）实现生产计划方式自适应过程。其中，第 5 周因为属于特定时期，不调整生产计划方式。

表 10-1　S3 分厂在上半年度各周的客户订单需求情况

周　次	A	B	C	D	总　量	周　次	A	B	C	D	总　量
1	500	873	60	123	1556	10	1025	932	747	5	2709
2	750	765	38	74	1627	11	830	1047	686	10	2573
3	1350	689	374	120	2533	12	705	876	1127	0	2708
4	1035	486	1500	5	3026	13	1150	838	816	0	2804
5	100	0	250	0	350	14	918	356	470	0	1744
6	962	278	1002	40	2282	15	1883	264	1056	0	3203
7	1424	388	720	0	2532	16	1942	151	804	0	2897
8	702	640	1211	6	2559	17	2536	334	734	0	3604
9	1849	479	737	0	3065	18	1235	70	398	0	1703

续表

周　次	A	B	C	D	总　量	周　次	A	B	C	D	总　量
19	1468	161	585	0	2214	21	1016	188	471	0	1675
20	1493	187	840	0	2520	22	1311	83	439	0	1833

在具体操作上，以第 1 周的柴油发动机客户订单情况为基础数据，根据标准生产强度获得装配线生产节拍，以此为依据重新分配装配时间，并依据客户订单情况与工位装配时间，利用遗传算法优化 GRN 中的生产调度参数，最小化工位过载时间与订单交付成本。从而获得第 1 周的装配线生产过程模型 $I=I_1 \cup I_2 \cup I_3$={客户订单信息}∪{资源能力信息}∪{生产调度信息}$=\{[a_n,q_n,d_n]\}_{n=1}^{N} \cup \{p_k\}_{k=1}^{17} \cup \{h_i,\varepsilon_j\}_{i=1,j=1}^{2,4}$。然后，从第 2 周开始之前利用生产计划方式自适应原型系统选择合理生产计划方式，并利用遗传算法对决策结果中生产计划方式对应的生产参数集合进行优化，调整混流装配线生产过程。调整后的混流装配线生产参数继续作为下一周自适应问题的已知条件，不断循环，直到共计 22 周的装配线生产过程完成为止。在各周开始之前的生产计划方式自适应过程如图 10-10 与图 10-11 所示。

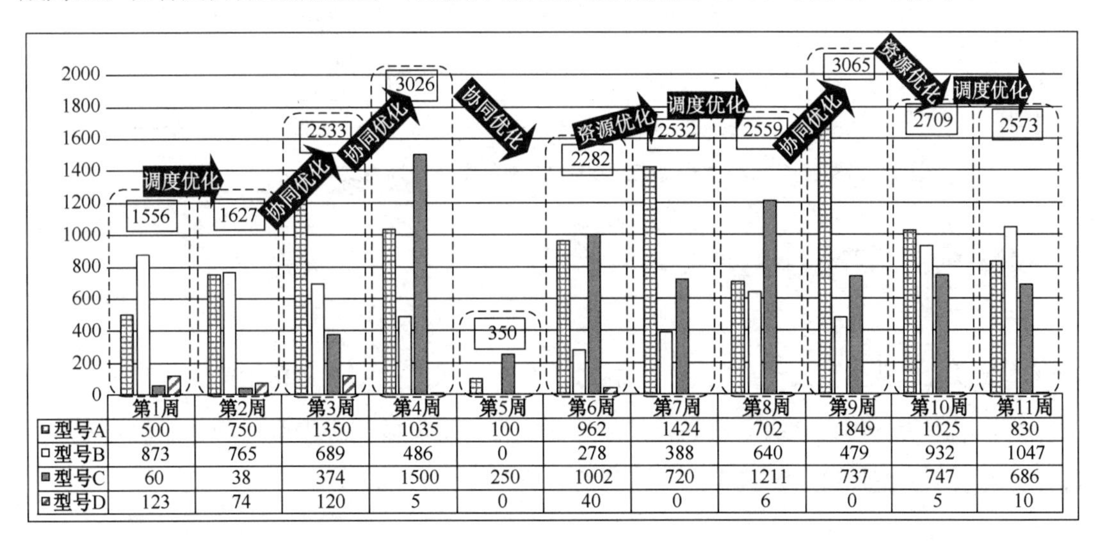

	第1周	第2周	第3周	第4周	第5周	第6周	第7周	第8周	第9周	第10周	第11周
型号A	500	750	1350	1035	100	962	1424	702	1849	1025	830
型号B	873	765	689	486	0	278	388	640	479	932	1047
型号C	60	38	374	1500	250	1002	720	1211	737	747	686
型号D	123	74	120	5	0	40	0	6	0	5	10

图 10-10　某柴油发动机装配线在前 11 周的生产计划方式自适应调整过程

由图 10-10 与图 10-11 可知，混流装配线生产计划方式自适应原型系统根据客户订单变化情况为混流装配线选择了不同生产计划方式，并且体现了一定规律性。具体来说，生产调度优化方式适用于订单需求总量变化较小、不同型号发动机投产比例发生一定变化的情况；生产资源优化方式适用于订单需求总量发生一定变化且若干型号的发动机投产数量发生明显变化的情况；整线协同优化方式适用于订单需求总量显著变化或多种型号发动机投产数量发生显著变化的情况。以上规律为混流装配线生产计划方式的自适应过程提供了一些定性准则，而原型系统则以定量分析与准确决策过程，为柴油发动机装配线持续优化提供了更为科学的生产方式自适应方法。

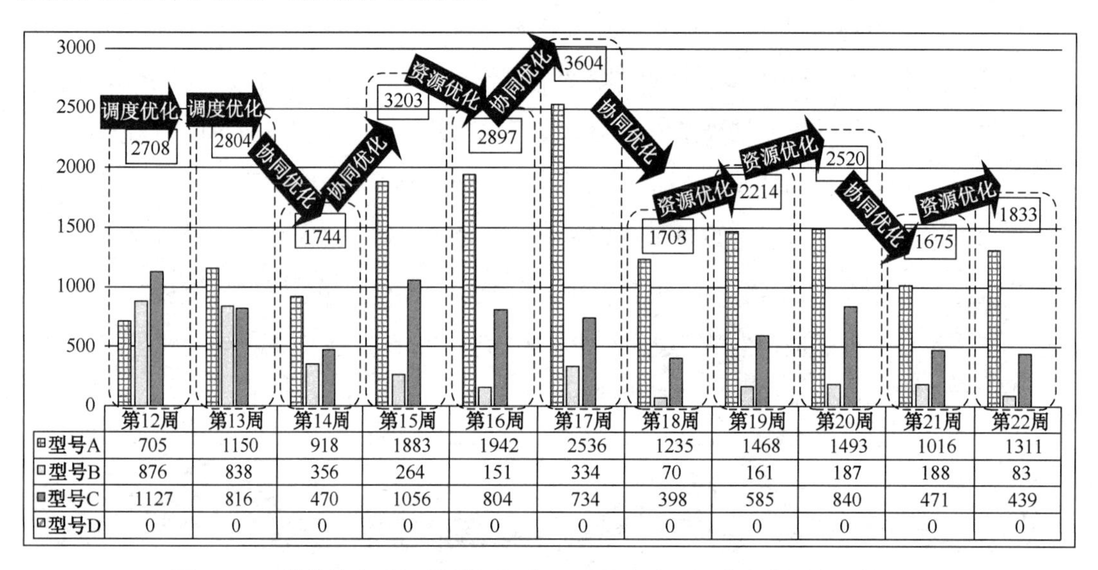

	第12周	第13周	第14周	第15周	第16周	第17周	第18周	第19周	第20周	第21周	第22周
型号A	705	1150	918	1883	1942	2536	1235	1468	1493	1016	1311
型号B	876	838	356	264	151	334	70	161	187	188	83
型号C	1127	816	470	1056	804	734	398	585	840	471	439
型号D	0	0	0	0	0	0	0	0	0	0	0

图 10-11　某柴油发动机装配线在后 11 周的生产计划方式自适应调整过程

10.6　本章小结

本章以某企业柴油发动机的具体装配线为案例背景，介绍了包括生产过程建模、生产性能分析、生产计划方式决策及生产计划智能优化的混流装配线生产计划智能优化原型系统，并展示了在柴油机装配线中的应用结果。

本章参考文献

[1] Xiaobo Z, Ohno K. Algorithms for sequencing mixed models on an assembly line in a JIT production system[J]. Computers & Industrial Engineering, 1997, 32(1): 47-56.

[2] 杨田田. 混流装配线节拍优化问题研究[D]. 武汉：华中科技大学，2005.

[3] 于兆勤，苏平. 基于遗传算法和仿真分析的混合装配线平衡问题研究[J]. 计算机集成制造，2008，14(6): 1120-1129.

[4] 于兆勤. 混合型装配线平衡问题的不确定性仿真研究[J]. 中国机械工程，2008，19(11): 1297-1302.

[5] 苑明海，李东波，于敏健. 面向大规模定制的混流装配线平衡研究[J]. 计算机集成制造，2008，14(1): 79-83.

反侵权盗版声明

举报电话：（010）88254396；（010）88258888

传　　真：（010）88254397

E-mail：　dbqq@phei.com.cn

通信地址：北京市万寿路 173 信箱

电子工业出版社总编办公室

邮　　编：100036